榆阳植物图鉴

刘忠华　柳培华　徐瑞瑞　周飞梅　张利平◎著

中国林业出版社

图书在版编目(CIP)数据

榆阳植物图鉴 / 刘忠华等著. -- 北京 : 中国林业
出版社, 2022.12
ISBN 978-7-5219-1950-9

Ⅰ.①榆… Ⅱ.①刘… Ⅲ.①植物—榆林—图集
Ⅳ.①Q948.541.3-64

中国版本图书馆CIP数据核字(2022)第205979号

中国林业出版社·自然保护分社（国家公园分社）
策划编辑：刘家玲
责任编辑：宋博洋　刘家玲

出版　中国林业出版社（100009　北京市西城区刘海胡同 7 号）
　　　http://www.forestry.gov.cn/lycb.html　　电话：（010）83143625
印刷　河北京平诚乾印刷有限公司
版次　2022 年 12 月第 1 版
印次　2022 年 12 月第 1 次印刷
开本　787mm×1092mm　1/16
印张　35.75
字数　400 千字
定价　500.00 元

《榆阳植物图鉴》编写工作领导小组

组　长：李忠宏
成　员：高来伟　　付　振　　王　君
　　　　秦　刚　　张生平　　刘忠华

《榆阳植物图鉴》作者名单

著　者：刘忠华　　柳培华　　徐瑞瑞　　周飞梅　　张利平
参　编：边　磊　　雷声坤　　丁晓燕　　刘东超　　李　慧
　　　　王天琪　　侯立娜　　毕宁宁　　阮坤非　　李　森
　　　　师劭彤
摄　影：徐瑞瑞　　刘忠华　　柳培华　　丁晓燕　　周飞梅
　　　　刘东超　　王天琪

序　言

榆林市榆阳区位于陕西省北部，地处毛乌素沙地与黄土高原交界地带，明长城自东北向西南贯穿而过，以北为风沙草滩区，约占总面积的75%；以南为黄土丘陵区，约占总面积的25%。就地理位置而言，榆阳区处于一个特殊而敏感的生态过渡带，受400毫米等降水量线影响，榆阳区集半湿润与半干旱地区过渡带、暖温带与中温带过渡带、落叶阔叶林与草原群落过渡带于一体。复杂的气候条件、多样的土壤类型和丰富的自然环境，造就了榆阳区独特的生境复杂性和生物多样性。

到榆阳区工作之初，我时常感叹于这里的生态建设成就。特别是夏季，下乡调研所过之处，植被丰茂，草木葱茏，不仅沙地植物类型多样，满眼苍翠，而且经常会遇到一些知名或不知名的昆虫、禽类或小型野生哺乳动物，良好的生态环境颠覆了我对毛乌素沙地和黄土高原的固有印象。据林业部门的同志介绍，这里曾经是一片不毛之地，新中国成立之初，全区森林覆盖率仅为1.8%，风沙肆虐，老百姓连基本生活都非常困难。新中国成立70余年来，榆阳人民在党的领导下，栉风沐雨，驰而不息，全力开展"北治沙、南治土、中治水"，生态环境建设取得了举世瞩目的成就，570万亩荒沙得到有效治理，实现了"沙进人退"到"人进沙退"的历史性转折，形成了激励一代代榆阳治沙人顽强拼搏的"治沙精神"，即"战天斗地、百折不挠的奋斗精神；坚韧不拔、锲而不舍的钉子精神；不畏艰苦、矢志不渝的奉献精神；尊重自然、规范有序的科学精神。"特别是"十三五"以来，榆阳区委、区政府牢固树立"绿水青山就是金山银山"理念，深入贯彻落实习近平总书记来陕考察重要讲话精神，坚持把生态环境建设放在更加突出位置，围绕"三环三带七园七廊道"全域生态建设，累计投入17亿元，大力实施"塞上森林城"提质增效行动等重点林业建设工程，全区森林覆盖率达到45.8%，助力榆林市成功创建国家森林城市，良好的生态环境已成为榆阳人民最普惠的民生福祉。

生态环境的持续改善，使得榆阳区境内的动植物资源分布发生了显著的变化，种类更加丰富，数量明显增加。但遗憾的是，全区尚未开展过关于野生动植物资源方面的权威性普查、统计、分类和记录。有鉴于此，全面、系统、准确地摸清区境内维管植物资源、陆生野生脊椎动物资源和昆虫资源的家底，保护和合理开发利用这些野生动植物资源，维护区域生态平衡成为当务之急。

从2020年起，榆阳区人民政府与北京林业大学合作，开展了区境内维管植物、陆生野生脊椎动物和昆虫资源调查。承担此项调查的刘忠华博士，是北京林业大学副教授、硕士生导师，他的团队长期以来一直致力于植物资源学研究，先后承担过生态环境部、国家林业和草原局等部局的多项重大生态环境调查项目，在国内野生动植物资源调查领域处于领先地位。经过近两年来紧张不懈的努力，维管植物调查现已全面完成，在区境内共调查到维管植物706种（包含亚种、变种及变型），并将先行出版《榆阳植物图鉴》；陆生野生脊椎动物调查和昆虫调查将于2022年完成，并形成《榆阳陆生野生脊椎动物图鉴》《榆阳昆虫图鉴》各一册，均由中国林业出版社出版。届时，本套丛书将完整面世，成为榆阳区生态建设史上第一套最全面、最权威记录野生动植物资源的专业类工具书。本套丛书的编研工作基于大量的野外考察和标本采集，积累了众多第一手资料，包含许多新信息、新内容，具有较高的科学价值和指导意义，为陕北地区生物多样性研究提供了翔实的原始数据，对有计划地保护和合理开发利用动植物资源打下了坚实的基础。

2021年10月12日，习近平总书记在《生物多样性公约》第十五次缔约方大会领导人峰会上发表主旨讲话，指出："生物多样性使地球充满生机，也是人类生存和发展的基础。""人与自然应和谐共生。我们要尊重自然、顺应自然、保护自然，构建人与自然和谐共生的地球家园。"

实践证明，建立人与动植物和谐共处、协调发展的关系，是实现人与自然和谐发展、绿色发展、可持续发展的必由之路，是建设美丽中国的必然选择。希望本套丛书的出版，能够对榆阳区乃至陕北地区动植物资源保护和生态环境协调可持续发展提供有益的借鉴，同时，在宣传和普及动植物科学知识、提高公众对生物多样性的认识、促进全民共建共享生态文明建设等方面发挥应有的作用。

李忠宏

2022年6月18日

前　言

　　榆阳区隶属于陕西省榆林市，位于陕西省北部、榆林市中部，与内蒙古自治区的乌审旗以及榆林辖内的横山、米脂、佳县、神木相毗邻，南北最长距离124千米，东西最宽距离128千米，总面积7053平方千米，地处东经108°58′~110°24′、北纬37°49′~38°58′；属于典型的大陆性边缘季风气候，四季冷暖分明，干湿各异；年平均降水量365.7毫米；年平均气温8.3℃。

　　榆阳区的地形地貌及气候条件复杂特殊，因而植物种类繁多，植物资源宝贵且丰富。政府部门和农林业工作者共同建立了榆林沙漠国家森林公园、卧云山沙地植物园、黑龙潭山地树木园等，对保护植物多样性具有重要意义。自2020年6月开始，课题组成员对榆阳区各乡镇的维管植物资源进行了持续调查及研究，对各种植物在自然环境下不同的生活时期进行拍摄，采集并鉴定了大量植物标本。本书是对榆林地区维管植物资源的系统总结，也是迄今为止以彩色图鉴方式记录榆阳区植物种类较全面的著作，为补充完善榆阳区植物基因库提供了植物分类学依据。

　　本书收录了榆阳区维管植物100科、321属、501种、7亚种、17变种、3变型。其中蕨类植物4种，裸子植物13种（包含变种），被子植物511种（包含亚种、变种及变型，下同）。被子植物中，双子叶植物有382种，单子叶植物有129种。每一种均用照片展示其不同时期的生活状态，并配以必要的文字说明，介绍其形态特征、用途、分布地点及生境等，使读者朋友一目了然。本书收录的植物学名和中文名主要参考 *Flora of China* 的范围界定。根据《国际藻类、菌物和植物命名法规（墨尔本法规）》对学名进行校对。中文名参考《中国植物志》。植物形态特征和生活环境的描述主要参考了《中国植物志》《中国高等植物图鉴》《榆林种子植物》等。本书共配有2000余幅彩色照片，可为榆阳区植物资源的研究、开发和利用提供参考，同时为广大相关科技人员和植物爱好者野外识别植物提供参考。

　　本书的编写出版得到了"榆阳区维管植物资源调查"项目的资助。在调研过程中，得到了北京林业大学、榆阳区林业局及榆阳区相关单位的大力支持。在编写过程中，王建中教授给予了宝贵意见。在此，衷心地感谢所有对本书编写给予关心和帮助的专家和朋友们。

限于编者水平，书中难免有错误和不足之处，敬请广大读者批评指正。

著者

2022 年 6 月 8 日

编写说明

一、收录范围

《榆阳植物图鉴》以榆阳区境内的可露地越冬的维管植物（蕨类植物、裸子植物和被子植物）为收录范围。以收录区域内野生分布的乔木、灌木、草本以及蕨类植物为主，同时收录部分常见的栽培作物和园林绿化植物，其中一般能在露地栽培并能正常开花结实的植物均收录；常见农作物、花草尽量收录。

二、分类群排列顺序

本书中科的系统编排：蕨类植物的科级顺序按照秦仁昌（1976）系统编排，种子植物的科级顺序按照 *Flora of China*（《中国植物志》英文修订版）（1994-2013）的先后顺序编排。科内属级及种级（含种下单位按照学名字母顺序编排）。

三、正文条例

1. 每个条目的项目包括：中文名、拉丁名、别名、主要形态特征、花果期、用途、分布地与生境。

2. 中文名基本以《中国植物志》采用者为准，别名以常见者以及榆阳地方名为主。

3. 拉丁名以 *Flora of China* 所采用的最新接受名为准，以方便国内外交流。

4. 形态特征描述力求简明扼要，方便阅读。

5. 分布信息仅记录榆阳境内。

6. 照片：每个物种均配有2～5张彩色照片，展示其生境、根、茎、叶、花、果、种子等整体或局部特征，力求做到将植物的主要特征展示出来。绝大多数植物均拍摄于榆阳境内，以真实地反映当地植物特色。

目 录

第三部分　被子植物 Angiosperms

068　　杂配藜 *Chenopodium hybridum* L.

069　　东亚市藜 *Chenopodium urbicum* subsp. *sinicum* Kung & G. L. Chu

070　　烛台虫实 *Corispermum candelabrum* Iljin

071　　兴安虫实 *Corispermum chinganicum* Iljin

072　　绳虫实 *Corispermum declinatum* Steph. ex Stev.

073　　刺藜 *Dysphania aristata* (L.) Mosyakin & Clemants

074　　菊叶香藜 *Dysphania schraderiana* (Roemer & Schultes) Mosyakin & Clemants

075　　地肤 *Kochia scoparia* (L.) Schrad.

076　　扫帚菜 *Kochia scoparia* f. *trichophylla* (Hort.) Schinz. & Thell.

077　　猪毛菜 *Salsola collina* Pall.

078　　刺沙蓬 *Salsola tragus* L.

079　　角果碱蓬 *Suaeda corniculata* (C. A. Mey.) Bunge

080　　碱蓬 *Suaeda glauca* (Bunge) Bunge

081　　盐地碱蓬 *Suaeda salsa* (L.) Pall.

苋科 Amaranthaceae
082　　反枝苋 *Amaranthus retroflexus* L.

紫茉莉科 Nyctaginaceae
083　　紫茉莉 *Mirabilis jalapa* L.

马齿苋科 Portulacaceae
084　　马齿苋 *Portulaca oleracea* L.

石竹科 Aryophyllaceae
085　　长蕊石头花 *Gypsophila oldhamiana* Miq.

086　　女娄菜 *Silene aprica* Turcx. ex Fisch. & Mey.

087　　蔓茎蝇子草 *Silene repens* Patr.

088　　拟漆姑 *Spergularia marina* (L.) Griseb.

089　　银柴胡 *Stellaria dichotoma* var. *lanceolata* Bge.

莲科 Nelumbonaceae
090　　莲 *Nelumbo nucifera* Gaertn.

睡莲科 Nymphaeaceae
091　　红睡莲 *Nymphaea alba* var. *rubra* Lonnr.

金鱼藻科 Ceratophyllaceae
092　　金鱼藻 *Ceratophyllum demersum* L.

芍药科 Paeoniaceae
093　　芍药 *Paeonia lactiflora* Pall.

094　　牡丹 *Paeonia suffruticosa* Andr.

虎耳草科 Saxifragaceae

128　太平花 *Philadelphus pekinensis* Rupr.

129　香茶藨子 *Ribes odoratum* Wendl.

杜仲科 Eucommiaceae

130　杜仲 *Eucommia ulmoides* Oliv.

蔷薇科 Rosaceae

131　龙芽草 *Agrimonia pilosa* Ldb.

132　山桃 *Amygdalus davidiana* (Carr.) de Vos ex Henry

133　长梗扁桃 *Amygdalus pedunculata* Pall.

134　紫叶桃 *Amygdalus persica* 'Zi Ye Tao'

135　榆叶梅 *Amygdalus triloba* (Lindl.) Ricker

136　山杏 *Armeniaca sibirica* (L.) Lam.

137　毛樱桃 *Cerasus tomentosa* (Thunb.) Wall.

138　地蔷薇 *Chamaerhodos erecta* (L.) Bge.

139　灰栒子 *Cotoneaster acutifolius* Turcz.

140　山楂 *Crataegus pinnatifida* Bge.

141　蛇莓 *Duchesnea indica* (Andr.) Focke

142　西府海棠 *Malus × micromalus* Makino

143　山荆子 *Malus baccata* (L.) Borkh.

144　花叶海棠 *Malus transitoria* (Batal.) Schneid.

145　风箱果 *Physocarpus amurensis* (Maxim.) Maxim.

146　蕨麻 *Potentilla anserina* L.

147　二裂委陵菜 *Potentilla bifurca* L.

148　委陵菜 *Potentilla chinensis* Ser.

149　多茎委陵菜 *Potentilla multicaulis* Bge.

150　朝天委陵菜 *Potentilla supina* L.

151　菊叶委陵菜 *Potentilla tanacetifolia* Willd. ex Schlecht.

152　扁核木 *Prinsepia utilis* Royle

153　美人梅 *Prunus × blireana* 'Meiren'

154　紫叶李 *Prunus cerasifera* f. *atropurpurea* (Jacq.) Rehd.

155　西梅 *Prunus domestica* L.

156　李 *Prunus salicina* Lindl.

157　杜梨 *Pyrus betulifolia* Bge.

158　白梨 *Pyrus bretschneideri* Rehd.

159　鸡麻 *Rhodotypos scandens* (Thunb.) Makino

160　山刺玫 *Rosa davurica* Pall.

161　玫瑰 *Rosa rugosa* Thunb.

162　黄刺玫 *Rosa xanthina* Lindl.

163　茅莓 *Rubus parvifolius* L.

201 小花棘豆 *Oxytropis glabra* (Lam.) DC.

202 砂珍棘豆 *Oxytropis racemosa* Turcz.

203 多枝棘豆 *Oxytropis ramosissima* Kom.

204 蔓黄芪 *Phyllolobium chinense* Fisch. ex DC.

205 豌豆 *Pisum sativum* L.

206 香花槐 *Robinia pseudoacacia* 'idaho'

207 刺槐 *Robinia pseudoacacia* L.

208 苦豆子 *Sophora alopecuroides* L.

209 苦参 *Sophora flavescens* Alt.

210 蝴蝶槐 *Sophora japonica* f. *oligophylla* Franch.

211 槐 *Sophora japonica* L.

212 苦马豆 *Sphaerophysa salsula* (Pall.) DC.

213 披针叶野决明 *Thermopsis lanceolata* R. Br.

214 白车轴草 *Trifolium repens* L.

215 山野豌豆 *Vicia amoena* Fisch. ex DC.

216 大花野豌豆 *Vicia bungei* Ohwi

217 广布野豌豆 *Vicia cracca* L.

酢浆草科 Oxalidaceae

218 酢浆草 *Oxalis corniculata* L.

牻牛儿苗科 Geraniaceae

219 牻牛儿苗 *Erodium stephanianum* Willd.

220 鼠掌老鹳草 *Geranium sibiricum* L.

亚麻科 Linaceae

221 野亚麻 *Linum stelleroides* Planch.

蒺藜科 Zygophyllaceae

222 蒺藜 *Tribulus terrestris* L.

苦木科 Simaroubaceae

223 臭椿 *Ailanthus altissima* (Mill.) Swingle

远志科 Polygalaceae

224 远志 *Polygala tenuifolia* Willd.

大戟科 Euphorbiaceae

225 铁苋菜 *Acalypha australis* L.

226 乳浆大戟 *Euphorbia esula* L.

227 地锦草 *Euphorbia humifusa* Willd.

228 斑地锦 *Euphorbia maculata* L.

229 银边翠 *Euphorbia marginata* Pursh.

230 一叶萩 *Flueggea suffruticosa* (Pall.) Baill.

309　大果琉璃草 *Cynoglossum divaricatum* Steph. ex Lehm.

310　异刺鹤虱 *Lappula heteracantha* (Ledeb.) Gurke

311　鹤虱 *Lappula myosotis* Moench

312　卵盘鹤虱 *Lappula redowskii* (Hornem.) Greene

313　湿地勿忘草 *Myosotis caespitosa* Schultz

314　紫筒草 *Stenosolenium saxatiles* (Pall.) Turcz.

315　砂引草 *Tournefortia sibirica* L.

316　附地菜 *Trigonotis peduncularis* (Triranus) Bentham ex Baker & S. Moore

317　钝萼附地菜 *Trigonotis peduncularis* var. *amblyosepala* (Nakai & Kitagawa) W. T. Wang

马鞭草科 Verbenaceae

318　蒙古莸 *Caryopteris mongholica* Bunge

319　荆条 *Vitex negundo* var. *heterophylla* (Franch.) Rehd.

唇形科 Lamiaceae（Labiatae）

320　香青兰 *Dracocephalum moldavica* L.

321　夏至草 *Lagopsis supina* (Steph. ex Willd.) Ik.–Gal. ex Knorr.

322　益母草 *Leonurus japonicus* Houtt.

323　细叶益母草 *Leonurus sibiricus* L.

324　地笋 *Lycopus lucidus* Turcz. ex Benth.

325　薄荷 *Mentha canadensis* L.

326　脓疮草 *Panzerina lanata* var. *alaschanica* (Kuprian.) H. W. Li

327　串铃草 *Phlomis mongolica* Turcz.

328　黄芩 *Scutellaria baicalensis* Georgi

329　盔状黄芩 *Scutellaria galericulata* L.

330　狭叶黄芩 *Scutellaria regeliana* Nakai

331　并头黄芩 *Scutellaria scordifolia* Fisch. ex Schrank

332　毛水苏 *Stachys baicalensis* Fisch. ex Benth.

333　甘露子 *Stachys sieboldii* Miq.

334　百里香 *Thymus mongolicus* (Ronniger) Ronniger

茄科 Solanaceae

335　曼陀罗 *Datura stramonium* L.

336　天仙子 *Hyoscyamus niger* L.

337　黄花烟草 *Nicotiana rustica* L.

338　龙葵 *Solanum nigrum* L.

339　青杞 *Solanum septemlobum* Bunge

340　马铃薯 *Solanum tuberosum* L.

玄参科 Scrophulariaceae

341　蒙古芯芭 *Cymbaria mongolica* Maxim.

菊科 Asteraceae（Compositae）

367　牛蒡 *Arctium lappa* L.

368　碱蒿 *Artemisia anethifolia* Web. ex Stechm.

369　莳萝蒿 *Artemisia anethoides* Mattf.

370　黄花蒿 *Artemisia annua* L.

371　艾 *Artemisia argyi* Lévl. et Van.

372　白莎蒿 *Artemisia blepharolepis* Bge.

373　茵陈蒿 *Artemisia capillaris* Thunb.

374　冷蒿 *Artemisia frigida* Willd.

375　华北米蒿 *Artemisia giraldii* Pamp.

376　蒙古蒿 *Artemisia mongolica* (Fisch. ex Bess.) Nakai

377　黑沙蒿 *Artemisia ordosica* Krasch.

378　猪毛蒿 *Artemisia scoparia* Waldst. & Kit.

379　大籽蒿 *Artemisia sieversiana* Ehrhart ex Willd.

380　圆头蒿（白沙蒿）*Artemisia sphaerocephala* Krasch.

381　白莲蒿 *Artemisia stechmanniana* Bess.

382　阿尔泰狗娃花 *Aster altaicus* Willd.

383　全叶马兰 *Aster pekinensis* (Hance) F. H.

384　婆婆针 *Bidens bipinnata* L.

385　柳叶鬼针草 *Bidens cernua* L.

386　大狼杷草 *Bidens frondosa* L.

387　小花鬼针草 *Bidens parviflora* Willd.

388　狼杷草 *Bidens tripartita* L.

389　丝毛飞廉 *Carduus crispus* L.

390　野菊 *Chrysanthemum indicum* L.

391　刺儿菜 *Cirsium arvense* var. *integrifolium* C. Wimm. & Grabowski

392　蓟 *Cirsium japonicum* Fisch. ex DC.

393　尖裂假还阳参 *Crepidiastrum sonchifolium* (Maximowicz) Pak & Kawano

394　北方还阳参 *Crepis crocea* (Lam.) Babcock

395　砂蓝刺头 *Echinops gmelinii* Turcz.

396　小蓬草 *Erigeron canadensis* L.

397　菊芋 *Helianthus tuberosus* L.

398　欧亚旋覆花 *Inula britannica* L.

399　蓼子朴 *Inula salsoloides* (Turcz.) Ostenf.

400　中华苦荬菜 *Ixeris chinensis* (Thunb.) Nakai

401　麻花头 *Klasea centauroides* (L.) Cass.

402　乳苣 *Lactuca tatarica* (L.) C. A. Mey.

403　火媒草 *Olgaea leucophylla* (Turcz.) Iljin

404　青海鳍蓟 *Olgaea tangutica* Iljin

405　毛连菜 *Picris hieracioides* L.

445	牛筋草 *Eleusine indica* (L.) Gaertn.
446	披碱草 *Elymus dahuricus* Turcz. ex Griseb.
447	毛秆披碱草 *Elymus pendulinus* subsp. *pubicaulis* (Keng) S. L. Chen
448	九顶草 *Enneapogon desvauxii* P. Beauvois
449	小画眉草 *Eragrostis minor* Host
450	画眉草 *Eragrostis pilosa* (L.) Beauv.
451	苇状羊茅 *Festuca arundinacea* Schreb.
452	白茅 *Imperata cylindrica* (L.) Beauv.
453	羊草 *Leymus chinensis* (Trin.) Tzvel.
454	赖草 *Leymus secalinus* (Georgi) Tzvel.
455	细叶臭草 *Melica radula* Franch.
456	臭草 *Melica scabrosa* Trin.
457	稷 *Panicum milliaceum* L.
458	白草 *Pennisetum flaccidum* Grisebach
459	芦苇 *Phragmites australis* (Cav.) Trin. ex Steud.
460	早熟禾 *Poa annua* L.
461	硬质早熟禾 *Poa sphondylodes* Trin.
462	长芒棒头草 *Polypogon monspeliensis* (L.) Desf.
463	沙鞭 *Psammochloa villosa* (Trin.) Bor
464	粱 *Setaria italica* (L.) Beauv.
465	金色狗尾草 *Setaria pumila* (Poiret) Roemer & Schultes
466	狗尾草 *Setaria viridis* (L.) Beauv.
467	巨大狗尾草 *Setaria viridis* subsp. *pycnocoma* (Steud.) Tzvel.
468	高粱 *Sorghum bicolor* (L.) Moench
469	短花针茅 *Stipa breviflora* Griseb.
470	长芒草 *Stipa bungeana* Trin.
471	沙生针茅 *Stipa caucasica* subsp. *glareosa* (P. A. Smirnov) Tzvelev
472	大针茅 *Stipa grandis* P. Smirn.
473	锋芒草 *Tragus mongolorum* Ohwi
474	玉蜀黍 *Zea mays* L.
475	菰 *Zizania latifolia* (Griseb.) Turcz. ex Stapf

菖蒲科 Acoraceae

476	菖蒲 *Acorus calamus* L.

浮萍科 Lemnaceae

477	浮萍 *Lemna minor* L.

泽泻科 Alismataceae

478	泽泻 *Alisma plantagoaquatica* L.
479	野慈姑 *Sagittaria trifolia* L.

第一部分

蕨类植物
Pteridophytes

001 | 中华卷柏

Selaginella sinensis (Desv.) Spring

卷柏科 Selaginellaceae>>
卷柏属 *Selaginella* P. Beauv.

形态特征： 多年生草本。茎纤细圆柱状，黄色或黄褐色，匍匐，随处着地生根；枝互生，二叉分；主茎及侧枝基部的叶疏生，贴伏茎上，钝头，边缘有长纤毛；侧枝顶部茎叶背腹扁平；侧叶与中叶近同形，长圆状卵形，质薄，钝尖或具短尖头，边缘具白色缘毛，长1.1~1.3毫米，宽0.6~0.9毫米。孢子囊穗生小枝顶端，四棱形，长约1厘米；孢子叶卵状三角形，边缘有微细锯齿，背部龙骨状；大小孢子囊同穗，大孢子囊黄色；常仅在孢子囊穗基部具1个大孢子囊。

用途： 清热利尿，清热化痰，止血、止泻。

分布地及生境： 见于黑龙潭，生于山坡岩石上。

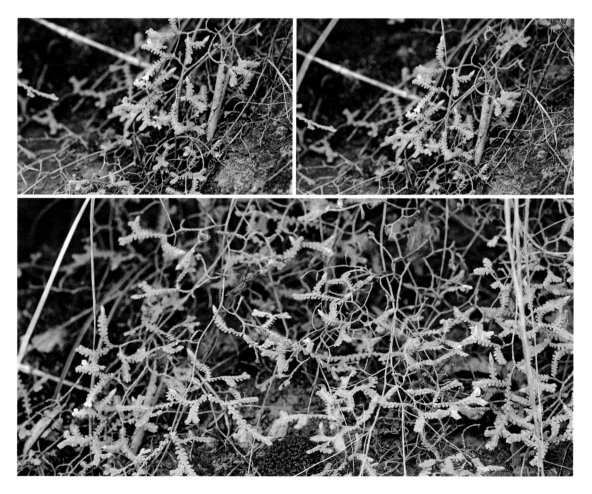

002 | 问荆
Equisetum arvense L.

木贼科 Equisetaceae>>
木贼属 *Equisetum* L.

形态特征： 多年生草本。根状茎黑褐色，常具小球茎。地上茎二型；孢子茎紫褐色，无叶绿素，肉质，不分枝；营养茎在孢子茎枯萎后由根状茎上生出，绿色，分枝多，斜向上伸展。孢子囊穗顶生，长椭圆形；孢子叶六角形，盾状着生，边缘着生长形孢子囊，孢子囊成熟后枯萎。

用途： 全株为利尿、止血剂。

分布地及生境： 见于青云镇、红石桥乡、巴拉素镇、小壕兔乡、孟家湾乡、麻黄梁镇等地，生于林下湿地或水边。

003 | 草问荆

Equisetum pratense Ehrhart

木贼科 Equisetaceae>>
木贼属 *Equisetum* L.

形态特征： 多年生草本。根状茎光滑，黑褐色。茎二型；孢子茎春季由根状茎生出，绿褐色，具绿色短分枝，高10～25厘米；鞘筒长5～10毫米，鞘齿10～20个，披针形，白色透明膜质，中肋细，褐色；茎顶生孢子囊穗1个，长椭圆形，钝头，有柄，长1.5～4厘米；孢子成熟后先端枯萎，产生分枝，渐变绿色，即为营养茎；营养茎主茎高20～50厘米，径2～3毫米，有棱脊8～14条，脊背上密生硅质小刺状突起；分枝轮生，柔软细长，与主茎成直角，具3棱；鞘筒圆筒形，长3～8毫米，鞘齿膜质，长三角形。

用途： 具有活血、利尿、驱虫的功效；主治动脉粥样硬化、小便涩痛不利、肠道寄生虫病。

分布地及生境： 见于青云镇，生于林下湿地或山沟中。

004 | 节节草
Equisetum ramosissimum Desf.

木贼科 Equisetaceae>>
木贼属 *Equisetum* L.

别名： 节节木贼。

形态特征： 多年生草本。根状茎横走，黑色。茎一型，无孢子茎和营养茎的区别。地上茎高 20～70厘米，直径1～6毫米，灰绿色，粗糙；基部有2～5分枝，中空，有棱脊6～20条；分枝近直立，细长，与主茎近相等，鞘片背上无棱脊，鞘筒长为宽的2倍；鞘齿短三角形，黑色，有易脱落的膜质尖尾。孢子囊穗生枝顶，长0.5～2厘米，长圆形，有小尖头，无柄；孢子叶六角形，中央凹入，盾状着生，排列紧密，边缘生长孢子囊。

用途： 地上茎入药，能明目退翳、清热、利尿、祛痰、止咳。

分布地及生境： 全区可见，生于水边或沙质地上，常见。

第二部分

裸子植物
Gymnosperms

005 | 银杏
Ginkgo biloba L.

银杏科 Ginkgoaceae>>
银杏属 *Ginkgo* L.

别名： 公孙树、白果。

形态特征： 乔木，高达40米。树皮灰褐色，纵裂；大枝斜展，1年生长枝淡褐黄色，2年生枝变为灰色；短枝黑灰色。叶扇形，上部宽5～8厘米，上缘有浅或深的波状缺刻，有时中部缺裂较深，基部楔形，有长柄，在短枝上3～8叶簇生。雄球花4～6生于短枝顶端叶腋或苞腋，长圆形，下垂，淡黄色；雌球花数个生于短枝叶丛中，淡绿色。种子椭圆形，倒卵圆形或近球形，长2～3.5厘米，成熟时黄或橙黄色，被白粉，外种皮肉质有臭味，中种皮骨质，白色，有2纵脊，内种皮膜质，黄褐色；胚乳肉质，胚绿色。花期3月下旬至4月中旬，种子9～10月成熟。

用途： 种子可食，又可入药，有止咳平喘等功效。

分布地及生境： 见于河滨公园、开发区、镇川镇、小纪汗乡等地，栽培。

006 | 红皮云杉
Picea koraiensis Nakai

松科 Pinaceae>>
云杉属 *Picea* A. Dietrich

形态特征： 乔木，高达30米以上。树皮灰褐或淡红褐色，稀灰色，裂成不规则薄条片脱落，裂缝常为红褐色。1年生枝黄、淡黄褐或淡红褐色。叶四棱状条形，长1.2～2.2厘米，宽1～1.5毫米，先端急尖，横切面菱形，四面有气孔线，无明显白粉，上两面各有5～8条，下两面各有3～5条。球果卵状圆柱形或长卵状圆柱形，长5～15厘米，径2.5～3.5厘米，熟前绿色，熟时绿黄褐或褐色。中部种鳞倒卵形，上部圆形或钝三角形，背面微有光泽，平滑，无明显条纹。种子倒卵圆形，长约4毫米，连翅长1.3～1.6厘米。花期5～6月，球果9～10月成熟。

用途： 可供建筑、电杆、造船、家具、木纤维工业原料、细木加工等用材；树干可割取树脂；树皮及球果的种鳞均含鞣质，可提栲胶。

分布地及生境： 见于沙地植物园、卧云山等地，栽培。

007 | 白杆
Picea meyeri Rehd. & Wils.

松科 Pinaceae>>
云杉属 *Picea* A. Dietrich

别名： 毛枝云杉、白扦。

形态特征： 乔木，高达30米。树皮灰褐色，裂成不规则薄块片脱落。1年生枝黄褐色。叶四棱状条形，微弯，长1.3～3厘米，宽约2毫米，先端钝尖或钝，横切面菱形，四面有粉白色气孔线，上两面各有6～7条，下两面各有4～5条。球果长圆状圆柱形，长6～9厘米，径2.5～3.5厘米，熟前绿色，熟时褐黄色。中部种鳞倒卵形，上部圆形、截形或钝三角状。种子连翅长1.3厘米。花期4月，球果9月下旬至10月上旬成熟。

用途： 可供建筑、电杆、桥梁、家具及木纤维工业原料用材。

分布地及生境： 见于沙地植物园、卧云山、黑龙潭等地，栽培。原产我国，供观赏。

008 | 青杆
Picea wilsonii Mast.

松科 Pinaceae>>
云杉属 *Picea* A. Dietrich

别名：青扦。

形态特征：乔木，高达50米。树皮淡黄灰或暗灰色，浅裂成不规则鳞状块片脱落。叶四棱状条形，直或微弯，长0.8～1.8厘米，宽1～2毫米，先端尖，横切面菱形或扁菱形，四面各有气孔线4～6条，无白粉。球果卵状圆柱形或圆柱状长卵圆形，顶端钝圆，长5～8厘米，径2.5～4厘米，熟前绿色，熟时黄褐色或淡褐色。中部种鳞倒卵形，长1.4～1.7厘米，宽1～1.4厘米，种鳞上部圆形或急尖，或呈钝三角状，背面无明显的条纹。种子倒卵圆形，长3～4毫米，连翅长1.2～1.5厘米。花期4月，球果10月成熟。

用途：可供建筑、电杆、土木工程、器具、家具及木纤维工业原料等用材；可作庭园绿化树种。

分布地及生境：见于沙地森林公园、镇川镇，栽培。

009 | 北美短叶松
Pinus banksiana Lamb.

松科 Pinaceae>>
松属 *Pinus* L.

别名： 短叶松、班克松、斑克松。

形态特征： 常绿乔木。树皮和枝褐色或黑褐色。小枝紫褐色。冬芽长圆状卵球形，有树脂。叶2针一束，粗短，常扭曲，长2～4厘米，径约2毫米；树脂道2，中生；叶鞘褐色或黑褐色，宿存。球果圆锥形，直立或下弯，不对称，长3～5厘米，径2～3厘米，常向内弯曲，成熟时淡绿色或淡黄褐色。种鳞薄，开裂迟，鳞盾方菱形或多角状方菱形，横脊明显，鳞脐平或微凹。球果可在树上宿存多年。种子倒卵形，连翅长8～13毫米。花期4～5月，球果次年10月成熟。

用途： 作观赏树。

分布地及生境： 见于沙地植物园，栽培。原产美国东北部。

010 | 红松
Pinus koraiensis Sieb. & Zucc.

别名：朝鲜松。

形态特征：乔木。幼树树皮灰褐色，近平滑，大树树皮灰褐色或灰色，纵裂成不规则的长方鳞状块片，裂片脱落后露出红褐色的内皮。针叶5针一束，长6～12厘米。球果圆锥状卵圆形、圆锥状长卵圆形或卵状矩圆形，长9～14厘米，稀更长，径6～8厘米，梗长1～1.5厘米。成熟后种鳞不张开，或稍微张开而露出种子，但种子不脱落；种鳞菱形，上部渐窄而开展，先端钝，向外反曲，鳞盾黄褐色或微带灰绿色，三角形或斜方状三角形，下部底边截形或微成宽楔形，表面有皱纹，鳞脐不显著。花期6月，球果第二年9～10月成熟。

用途：木材及树根可提松节油；树皮可提栲胶；种子大，可食，或供制肥皂、油漆、润滑油等用。

分布地及生境：见于卧云山、沙地植物园、小纪汗林场等地，栽培。原产我国东北。

011 | 樟子松

Pinus sylvestris var. *mongolica* Litv.

松科 Pinaceae>>
松属 *Pinus* L.

别名： 海拉尔松。

形态特征： 乔木，高达25米。树皮厚，树干下部灰褐色或黑褐色，深裂成不规则的鳞状块片脱落，上部树皮及枝皮黄色至褐黄色，内侧金黄色，裂成薄片脱落。枝斜展或平展；1年生枝淡黄褐色，无毛，2、3年生枝呈灰褐色。针叶2针一束，硬直，常扭曲，长4~9厘米，径1.5~2毫米，先端尖，边缘有细锯齿，两面均有气孔线。雄球花圆柱状卵圆形，长5~10毫米；雌球花有短梗，淡紫褐色。当年生小球果长约1厘米，下垂；球果卵圆形或长卵圆形，长3~6厘米，径2~3厘米，成熟前绿色，熟时淡褐灰色，熟后开始脱落。中部种鳞的鳞盾多呈斜方形，纵脊横脊显著，肥厚隆起，多反曲，鳞脐呈瘤状突起，有易脱落的短刺。种子黑褐色，长卵圆形或倒卵圆形，微扁。花期5~6月，球果第二年9~10月成熟。

用途： 树干可割树脂，提取松香及松节油；树皮可提栲胶。

分布地及生境： 全区可见，栽培。

012 | 油松
Pinus tabuliformis Carriere

松科 Pinaceae>>
松属 *Pinus* L.

别名： 巨果油松。

形态特征： 乔木，高达25米。树皮灰褐色或褐灰色，裂成不规则较厚的鳞状块片，裂缝及上部树皮红褐色。叶2针一束，粗硬。雄球花圆柱形，长1.2～1.8厘米，在新枝下部聚生成穗状。球果卵形或圆卵形，长4～9厘米，有短梗，向下弯垂，成熟前绿色，熟时淡黄色或淡褐黄色，常宿存树上近数年之久。种子卵圆形或长卵圆形，淡褐色有斑纹。花期4～5月，球果第二年10月成熟。

用途： 树干可割取树脂，提取松节油；树皮可提取栲胶；松节、松针、花粉均供药用。

分布地及生境： 全区可见，栽培。

013 | 杜松
Juniperus rigida Sieb. & Zucc.

柏科 Cupressaceae>>
刺柏属 *Juniperus* L.

形态特征：小乔木，高达10米。小枝下垂。叶条状刺形，质厚，坚硬而直，长1.2～1.7厘米，宽约1毫米，先端锐尖，上面凹下成深槽，槽内有1条窄的白粉带，下面有明显的纵脊。球果球形，径6～8毫米，熟时淡褐黑或蓝黑色，被白粉。种子近卵圆形，长约6毫米，先端尖，有4条钝棱。

用途：果实入药，有利尿、发汗、祛风的效用。

分布地及生境：见于卧云山、镇川镇等地，栽培，供观赏。

014 | 圆柏
Juniperus chinensis L.

柏科 Cupressaceae>>
刺柏属 *Juniperus* L.

别名：桧柏。

形态特征：乔木。树皮深灰色，纵裂，成条片开裂。幼树的枝条通常斜上伸展，形成尖塔形树冠，老则下部大枝平展，形成广圆形的树冠；小枝通常直或稍成弧状弯曲，生鳞叶的小枝近圆柱形或近四棱形，径1～1.2毫米。叶二型，刺叶生于幼树之上，老龄树则全为鳞叶，壮龄树兼有刺叶与鳞叶。球果近圆球形，径6～8毫米，两年成熟，熟时暗褐色，被白粉或白粉脱落，有1～4粒种子。种子卵圆形，顶端钝。花期4月，翌年11月果熟。

用途：树根、树干及枝叶可提取柏木脑的原料及柏木油；枝叶入药，能祛风散寒、活血消肿、利尿。

分布地及生境：全区可见，栽培。

015 | 沙地柏

Juniperus sabina L.

柏科 Cupressaceae>>
刺柏属 *Juniperus* L.

别名： 叉子圆柏、臭柏、新疆圆柏。

形态特征： 匍匐灌木，高不及1米。枝密，斜上伸展，枝皮灰褐色，裂成薄片脱落；1年生枝的分枝皆为圆柱形，径约1毫米。叶二型，刺叶常生于幼树上，稀在壮龄树上与鳞叶并存，常交互对生或兼有三叶交叉轮生，排列较密，向上斜展；鳞叶交互对生，排列紧密或稍疏，斜方形或菱状卵形。雄球花椭圆形或矩圆形，长2~3毫米，雄蕊5~7对，各具2~4花药，药隔钝三角形；雌球花曲垂或初期直立而随后俯垂。球果生于向下弯曲的小枝顶端，熟前蓝绿色，熟时褐色至紫蓝色或黑色，多少有白粉。种子常为卵圆形，微扁。

用途： 耐旱性强，可作水土保持及固沙造林树种；枝、干、根含有芳香油，可做调制化妆品、皂用香精的原料。

分布地及生境： 原始分布于五十里沙，现全区都有栽植，生于干燥的沙丘上。

016 | 侧柏
Platycladus orientalis (L.) Franco

柏科 Cupressaceae>>
侧柏属 *Platycladus* Spach

形态特征： 乔木，高达20米。幼树树冠卵状尖塔形，老则广圆形。树皮淡灰褐色。生鳞叶的小枝直展，扁平，排成一平面，两面同形；鳞叶二型，交互对生，背面有腺点。雌雄同株，球花单生枝顶；雄球花具6对雄蕊，花药2～4；雌球花具4对珠鳞，仅中部2对珠鳞各具1～2胚珠。球果当年成熟，卵状椭圆形，长1.5～2厘米，成熟时褐色。种鳞木质，扁平，厚，背部顶端下方有一弯曲的钩状尖头，最下部1对很小，不发育，中部2对发育，各具1～2种子。种子椭圆形或卵圆形，长4～6毫米，灰褐或紫褐色，无翅，或顶端有短膜。花期3～4月，球果10月成熟。

用途： 木材供建筑、家具、农具、文具等用；种子与生鳞叶的小枝入药，前者为强壮滋补药，后者为健胃药，又为清凉收敛、止血、祛风湿、安神药及淋疾的利尿药。

分布地及生境： 全区可见，栽培。

017 | 草麻黄
Ephedra sinica Stapf

麻黄科 Ephedraceae>>
麻黄属 *Ephedra* L.

别名： 华麻黄、麻黄。

形态特征： 草本灌木，高20～40厘米。小枝直伸或微曲，细纵槽常不明显。叶2裂，裂片锐三角形，先端急尖。雄球花多成复穗状，常具总梗，苞片通常4对；雌球花单生，有梗，苞片4对；雌花2，胚珠的珠被管长约1毫米，直立或先端微弯。种子通常2粒，包于肉质、红色苞片内，不露出，黑红色或灰褐色，三角状卵圆形或宽卵圆形。花期5～6月，种子8～9月成熟。

用途： 为重要的药用植物，生物碱含量丰富，仅次于木贼麻黄；全株入药，有发汗、平喘、利尿等功效；为我国提制麻黄碱的主要植物。

分布地及生境： 见于麻黄梁镇、沙地植物园，生于干燥山坡、荒地或河床。

第三部分

被子植物
Angiosperms

018 | 河北杨

Populus × hopeiensis Hu & Chow

杨柳科 Salicaceae>>
杨属 *Populus* L.

别名： 椴杨、串根杨。

形态特征： 落叶乔木。树冠广卵形。树皮灰白色或青白色，光滑，具白粉。芽卵球形，顶端尖，疏生短柔毛，无黏质。叶卵圆球形或近圆形，边缘具3～7个内弯的齿或波状齿，上面暗绿色，下面灰白色；叶柄扁平，无毛。雄花的雄蕊6枚；雌花的雌蕊由2个心皮组成，柱头2裂。花果期4～6月。

用途： 木材坚硬，可作建筑用材。

分布地及生境： 全区可见。

019 | 新疆杨

Populus alba var. *pyramidalis* Bunge

杨柳科 Salicaceae>>
杨属 *Populus* L.

形态特征： 乔木，树冠圆柱形。树皮灰白或青灰色，光滑。侧枝角度小，向上伸展，近贴树干；小枝鲜绿色或浅绿色，短枝上的叶近圆状椭圆形，正面绿色，背面浅绿色；长枝之叶边缘缺刻较深或呈掌状深裂，背面被白色绒毛，叶柄扁，单叶互生。雌雄异株，柔荑花序，花盘绿色，花药红色。花期4～5月。

用途： 可作家具、建筑用材。

分布地及生境： 全区可见，栽培。

020 | 胡杨

Populus euphratica Oliv.

杨柳科 Salicaceae>>

杨属 *Populus* L.

别名： 异叶杨、胡桐。

形态特征： 乔木，高达15米。萌枝细，圆形，光滑或微有绒毛；芽椭圆形，光滑；萌枝叶披针形或线状披针形，全缘或有不规则疏波状牙齿；枝内富含盐分，有咸味。叶卵圆形、卵圆状披针形、三角状卵圆形或肾形，上部有粗牙齿，基部有2腺点，两面均灰蓝色，无毛；叶柄微扁，约与叶片等长，萌枝叶柄长1厘米，有绒毛或光滑。雄花序细圆柱形，长2～3厘米，轴有绒毛，雄蕊15～25，花药紫红色，花盘膜质，边缘有不规则牙齿，早落；苞片略菱形，长约3毫米，上部有疏牙齿；雌花序长约2.5厘米，花序轴有绒毛或无毛，子房被绒毛或无毛，子房柄与子房近等长，柱头3或2浅裂，鲜红或黄绿色。果序长达9厘米；蒴果长卵圆形，长1～1.2厘米，2～3瓣裂，无毛。花期5月，果期7～8月。

用途： 木材供建筑、桥梁、农具、家具等用。为绿化西北干旱盐碱地带的优良树种。

分布地及生境： 于黑龙潭、沙地森林公园、卧云山等地栽培，生于沙质土壤中。

021 | 合作杨
Populus opera Hsu

杨柳科 Salicaceae>>
杨属 *Populus* L.

形态特征：乔木，高达30米。树干端直，树冠近塔形。树皮灰白色。侧枝细，与主干成45°～60°角，幼枝具棱。叶菱形或菱状卵形，端渐尖，基广楔形或近圆形，缘具细密钝锯齿，齿端锐尖，内曲，叶柄纤细，微扁平。雄花序长约5厘米，雌花序长3～5厘米。果序长7～9厘米，蒴果长3～4毫米。花期3～4月，种熟期5月。

用途：叶可作饲料。

分布地及生境：四旁绿化树，全区可见。

022 | 小叶杨
Populus simonii Carr.

杨柳科 Salicaceae>>
杨属 *Populus* L.

别名： 水桐。

形态特征： 乔木，高达20米。幼树小枝及萌枝有棱脊，常红褐色，老树小枝圆，无毛；芽细长，有黏质。叶菱状卵形、菱状椭圆形或菱状倒卵形，长3～12厘米，中部以上较宽，先端骤尖或渐尖，基部楔形、宽楔形或窄圆形，具细锯齿，无毛，下面灰绿或微白；叶柄圆筒形，长0.5～4厘米，无毛。雄花序长2～7厘米，花序轴无毛，苞片细条裂，雄蕊8～25；雌花序长2.5～6厘米；苞片淡绿色，裂片褐色，2瓣裂，无毛。果序长达15厘米。花期3～5月，果期4～6月。

用途： 供民用建筑、家具、火柴杆、造纸等用；为防风固沙、护堤固土、绿化观赏的树种；根、树皮、花序均可入药。

分布地及生境： 全区可见，生于散地或种植于四旁。

023 群众杨

Populus simonii×(Populus pyramidalis+Salix matsudana)

杨柳科 Salicaceae>>
杨属 *Populus* L.

形态特征： 乔木，高20~25米。树冠近塔型。树皮深青色，光滑。侧枝细，与主干成35°~50°角，小枝黄褐色，具棱；长枝叶宽卵形，叶缘具浅锯齿，叶柄扁圆形，微红色，短枝叶近菱形，长6~7厘米，宽3~5厘米。果穗长10~15厘米。花期4月，果期4~5月。

用途： 木材可作民用建筑、胶合板及造纸等用材；叶可作饲料。

分布地及生境： 全区可见，栽培。

024 | 垂柳
Salix babylonica L.

杨柳科 Salicaceae>>
柳属 *Salix* L.

别名：柳树。

形态特征：乔木，高达18米。枝细长下垂，无毛。叶窄披针形或线状披针形，长9～16厘米，基部楔形，两面无毛或微有毛，上面绿色，下面色较淡，有锯齿。花序先叶开放，或与叶同放；雄花序长1.5～2厘米，有短梗，轴有毛；雌花序长2～5厘米，有梗，基部有3～4小叶，轴有毛。蒴果长3～4毫米。花期3～4月，果期4～5月。

用途：优美的绿化树种，宜种植在水边、人行道旁。木材可供制家具；枝条可编筐；树皮含鞣质，可提制栲胶；叶可作羊饲料。

分布地及生境：全区可见，栽培。

025 | 筐柳
Salix linearistipularis K. S. Hao

杨柳科 Salicaceae>>
柳属 *Salix* L.

别名：蒙古柳。

形态特征：灌木，高2～3米。幼枝黄绿色，老枝黄灰色至暗灰色。叶披针形或线状披针形，长5～12厘米，宽5～12毫米，无毛，幼叶有绒毛，边缘有腺齿，外卷；叶柄长5～12毫米。花先叶开放或与叶近同时开放，基部具2长圆形鳞片；雄花序长圆柱形，长3～3.5厘米，径2～3毫米；雄蕊2，花丝合生，苞片倒卵形，有长毛，腺体1，腹生；雌花序长圆柱形；子房有柔毛，无柄，花柱短，柱头2裂；苞片卵圆形，有长毛。蒴果长卵形。花期4月，果期5月。

用途：枝条柔软，可用于编织；叶可作饲料；为早春蜜源植物。

分布地及生境：见于巴拉素镇，生于丘间低湿地及水分条件较好的平缓阴坡地等。

026 | 旱柳
Salix matsudana Koidz.

杨柳科 Salicaceae>>
柳属 *Salix* L.

形态特征：乔木，高达18米。枝细长，直立或斜展，无毛，幼枝有毛；芽微有柔毛。叶披针形，长5～10厘米，基部窄圆或楔形，下面苍白或带白色，有细腺齿，幼叶有丝状柔毛；花序与叶同放。雄花序圆柱形，长1.5～3厘米，有花序梗，轴有长毛；雌花序长达2厘米，径4毫米，基部有3～5小叶生于短花序梗上，轴有长毛。果序长达2厘米。花期4月，果期4～5月。

用途：为榆林市重要用材树种，木材供建筑器具、造纸、人造棉、火药等用；细枝可编筐；叶可作饲料；为早春蜜源植物。

分布地及生境：分布于北部滩地及无定河河谷两岸，见于河口水库，栽培，散种于四旁。

027 | 北沙柳

Salix psammophila C. Wang et Chang Y. Yang

杨柳科 Salicaceae>>
柳属 *Salix* L.

别名：西北沙柳、乌柳。

形态特征：灌木，高3～4米。幼枝被毛，后无毛。叶线状倒披针形，长4～8厘米，宽约4毫米，疏生锯齿，下面带灰白色，幼叶微有绒毛，老叶无毛。花先叶或几与叶同时开放，花序长1～2厘米，短花序梗和鳞片状小叶的下面密被长柔毛，轴有绒毛；子房卵圆形，无柄，被绒毛，花柱明显，长约0.5毫米，柱头2裂，裂片开展。花期3～4月，果期5月。

用途：抗风沙，榆阳区常作固沙造林树种；可编制筐篓等农具；枝叶及树皮可药用，叶可作饲料；为早春蜜源植物。

分布地及生境：全区可见，生于河流溪谷低湿地。

028 | 胡桃楸

Juglans mandshurica Maxim.

胡桃科 Juglandaceae>>
胡桃属 *Juglans* L.

别名：核桃楸。

形态特征：乔木，高达20余米。树皮灰色。奇数羽状复叶长40～50厘米，小叶15～23片，长椭圆形，具细锯齿，上面幼时被毛，后脱落，仅中脉被毛，下面被平伏柔毛及星状毛，侧生小叶无柄，先端渐尖，基部平截或心形。雄柔荑花序长9～20厘米；雌穗状花序具4～10花。果序长10～15厘米，俯垂，具5～7果；果球形、卵圆形或椭圆状卵圆形，顶端尖，密被腺毛；果核长2.5～5厘米，具8纵棱，2条较显著，棱间具不规则皱曲及凹穴，顶端具尖头。花期5月，果期8～9月。

用途：种子油供食用，种仁可食；木材可作枪托、车轮、建筑等重要材料。树皮、叶及外果皮含鞣质，可提取栲胶；树皮纤维可作造纸等原料；枝、叶、皮可作农药。

分布地及生境：见于黑龙潭，栽培。

029 | 胡桃
Juglans regia L.

胡桃科 Juglandaceae>>
胡桃属 *Juglans* L.

别名： 核桃。

形态特征： 乔木，高20～25米。树皮老时灰白色，浅纵裂。小枝无毛。复叶长25～30厘米，叶柄及叶轴幼时被腺毛及腺鳞；小叶5～9，椭圆状卵形或长椭圆形，长6～15厘米，全缘，无毛，先端钝圆或短尖，基部歪斜、近圆，侧脉11～15对，脉腋具簇生柔毛，侧生小叶具极短柄或近无柄，顶生小叶叶柄长3～6厘米。雄柔荑花序下垂，长5～15厘米；雌穗状花序具1～3花。果序短，俯垂，具1～3果；果近球形，径4～6厘米，无毛；果核稍皱曲，具2纵棱，顶端具短尖头；隔膜较薄。花期4～5月，果期9～10月。

用途： 种仁含油量高，可生食，亦可榨油食用；木材坚实，是很好的硬木材料。

分布地及生境： 见于卧云山、黑龙潭等地，栽培。

030 | 白桦

Betula platyphylla Suk.

桦木科 Betulaceae>>
桦木属 *Betula* L.

形态特征：乔木，高可达27米。树皮灰白色。枝条暗灰色或暗褐色，无毛。叶厚纸质，三角状卵形、三角状菱形、三角形，顶端锐尖、渐尖至尾状渐尖，基部截形、宽楔形或楔形，有时微心形或近圆形，边缘具重锯齿，有时具缺刻状重锯齿或单齿，上面于幼时疏被毛和腺点，成熟后无毛无腺点，下面无毛，密生腺点。果序单生，圆柱形或矩圆状圆柱形，通常下垂，长2～5厘米，直径6～14毫米；小坚果狭矩圆形、矩圆形或卵形，长1.5～3毫米，宽约1～1.5毫米，背面疏被短柔毛，膜质翅较果长1/3，较少与之等长。花期5～6月，果期8～10月。

用途：木材可供一般建筑及制作器具之用，树皮可提桦油，白桦皮在民间常用以编制日用器具。本种易栽培，可为庭园树种。

分布地及生境：见于沙地植物园、卧云山，栽培。

031 | 毛榛
Corylus mandshurica Maxim.

别名： 火榛子、毛榛子。

形态特征： 落叶灌木。树皮暗灰色。枝条灰褐色，无毛；小枝黄褐色，被长柔毛。叶宽卵形、长圆形，长6～12厘米，宽4～9厘米，顶端骤尖或尾尖，基部心形，叶缘具不规则的粗锯齿，中部以上具浅裂，上面被疏毛，下面被短毛，沿脉的毛较密，侧脉约7对；叶柄长1～3厘米。雄花序2～4枚排成总状；苞鳞被白色柔毛。果单生或2～6个簇生；果苞管状，在坚果上部缢缩，较果长2～3倍，外面密被黄色刚毛和白色的柔毛，上部浅裂；坚果近球形，顶端具小突尖，外面密被白色绒毛。花期5月，果熟期9月。

用途： 种子可食。

分布地及生境： 见于沙地植物园，栽培。

032 | 蒙古栎
Quercus mongolica Fisch. ex Ledeb.

壳斗科 Fagaceae>>
栎属 *Quercus* L.

别名：柞树。

形态特征：落叶乔木。树皮灰褐色，深纵裂。叶倒卵形或倒卵状长圆形，长7～17厘米，宽4～10厘米，顶端钝圆或急尖，基部耳形，叶缘具8～9对波状钝锯齿，幼叶叶脉具毛，侧脉7～11对，叶柄短。雄花序腋生于新枝上；雄花的花被7～9裂，线形或三角状线形；雄蕊8。雌花1～3，杂生于枝梢；雌花的花被6裂，半圆形，壳斗杯形，包坚果的1/3～1/2，直径1.5～2厘米，高0.8～1.5厘米；苞片覆瓦状排列，背面具瘤状突起。果实卵圆形。花期5月，果期9～10月。

用途：种子含淀粉，可酿酒；木材可作建筑用材。

分布地及生境：见于河滨公园，栽培。

033 | 大果榆
Ulmus macrocarpa Hance

榆科 Ulmaceae>>
榆属 *Ulmus* L.

别名： 黄榆、山榆。

形态特征： 落叶乔木或灌木状，高达20米。树皮暗灰或灰黑色，纵裂。小枝两侧常具对生扁平木栓翅；幼枝疏被毛。叶厚革质，宽倒卵形、倒卵状圆形、倒卵状形或倒卵形，稀椭圆形，长3~14厘米，先端短尾状，基部渐窄或圆，稍心形或一边楔形，两面粗糙，上面密被硬毛或具毛迹，下面常疏被毛。花自花芽或混合芽抽出，在去年生枝上成簇状聚伞花序或散生于新枝基部。翅果宽倒卵状圆形、近圆形或宽椭圆形。花果期4~5月。

用途： 木材可供车辆、农具、家具、器具等用；翅果含油量高，是医药和轻、化工业的重要原料。

分布地及生境： 见于古塔镇、鱼河峁镇、上盐湾镇等，生于向阳的黄土丘陵或石缝中。

034 | 榆树
Ulmus pumila L.

榆科 Ulmaceae>>
榆属 *Ulmus* L.

别名： 白榆、家榆。

形态特征： 落叶乔木，高达25米。小枝无木栓翅；冬芽内层芽鳞边缘具白色长柔毛。叶椭圆状卵形、长卵形、椭圆状披针形或卵状披针形，长2～8厘米，先端渐尖或长渐尖，基部一侧楔形或圆，一侧圆或半心形，上面无毛，下面幼时被短柔毛，后无毛或部分脉腋具簇生毛，具重锯齿或单锯齿。花在去年生枝叶腋成簇生状。翅果近圆形，稀倒卵状圆形，长1.2～2厘米，仅顶端缺口柱头面被毛，其余无毛。花果期3～6月。

用途： 树皮内含淀粉及黏性物，磨成粉称榆皮面，掺和面粉中可食用，并为作醋原料；枝皮纤维坚韧，可代麻制绳索、麻袋或作人造棉与造纸原料；幼嫩翅果与面粉混拌可蒸食，老果含油25％，可供医药和轻、化工业用；叶可作饲料；树皮、叶及翅果均可药用，能安神、利小便；为早春粉源植物。

分布地及生境： 全区可见，生于平地或山坡上。

035 | 构树

Broussonetia papyrifera (Linn.) L'Hert. ex Vent.

桑科 Moraceae>>

构属 *Broussonetia* L'Hert. ex Vent.

别名： 楮、楮桃。

形态特征： 落叶乔木。树皮暗灰色，平滑或浅裂。小枝粗壮，密生绒毛。叶宽卵形或长圆状卵形，不裂或不规则的3～5深裂，叶缘具粗锯齿，上面具粗糙伏毛，下面被柔毛；叶长7～20厘米，宽6～15厘来；叶柄长2.5～8厘米，密生柔毛。花单性，雌雄异株；雄花成柔荑花序，腋生，长3～6厘米，下垂，花被片4，基部结合，雄蕊4，雄花成球形头状花序，直径约1.2～1.8厘米；雌花的苞片棒状，先端有毛；花被管状，顶端3～4齿裂；花柱侧生，丝状；聚花果球形，直径2～3厘米，成熟时肉质，橘红色。花期5～6月，果熟期9～10月。

用途： 茎皮纤维为优质的造纸原料；木材黄白色，质轻软，可作箱板和薪炭；楮实子及根皮入药，有补肾、利尿、强筋骨的功能；叶和乳汁可擦治癣疮。

分布地及生境： 见于河滨公园，生于山坡平地。

036 | 桑
Morus alba L.

桑科 Moraceae>>
桑属 *Morus* L.

别名： 桑树、家桑。

形态特征： 落叶乔木。枝条粗长。叶卵圆形，无缺刻，肉厚而富光泽；叶大而厚，叶长可达30厘米，表面泡状皱缩。花雌雄异株，雄花序下垂，长2～3.5厘米，密被白色柔毛，雄花花被椭圆形，淡绿色；雌花序长1～2厘米，被毛，花序梗长0.5～1厘米，被柔毛，雌花无梗，花被倒卵形，外面边缘被毛，包围子房，无花柱，柱头2裂，内侧具乳头状突起。聚花果圆筒状，长1.5～2厘米，成熟时白绿色或紫黑色。花期4～5月，果期5～8月。

用途： 树皮可作纺织原料、造纸原料；根皮、果实及枝条可入药；木材可制家具、乐器、雕刻等；叶为养蚕的主要饲料，亦作药用，并可作土农药；桑椹可以酿酒。

分布地及生境： 全区可见，栽培。

037 | 大麻
Cannabis sativa L.

大麻科 Cannabaceae>>
大麻属 *Cannabis* L.

别名： 线麻、小麻子。

形态特征： 一年生草本，高达3米；具特殊气味。枝具纵槽，密被灰白平伏毛。叶互生或下部对生，掌状全裂，上部叶具1～3裂片，下部叶具5～11裂片，裂片披针形或线状披针形，先端渐尖，基部窄楔形，上面微被糙毛，下面幼时密被灰白色平伏毛，后脱落，上面中脉及侧脉微凹下，具内弯粗齿；叶柄长3～15厘米，密被灰白色平伏毛，托叶线形。雄圆锥花序长达25厘米；雄花黄绿色，花梗纤细，下垂。瘦果侧扁，为宿存黄褐色苞片所包，果皮坚脆，具细网纹。花期5～6月，果期7月。

用途： 种子榨油，含油量30%，可供做油漆、涂料等，油渣可作饲料；果实中医称"火麻仁"或"大麻仁"入药，主治大便燥结；花称"麻勃"，主治恶风，经闭，健忘；叶含麻醉性树脂可以配制麻醉剂。

分布地及生境： 见于色草湾水库，栽培，生于山坡、平地。

038 | 葎草
Humulus scandens (Lour.) Merr.

大麻科 Cannabaceae>>
葎草属 *Humulus* L.

别名：拉拉藤、拉拉秧。

形态特征：缠绕草本，茎、枝、叶柄均具倒钩刺。叶纸质，肾状五角形，掌状5～7深裂，稀3裂，长宽均7～10厘米，基部心形，上面疏被糙伏毛，下面被柔毛及黄色腺体，裂片卵状三角形，具锯齿；叶柄长5～10厘米。雄花小，黄绿色，花序长15～25厘米；雌花序径约5毫米，苞片纸质，三角形，被白色绒毛；子房为苞片包被，柱头2，伸出苞片外。瘦果成熟时露出苞片外。花期春夏，果期秋季。

用途：可作药用；茎皮纤维可作造纸原料；种子油可制肥皂；果穗可代啤酒花用。

分布地及生境：见于三岔湾村等地，生于路边荒地。

039 | 透茎冷水花
Pilea pumila (L.) A. Gray

荨麻科 Urticaceae>>
冷水花属 *Pilea* Lindl.

形态特征： 一年生草本。茎具棱，生活时肉质透明，光滑无毛；下部的节间长，基部稍膨大。单叶，对生，托叶小，叶片卵形或广椭圆形，叶缘具三角状粗钝锯齿，主脉3条，下面叶脉隆起。花雌雄同株，雌雄花混生于同一花序上；聚伞花序腋生，通常比叶柄短。苞片长圆状锥形或三角状锥形；雄花无柄，花被片2，小3，近等长；退化雄蕊3，短于花被片。瘦果卵形，平滑，比花被片长，略扁。花期7～8月，果期8～9月。

用途： 根、茎药用，有利尿解热和安胎之效。

分布地及生境： 见于红石桥乡等地，生于水边阴湿地。

040 | 槲寄生
Viscum coloratum (Kom.) Nakai

槲寄生科 Viscaceae>>
槲寄生属 *Viscum* L.

形态特征： 灌木，高达80厘米。茎、枝均圆柱状，二歧或三歧、稀多歧分枝，节稍膨大；小枝节间长5～10厘米，径3～5毫米。叶对生，稀3枚轮生，长椭圆形或椭圆状披针形，长3～7厘米，先端圆或圆钝，基部渐窄，基出脉3～5，叶柄短。雌雄异株，花序顶生或腋生于茎叉分枝处；雄花序聚伞状；花序梗无或长达5毫米；总苞舟形，常具3花，中央花具2苞片或无；雄花花蕾时卵球形；萼片卵形；花药椭圆形；雌花序聚伞式穗状，花序梗长2～3毫米或无，具3～5花。果球形，径6～8毫米，具宿存花柱，成熟时淡黄或橙红色，果皮平滑。花期4～5月，果期9～11月。

用途： 全株入药，即中药材槲寄生正品，具治风湿痹痛、腰膝酸软、胎动、胎漏及降低血压等功效。

分布地及生境： 全区可见，寄生于杨、柳、榆、栎树上。

041 | 北马兜铃

Aristolochia contorta Bunge

马兜铃科 Aristolochiaceae>>
马兜铃属 *Aristolochia* L.

形态特征： 草质藤本，长达2米以上。茎无毛。叶卵状心形或三角状心形，长3～13厘米，先端短尖或钝，基部心形，两面无毛；叶柄长2～7厘米。总状花序具2～8花，稀单花；花序梗极短；花梗长1～2厘米；小苞片卵形；花被筒长2～3厘米，基部球形，径达6毫米，向上骤缩成直管，长约1.4厘米，管口漏斗状，檐部一侧扩大成卵状披针形舌片，先端渐窄成长2～3厘米线形弯扭长尾尖，黄绿色，具紫色网纹及纵脉；花药卵圆形，合蕊柱6裂。蒴果。花期5～7月，果期8～10月。

用途： 药用，茎叶称天仙藤，有行气治血、止痛、利尿之效；果称马兜铃，有清热降气、止咳平喘之效；根称青木香，有小毒，具健胃、理气止痛之效，并有降血压作用。

分布地及生境： 见于清泉镇井道岕村，生于山坡灌丛中。

042 | 沙木蓼
Atraphaxis bracteata A. Los.

蓼科 Polygonaceae>>
木蓼属 *Atraphaxis* L.

别名：荞麦柴。

形态特征：灌木，高1～1.5米。主干粗壮，淡褐色，直立，无毛，具肋棱多分枝；枝延伸，褐色，斜升或成钝角叉开，平滑无毛，顶端具叶或花。托叶鞘圆筒状，长6～8毫米，膜质，上部斜形，顶端具2个尖锐牙齿；叶革质，长圆形或椭圆形，当年生枝上者披针形，顶端钝，具小尖，基部圆形或宽楔形，边缘微波状，下卷，两面均无毛，侧脉明显。总状花序，顶生，长2.5～6厘米；花被片5，绿白色或粉红色，内轮花被片卵圆形，不等大，网脉明显，边缘波状，外轮花被片肾状圆形，果时平展，不反折，具明显的网脉。瘦果卵形，具3棱，长4～5毫米，黑褐色，微有光泽。花果期6～8月。

用途：良好的蜜源植物和固沙树种。

分布地及生境：见于卧云山、沙地植物园，生于半固定沙丘。

043 | 荞麦
Fagopyrum esculentum Moench

蓼科 Polygonaceae>>
荞麦属 *Fagopyrum* Mill.

别名：三角麦、花麦。

形态特征：一年生草本，高达90厘米。茎直立，上部分枝，绿或红色，具纵棱，无毛或一侧具乳头状突起。叶三角形或卵状三角形，先端渐尖，基部心形，两面沿叶脉具乳头状突起，膜质托叶鞘偏斜，短筒状。花序总状或伞房状，顶生或腋生，花被5深裂，椭圆形，红或白色；雄蕊8，较花被短，花柱3。瘦果卵形，具3锐棱，突出于宿存花被之外。花期5～9月，果期6～10月。

用途：种子含丰富淀粉，供食用；为蜜源植物；全草入药，可治高血压、视网膜出血、肺出血。

分布地及生境：见于麻黄梁镇等地，栽培。

044 | 木藤蓼
Fallopia aubertii (L. Henry) Holub

蓼科 Polygonaceae>>
何首乌属 *Fallopia* Adans.

别名： 山荞麦。

形态特征： 半木质藤本。茎缠绕，长1～4米，灰褐色，无毛。叶簇生稀互生，叶片卵形至卵状长椭圆形，长2.5～5厘米，顶端急尖，基部近心形，两面均无毛。花序圆锥状，少分枝，稀疏，腋生或顶生，花序梗具小突起；花被5深裂，淡绿色或白色，花被片外面3片较大，背部具翅，果时增大，基部下延；花被果时外形呈倒卵形。瘦果卵形，具3棱，长3.5～4毫米，黑褐色，密被小颗粒，微有光泽，包于宿存花被内。花期7～8月，果期8～9月。

用途： 花白色繁茂，可供庭园观赏；根、茎可药用；嫩叶味酸，可食用；为蜜源植物。

分布地及生境： 见于黑龙潭，栽培。

045 | 蔓首乌
Fallopia convolvulus (Linnaeus) A. Love

蓼科 Polygonaceae>>
何首乌属 *Fallopia* Adans.

别名： 卷茎蓼、草首乌。

形态特征： 一年生草本。茎缠绕，长 1～1.5 米，具纵棱，自基部分枝，具小突起。叶卵形或心形，顶端渐尖，基部心形，两面无毛，下面沿叶脉具小突起，边缘全缘，具小突起；叶柄沿棱具小突起；托叶鞘膜质，偏斜，无缘毛。花序总状，腋生或顶生，花稀疏，下部间断，有时成花簇，生于叶腋；花被5深裂，淡绿色，边缘白色，花被片长椭圆形，外面3片背部具龙骨状突起或狭翅，被小突起；果时稍增大。瘦果椭圆形，具3棱，长3～3.5毫米，黑色，密被小颗粒，无光泽，包于宿存花被内。花期5～8月，果期6～9月。

用途： 作饲料；全草药用，有清热散瘀、利尿消肿之效。

分布地及生境： 见于沙地森林公园，生于路边荒地。

046 | 两栖蓼

Polygonum amphibium L.

蓼科 Polygonaceae>>
蓼属 *Polygonum* L.

别名：天蓼。

形态特征：多年生草本。有水生和陆生二型。水生茎漂浮，全株无毛，节部生根。叶浮于水面，长圆形或椭圆形，长5～12厘米，基部近心形；托叶鞘长1～1.5厘米，无缘毛。陆生茎高达60厘米，不分枝或基部分枝；叶披针形或长圆状披针形，长6～14厘米，先端尖，基部近圆，两面被平伏硬毛，具缘毛；托叶鞘长1.5～2厘米，疏被长硬毛，具缘毛。穗状花序长2～4厘米；苞片漏斗状；花被5深裂，淡红或白色，花被片长椭圆形。瘦果近球形，扁平，双凸，径2.5～3毫米，包于宿存花被内。花期7～8月，果期8～9月。

用途：全草入药，有清热利湿的功效。

分布地及生境：见于中营盘水库、三岔湾等地，生于水边、潮湿地。

047 | 萹蓄
Polygonum aviculare L.

蓼科 Polygonaceae>>
蓼属 *Polygonum* L.

别名：竹叶草、扁竹。

形态特征：一年生草本，高达40厘米。基部多分枝。叶椭圆形、窄椭圆形或披针形，先端圆或尖，基部楔形，全缘，无毛；叶柄短，基部具关节，托叶鞘膜质，下部褐色，上部白色，撕裂。花单生或数朵簇生叶腋，遍布植株；花被5深裂，花被片椭圆形，绿色，边缘白或淡红色。瘦果卵形，具3棱，长2.5~3毫米，黑褐色，密被由小点组成的细条纹，无光泽，与宿存花被近等长或稍长。花期5~7月，果期6~8月。

用途：全草供药用，有通经利尿、清热解毒功效。

分布地及生境：全区可见，生于平原、山坡及草地。

048 | 叉分蓼
Polygonum divaricatum L.

蓼科 Polygonaceae>>
蓼属 *Polygonum* L.

别名： 分叉蓼、酸不溜。

形态特征： 多年生草本。茎直立，高70～120厘米，无毛，自基部分枝，分枝呈叉状，开展，植株呈球形。叶披针形或长圆形，顶端急尖，基部楔形或狭楔形，边缘通常具短缘毛，两面无毛或被疏柔毛；托叶鞘膜质，偏斜，疏生柔毛或无毛，开裂，脱落。花序圆锥状，分枝开展；花被5深裂，白色，花被片椭圆形，大小不相等；雄蕊7～8，比花被短。瘦果宽椭圆形，具3锐棱，黄褐色，有光泽，长5～6毫米，超出宿存花被约1倍。花期7～8月，果期8～9月。

用途： 根含鞣质，可提取栲胶。

分布地及生境： 全区可见，生于路边草地。

049 | 水蓼
Polygonum hydropiper L.

蓼科 Polygonaceae>>
蓼属 *Polygonum* L.

别名： 辣蓼。

形态特征： 一年生草本，高达70厘米。茎直立，多分枝，无毛。叶披针形或椭圆状披针形，先端渐尖，基部楔形，具辛辣叶，叶腋具闭花受精花，托叶鞘具缘毛。穗状花序下垂，花稀疏，花被5深裂，绿色，上部白或淡红色，椭圆形。瘦果卵形，扁平。花期5～9月，果期6～10月。

用途： 嫩茎叶可作蔬菜；全草入药，可消肿解毒、利尿、止痢；古代为常用调味剂；为蜜源植物。

分布地及生境： 全区可见，生于水边潮湿处。

050 | 酸模叶蓼
Polygonum lapathifolium L.

蓼科 Polygonaceae>>
蓼属 *Polygonum* L.

别名: 大马蓼。

形态特征: 一年生草本,高达90厘米。茎直立,分枝,节部膨大。叶披针形或宽披针形,先端渐尖或尖,基部楔形,上面常具黑褐色新月形斑点,托叶鞘顶端平截。数个穗状花序组成圆锥状,花序梗被腺体,花被5深裂,淡红或白色,花被片椭圆形,顶端分叉,外弯。瘦果宽卵形,扁平,双凹,长2~3毫米,黑褐色,包于宿存花被内。花期6~8月,果期7~9月。

用途: 嫩茎叶可作蔬菜。全株入药,有清热解毒的功效。

分布地及生境: 全区可见,生于路边、河流岸边和潮湿处。

051 | 红蓼
Polygonum orientale L.

蓼科 Polygonaceae>>
蓼属 *Polygonum* L.

别名： 狗尾巴花、东方蓼、水红花。

形态特征： 一年生草本，高达2米。茎直立，粗壮，上部多分枝，密被长柔毛。叶宽卵形或宽椭圆形，先端渐尖，基部圆或近心形，微下延，两面密被柔毛，叶脉被长柔毛；叶柄长2～12厘米，密被长柔毛，托叶鞘长1～2厘米，被长柔毛，常沿顶端具绿色草质翅。穗状花序长3～7厘米，微下垂，数个花序组成圆锥状；苞片宽漏斗状，长3～5毫米，草质，绿色，被柔毛；花梗较苞片长；花被5深裂，淡红或白色，花被片椭圆形。瘦果近球形，扁平，双凹，径3～3.5毫米，包于宿存花被内。花期6～9月，果期8～10月。

用途： 果实入药，名"水红花子"，有活血、止痛、消积、利尿功效。

分布地及生境： 见于卧云山，生于路边荒地。

052 | 西伯利亚蓼
Polygonum sibiricum Laxm.

蓼科 Polygonaceae>>
蓼属 *Polygonum* L.

别名：剪刀股。

形态特征：多年生草本，高达25厘米。根茎细长；茎基部分枝，无毛。叶长椭圆形或披针形，长5～13厘米，基部戟形或楔形，无毛；叶柄长0.8～1.5厘米，托叶鞘筒状，膜质，无毛。圆锥状花序顶生，花稀疏，苞片漏斗状，无毛；花梗短，中上部具关节；花被5深裂，黄绿色，花被片长圆形。瘦果卵形，具3棱，黑色，有光泽，包于宿存花被内或稍突出。花期6～7月，果期8～9月。

用途：蜜源植物；为碱性土壤的指示植物。

分布地及生境：见于清泉镇、河口水库，生于碱性土地。

053 | 羊蹄
Rumex japonicus Houtt.

蓼科 Polygonaceae>>
酸模属 *Rumex* L.

别名：酸模。

形态特征：多年生草本。茎直立，高50～100厘米，上部分枝，具沟槽。基生叶长圆形或披针状长圆形，长8～25厘米，宽3～10厘米，顶端急尖，基部圆或心形，边缘微波状，下面沿叶脉具小突起；茎上部叶狭长圆形；叶柄长2～12厘米；托叶鞘膜质，易破裂。花序圆锥状，花两性，多花轮生；花梗细长，中下部具关节；花被片6，淡绿色，外花被片椭圆形，长1.5～2毫米，内花被片果时增大，宽心形，长4～5毫米，顶端渐尖，基部心形，网脉明显，边缘具不整齐的小齿，齿长0.3～0.5毫米，全部具小瘤，小瘤长卵形，长2～2.5毫米。瘦果宽卵形，具3锐棱，长约2.5毫米，两端尖，暗褐色，有光泽。花期5～6月，果期6～7月。

用途：根入药，可清热凉血。

分布地及生境：见于榆溪河岸边，生于岸边湿地。

054 | 刺酸模
Rumex maritimus L.

蓼科 Polygonaceae>>
酸模属 *Rumex* L.

形态特征： 一年生草本。茎直立，具沟槽，无毛。基生叶宽披针形，具短柄，上部叶较窄，近无柄，长5～12厘米，宽1～3厘米，先端钝尖，基部楔形，全缘，无毛；托叶鞘膜质，破裂。圆锥花序顶生，花序上具叶；花两性，花梗细长，下部具关节；花被6，2轮，外轮花被片窄椭圆形；内轮花被片卵状长圆形，在果时增大，边缘有针刺1～3对，常为2对，针刺直伸或稍斜弯，也有极少数无针刺，每片内轮花被具有一长卵形的瘤状突起；雄蕊6，果时伸出花被。瘦果三棱形，淡褐色，有光泽，包于内轮的花被内。花期4～6月，果期6～8月。

用途： 全草入药，具有清热凉血的功效。

分布地及生境： 见于中营盘水库、三岔湾等地，生于水边低湿地。

055 | 巴天酸模
Rumex patientia L.

蓼科 Polygonaceae>>
酸模属 *Rumex* L.

别名： 土大黄，牛西西。

形态特征： 多年生草本，高50～150厘米。上部分枝，具深沟槽。基生叶长圆形或长圆状披针形，顶端急尖，基部圆形或近心形，边缘波状；叶柄粗壮；茎上部叶披针形，较小，具短叶柄或近无柄；托叶鞘筒状，膜质，易破裂。花两性，圆锥状花序顶生；花梗细，中下部具关节；外花被片长圆形；内花被片果时增大，宽心形，先端圆钝，基部深心形，近全缘，全部或一部分具小瘤，小瘤长卵形。瘦果卵形，具3锐棱，顶端渐尖，褐色，有光泽。花期5～6月，果期6～7月。

用途： 种子可提取油脂、糠醛，还可以提取淀粉；根、叶有清热解毒、活血散瘀、止血、润肠之功效。

分布地及生境： 见于卧云山，生于路边荒草地。

056 | 沙蓬
Agriophyllum squarrosum (L.) Moq.

藜科 Chenopodiaceae>>
沙蓬属 *Agriophyllum* M. Bieb.

别名：沙米、灯心。

形态特征：一年生草本，植株高达50厘米。茎基部分枝，幼时密生树枝状毛。叶无柄，椭圆形或线状披针形，长3～7厘米，宽0.5～1厘米，先端渐尖，具针刺状小尖头，基部渐窄，具3～9条弧形纵脉。穗状花序遍生叶腋，圆卵形或椭圆形，长0.4～1厘米。胞果圆卵形或椭圆形，果皮膜质，有毛，上部边缘具窄翅，果喙长1～1.2毫米，2深裂，裂齿稍外弯，外侧各具1个小齿突。花果期8～10月。

用途：固沙先锋植物，但固沙能力弱；种子含丰富淀粉，可食；植株可作牲畜饲料。

分布地及生境：见于风沙草滩地区，生于流动沙丘上。

057 | 西伯利亚滨藜
Atriplex sibirica L.

藜科 Chenopodiaceae>>
滨藜属 *Atriplex* L.

别名： 刺果滨藜、大灰条。

形态特征： 一年生草本，高达50厘米。茎常基部分枝；枝外倾或斜伸，钝四棱形，被粉粒。叶卵状三角形或菱状卵形，先端微钝，基部圆或宽楔形，具疏锯齿，近基部的1对齿较大，或具1对浅裂片余全缘，上面灰绿色，无粉粒或稍被粉粒，下面灰白色，密被粉粒。雌雄花混合成簇，腋生。胞果扁平，卵形或近圆形；果皮膜质，与种子贴生。花果期7～9月。

用途： 牧草，羊和骆驼喜食，也可采集作猪饲料；果实称"草蒺藜"，可入药，有平肝明目、祛风活血之效。

分布地及生境： 见于河口水库，生于路边盐碱地上。

058 | 轴藜

Axyris amaranthoides L.

藜科 Chenopodiaceae>>
轴藜属 *Axyris* L.

形态特征：一年生草本，高达80厘米。分枝多在茎中部以上，劲直，斜上。叶披针形或窄椭圆形，先端渐尖，基部渐窄，下面常密生星状毛；叶柄长2～5毫米。雄花花序生于枝端；雄花花被椭圆形或窄倒卵形，膜质，常3深裂，裂片线形或窄长圆形，先端尖，有毛；雄蕊3；雌花花被具3个花被片，花被片宽卵形或长圆形，长3～4毫米。胞果长2～3毫米，无毛，顶端附属物冠状。花果期8～9月。

用途：幼时作猪饲料。

分布地及生境：见于三岔湾等地，生于河边、荒地和路边。

059 | 雾冰藜

Bassia dasyphylla (Fisch. et Mey.) O. Kuntze

藜科 Chenopodiaceae>>
雾冰藜属 *Bassia* All.

别名：星状刺果藜。

形态特征：一年生草本，高达50厘米。茎直立，基部分枝，形成球形植物体，密被伸展长柔毛。叶圆柱状，稍肉质，有毛。花1朵腋生，花下具念珠状毛束；花被果时顶基扁，花被片附属物钻状，先端直伸，呈五角星状；雄蕊5，花丝丝形，外伸；子房卵形，柱头2，丝形，花柱很短。胞果卵圆形，褐色。花果期7～9月。

用途：可作饲料；全草药用，可清热祛湿，治溢脂性皮炎。

分布地及生境：全区可见，生于沙丘、河滩和荒地路边。

060 | 尖头叶藜
Chenopodium acuminatum Willd.

藜科 Chenopodiaceae>>
藜属 *Chenopodium* L.

别名： 绿珠藜。

形态特征： 一年生草本，高达80厘米。茎直立，多分枝，具条棱及色条。叶宽卵形或卵形，先端尖或短渐尖，具短尖头，基部宽楔形、圆或近平截，上面无粉粒，淡绿色，下面稍被粉粒，呈灰白色，全缘，具半透明环边；叶柄长1.5～2.5厘米。团伞花序于枝上部组成紧密或有间断的穗状或穗状圆锥花序，花序轴具圆柱状粉粒。胞果扁，圆形或卵形。花期6～7月，果期8～9月。

用途： 作饲料。

分布地及生境： 见于沙地森林公园，生于山坡路边、草地、荒地和河滩。

061 | 藜
Chenopodium album L.

藜科 Chenopodiaceae>>
藜属 *Chenopodium* L.

别名： 灰菜、灰条。

形态特征： 一年生草本，高20～100厘米。茎直立，粗壮，具条棱及绿色或紫红色色条，多分枝，枝条斜向外或开展。叶片菱状卵形至宽披针形，长3～6厘米，宽2.5～5厘米，先端急尖或微钝，基部楔形至宽楔形，上面通常无粉，有时嫩叶的上面有紫红色粉，叶缘具不整齐锯齿。花两性，花簇于枝上部排列成或大或小的穗状圆锥状或圆锥状花序；花被裂片5，宽卵形至椭圆形；雄蕊5，柱头2。胞果完全包于花被内或顶端稍露；果皮薄，与种子紧贴。种子横生，双凸状，黑色，具光泽，表面具浅沟纹。花果期5～10月。

用途： 幼苗可作蔬菜；茎、叶可喂家畜；全草可入药，具有止泻、止痒的功效。

分布地及生境： 全区可见，生于路边、荒地。

062 | 小藜
Chenopodium ficifolium Smith

藜科 Chenopodiaceae>>
藜属 *Chenopodium* L.

形态特征： 一年生草本，高20～50厘米。茎直立，具条棱及绿色色条。叶片卵状矩圆形，通常三浅裂；中裂片两边近平行，先端钝或急尖并具短尖头，边缘具深波状锯齿；侧裂片位于中部以下，通常各具2浅裂齿。花两性，数个团集，排列于上部的枝上形成较开展的顶生圆锥状花序；花被近球形，5深裂，裂片宽卵形，不开展，背面具微纵隆脊并有密粉。胞果包在花被内，果皮与种子贴生。花期4～5月。

用途： 嫩苗可食。全草入药，性甘苦、凉，有祛湿解毒功效。

分布地及生境： 见于沙地植物园，生于沙质土壤上。

063 | 灰绿藜
Chenopodium glaucum L.

藜科 Chenopodiaceae>>
藜属 *Chenopodium* L.

形态特征：一年生草本，高20～40厘米。茎平卧或外倾，具条棱及绿色或紫红色色条。叶片矩圆状卵形至披针形，肥厚，先端急尖或钝，基部渐狭，边缘具缺刻状牙齿，上面无粉，平滑，下面有粉而呈灰白色，有稍带紫红色；中脉明显，黄绿色；叶柄长5～10毫米。胞果顶端露出于花被外，果皮膜质，黄白色。花果期5～10月。

用途：作饲料。茎叶可提取皂素。

分布地及生境：全区可见，生于路边和河边盐碱地。

064 | 杂配藜
Chenopodium hybridum L.

藜科 Chenopodiaceae>>
藜属 *Chenopodium* L.

别名：血见愁、大叶藜。

形态特征：一年生草本，高40～120厘米。茎直立，粗壮，具淡黄色或紫色条棱，上部有疏分枝，无粉或枝上稍有粉。叶片宽卵形至卵状三角形，两面均呈亮绿色，无粉或稍有粉，先端急尖或渐尖，基部圆形、截形或略呈心形，边缘掌状浅裂；裂片2～3对，不等大，轮廓略呈五角形，先端通常锐；上部叶较小，叶片多呈三角状戟形，边缘具较少数的裂片状锯齿，有时几全缘。花序圆锥状，顶生或腋生。花两性兼有雌性，花被裂片5，狭卵形，先端钝，背面具纵脊并稍有粉，边缘膜质。胞果双凸镜状；果皮膜质，有白色斑点，与种子贴生。花果期7～9月。

用途：叶作饲料；全草可入药，能调经止血，用于月经不调、功能性子宫出血、吐血、咯血、尿血。

分布地及生境：见于沙地植物园，生于路边沟沿处。

065 | 东亚市藜

Chenopodium urbicum subsp. *sinicum* Kung & G.L.Chu

藜科 Chenopodiaceae>>
藜属 *Chenopodium* L.

形态特征：一年生草本，高20～100厘米。全株无粉，幼叶及花序轴有时稍有棉毛。叶菱形至菱状卵形，茎下部叶的叶片长达15厘米，近基部的1对锯齿较大呈裂片状。花序以顶生穗状圆锥花序为主；花簇由多数花密集而成；花被裂片3～5，狭倒卵形，花被基部狭细呈柄状。种子横生、斜生及直立，直径0.5～0.7毫米，边缘锐，表面点纹清晰。花果期7～10月。

用途：作饲料。

分布地及生境：见于红石桥乡，生于水边荒地。

066 | 烛台虫实
Corispermum candelabrum Iljin

藜科 Chenopodiaceae>>
虫实属 *Corispermum* L.

形态特征： 一年生草本，株高10～60厘米。茎直立，圆柱形，果时绿色或紫红色，毛稀疏；分枝多集中于茎基部，上升，有时呈灯架状弯曲。叶条形至宽条形，先端渐尖具小尖头，基部渐狭，1脉。穗状花序顶生和侧生，圆柱状或棍棒状，紧密，下部花稍疏离；花被片1或3，近轴花被片矩圆形或宽倒卵圆形，顶端圆形具不规则细齿，远轴2，小，三角状。果核椭圆形，顶端圆形，基部楔形，背部有时具瘤状突起；果喙粗短，喙尖为喙长的1/3～1/2，直立或略叉分，翅明显，为核宽的1/4～1/2，不透明，缘较薄，具不规则细齿或全缘。花果期7～9月。

用途： 作饲料。

分布地及生境： 见于风沙草滩地区，生于半固定沙丘。

067 | 兴安虫实
Corispermum chinganicum Iljin

藜科 Chenopodiaceae>>
虫实属 *Corispermum* L.

形态特征： 一年生草本，株高10～50厘米。茎直立，圆柱形，绿色或紫红色；由基部分枝，下部分枝较长，上升，上部分枝较短，斜展。叶条形，先端渐尖具小尖头，基部渐狭，1脉。穗状花序顶生和侧生，细圆柱形，稍紧密；花被片3，近轴花被片1，宽椭圆形，顶端具不规则细齿，远轴2，小，近三角形，稀不存在。果实矩圆状倒卵形或宽椭圆形，顶端圆形，基部心形，背面凸起中央稍微压扁，腹面扁平，无毛；果核椭圆形，黄绿色或米黄色，光亮，有时具少数深褐色斑点；喙尖为喙长的1/4～1/3，粗短；果翅明显，浅黄色，不透明，全缘。花果期6～8月。

用途： 作饲料。

分布地及生境： 全区可见，生于半固定沙丘和草原。

068 | 绳虫实

Corispermum declinatum Steph. ex Stev.

藜科 Chenopodiaceae>>
虫实属 *Corispermum* L.

形态特征： 一年生草本，株高15～50厘米。茎圆柱状，具疏分枝。叶线形，先端渐尖，具小尖头，基部渐窄，1脉。穗状花序细瘦，花排列稀疏；苞片较叶稍宽，线状披针形或窄卵形，具膜质边缘；花被1片，稀3片，近轴花被片宽长圆形，上部边缘常啮蚀状。胞果倒卵状长圆形，长3～4毫米，径约2毫米，无毛，顶端尖，基部近圆，边缘近无翅，果喙长约0.5毫米。花果期6～8月。

用途： 可作饲料。

分布地及生境： 见于风沙草滩地区，生于沙质荒地、河滩。

069 | 刺藜

Dysphania aristata (L.) Mosyakin & Clemants

藜科 Chenopodiaceae>>
刺藜属 *Dysphania* R.Br.

别名： 鸡冠冠草、刺穗藜。

形态特征： 一年生草本。植物体通常呈圆锥形，高10～40厘米，无粉，秋后常带紫红色。茎直立，圆柱形或有棱，具色条，无毛或稍有毛，有多数分枝。叶条形至狭披针形，全缘，先端渐尖，基部收缩成短柄，中脉黄白色。复二歧式聚伞花序生于枝端及叶腋，最末端的分枝针刺状；花两性，几无柄；花被裂片5，狭椭圆形，先端钝或骤尖，背面稍肥厚，边缘膜质，果时开展。胞果顶基扁，圆形；果皮透明，与种子贴生。花期8～9月，果期10月。

用途： 作饲料；全草可入药，有祛风止痒功效；煎汤外洗，治荨麻疹及皮肤瘙痒。

分布地及生境： 见于风沙草滩地区，生于沙丘、路边、荒地。

070 | 菊叶香藜
Dysphania schraderiana (Roemer & Schultes) Mosyakin & Clemants

藜科 Chenopodiaceae>>
刺藜属 *Dysphania* R. Br.

别名：菊叶刺藜、臭蒿。

形态特征：一年生草本，高20～60厘米，有强烈气味，全体有具节的疏生短柔毛。茎直立，具绿色色条，通常有分枝。叶片矩圆形，边缘羽状浅裂至羽状深裂，先端钝或渐尖，有时具短尖头，基部渐狭，上面无毛或幼嫩时稍有毛，下面有具节的短柔毛并兼有黄色无柄的颗粒状腺体，很少近于无毛。复二歧聚伞花序腋生；花两性；花被直径1～1.5毫米，5深裂；裂片卵形至狭卵形，有狭膜质边缘，背面通常有具刺状突起的纵隆脊并有短柔毛和颗粒状腺体，果时开展。胞果扁球形，果皮膜质。花期7～9月，果期9～10月。

用途：可提取香精。

分布地及生境：全区可见，生于路边草地、沟岸和路边。

071 | 地肤
Kochia scoparia (L.) Schrad.

藜科 Chenopodiaceae>>
地肤属 *Kochia* Roth

别名：扫帚菜。

形态特征：一年生草本，高30～100厘米。茎直立，圆柱状，淡绿色或带紫红色，有多数条棱，稍有短柔毛或下部几无毛；分枝稀疏，斜上。叶扁平，线状披针形或披针形，长2～5厘米，宽3～7毫米，先端短渐尖，基部渐窄成短柄，常具3主脉。花被近球形，5深裂，裂片近角形，翅状附属物角形或倒卵形，边缘微波状或具缺刻；雄蕊5，花丝丝状，花药长约1毫米；柱头2，丝状，花柱极短。胞果扁，果皮膜质，与种子贴伏。花期6～9月，果期7～10月。

用途：幼苗可做蔬菜；果实称"地肤子"，为常用中药，能清湿热、利尿，治尿痛、尿急、小便不利及荨麻疹，外用治皮肤癣及阴囊湿疹。

分布地及生境：全区可见，生于路边荒地。

072 | 扫帚菜

Kochia scoparia f. *trichophylla* (Hort.) Schinz. & Thell.

藜科 Chenopodiaceae>>
地肤属 *Kochi* Roth

形态特征：一年生草本。植株高30～100厘米，外形成卵形、倒卵形或圆球形。茎直立，分枝多而紧密向上。叶线形。晚秋枝叶变红。花被近球形，5深裂，裂片近角形。雄蕊5；柱头2，丝状，花柱极短。胞果扁，果皮膜质，与种子贴伏。花期6～9月，果期7～10月。

用途：栽培可作扫帚用；晚秋枝叶变红，可供观赏。

分布地及生境：见于镇川镇，栽培。

073 | 猪毛菜
Salsola collina Pall.

藜科 Chenopodiaceae>>
猪毛菜属 *Salsola* L.

别名： 沙蓬、山叉明。

形态特征： 一年生草本，高达1米。茎直立，基部分枝，具绿色或紫红色条纹；枝伸展，生短硬毛或近无毛；叶圆柱状，条形，先端具刺尖，基部稍宽并具膜质边缘，下延。花单生于枝上部苞腋，组成穗状花序；苞片卵形，紧贴于轴，先端渐尖，背面具微隆脊，小苞片窄披针形；花被片卵状披针形，膜质，果时硬化，背面的附属物呈鸡冠状，花被片附属物以上部分近革质，内折，先端膜质；花药长1～1.5毫米，柱头丝状，花柱很短。胞果球形，果皮膜质。花期7～9月，果期9～10月。

用途： 全草入药，有降低血压作用；嫩茎、叶可供食用。

分布地及生境： 全区可见，生于路边、荒地、沟沿、田地旁。

074 | 刺沙蓬

Salsola tragus L.

藜科 Chenopodiaceae>>

猪毛菜属 *Salsola* L.

别名：刺蓬、苏联猪毛菜。

形态特征：一年生草本，高30～100厘米。茎直立，自基部分枝，茎、枝生短硬毛或近于无毛，有白色或紫红色条纹。叶片半圆柱形或圆柱形，无毛或有短硬毛，长1.5～4厘米，宽1～1.5毫米，顶端有刺状尖，基部扩展，扩展处的边缘为膜质。花单生或集生成穗状花序；花被片长卵形，膜质，无毛，背面有1条脉；花被片果时变硬，自背面中部生翅；翅3个较大，肾形或倒卵形，膜质，无色或淡紫红色，有数条粗壮而稀疏的脉；花被片在翅以上部分近革质，顶端为薄膜质，向中央聚集，包覆果实。花期8～9月，果期9～10月。

分布地及生境：见于五十里沙，生于草原、砾质戈壁。

075 | 角果碱蓬
Suaeda corniculata (C. A. Mey.) Bunge

黎科 Chenopodiaceae>>
碱蓬属 *Suaeda* Forssk. ex J. F. Gmel.

别名： 碱蓬。

形态特征： 一年生草本，高20～60厘米。植株深绿色，秋后变紫红色。茎圆柱形，具微条棱，分枝细瘦。叶条形，半圆柱状，长1～2厘米，宽0.5～1毫米，先端微钝或尖，基部稍缢缩，无柄。团伞花序通常含3～6花，于分枝上排列成穗状花序；花两性兼有雌性；花被顶基稍扁，5深裂，裂片不等大，先端钝，果时背面向外延伸增厚成不等大的角状突出。雄蕊5；柱头2，花柱不明显。胞果圆形，果皮与种子易脱离。花果期8～10月。

用途： 作饲料；种子可榨油，供食用或工业用；全株可提取碳酸钾。

分布地及生境： 见于河口水库，生于河滩、湖边、盐碱地。

076 | 碱蓬

Suaeda glauca (Bunge) Bunge

藜科 Chenopodiaceae>>
碱蓬属 *Suaeda* Forssk. ex J. F. Gmel.

别名：灰绿碱蓬、驴尾巴盐蒿。

形态特征：一年生草本，高30～80厘米。茎直立，浅绿色，具条纹，上部多分枝，分枝细长。叶丝状条形，半圆柱状，长1～4厘米，宽0.7～1.5毫米，稍向上弯曲，灰绿色，无毛，先端微尖，基部稍缢缩。花被5裂；两性花花被杯状，长1～1.5毫米，雄蕊5，花药长约0.8毫米，柱头2，稍外弯；雌花花被近球形，径约0.7毫米，花被片卵状三角形，先端钝，果时增厚，花被稍呈五角星形，干后黑色。胞果包于花被内，果皮膜质。花果期7～9月。

用途：种子含油25%左右，可榨油供工业用；全草药用，可清热消炎。

分布地及生境：见于河口水库，生于荒地、河滩和盐碱地。

077 | 盐地碱蓬

Suaeda salsa (L.) Pall.

藜科 Chenopodiaceae>>
碱蓬属 *Suaeda* Forssk. ex J. F. Gmel.

别名： 盐蒿、黄须菜、翅碱蓬。

形态特征： 一年生草本，高20～80厘米，绿或紫红色。茎直立，圆柱状，具微条棱，上部多分枝。叶条形，半圆柱状，长1～3厘米，宽1～2毫米，先端尖或微钝，无柄。花腋生，3～5花多集成团伞花序；花被半球形，底面平，5深裂，裂片卵形，稍肉质，先端钝，背面果时增厚，有时基部向外延伸呈三角形或窄翅突。胞果熟时果皮常破裂。花果期7～10月。

用途： 幼苗可做菜，北方沿海群众春夏多采食；种子也可食用。

分布地及生境： 见于河口水库，生于盐碱土。

078 | 反枝苋
Amaranthus retroflexus L.

苋科 Amaranthaceae>>
苋属 *Amaranthus* L.

别名： 西风谷、苋菜、野西米。

形态特征： 一年生草本，高达1米。茎密被柔毛。叶菱状卵形或椭圆状卵形，长5～12厘米，先端锐尖或尖凹，基部楔形，全缘或波状，两面及边缘被柔毛，下面毛较密。圆锥花序顶生及腋生，直立，径2～4厘米，由多数穗状花序组成；苞片钻形，长4～6毫米；花绿白色，花被片5，长圆形或长圆状倒卵形，长2～2.5毫米。胞果扁卵形，长约1.5毫米，环状横裂，包在宿存花被片内。花期7～8月，果期8～9月。

用途： 嫩茎叶为野菜，也可做家畜饲料；种子作青葙子入药；全草药用，治腹泻、痢疾、痔疮肿痛出血等症。

分布地及生境： 见于三岔湾等地，生于路边荒地、农田旁。

079 | **紫茉莉**
Mirabilis jalapa L.

紫茉莉科 Nyctaginaceae>>
紫茉莉属 *Mirabilis* L.

别名： 胭脂花、状元花、草茉莉。

形态特征： 一年生草本，高50～100厘米。茎多分枝，节稍肿大。叶对生，卵形或卵状三角形，先端渐尖，基部平截或心形，全缘。花常数朵簇生枝顶，总苞钟形，5裂，花被紫红、黄或杂色，花被筒高脚碟状，檐部5浅裂，午后开放，有香气，次日午前凋萎；雄蕊5。瘦果球形，黑色，革质，具皱纹。花期6～10月，果期8～11月。

用途： 供观赏；根、叶可供药用，有清热解毒、活血调经和滋补的功效；种子白粉可去面部癍痣粉刺。

分布地及生境： 见于河滨公园，栽培。

080 | 马齿苋
Portulaca oleracea L.

马齿苋科 Portulacaceae>>
马齿苋属 *Portulaca* L.

别名： 蚂蚱菜、马齿菜。

形态特征： 一年生草本，全株无毛。茎平卧或斜倚，铺散，多分枝，圆柱形，淡绿或带暗红色。叶互生或近对生，扁平肥厚，倒卵形，先端钝圆或平截，有时微凹，基部楔形，全缘，上面暗绿色，下面淡绿或带暗红色，中脉微隆起；叶柄粗短。花无梗，常3～5簇生枝顶，午时盛开；叶状膜质苞片2～6，近轮生；萼片2，对生，绿色；花瓣5，黄色，基部连合；雄蕊8或更多，花药黄色；子房无毛，花柱较雄蕊稍长。蒴果卵球形，长约5毫米。花期5～8月，果期6～9月。

用途： 嫩茎叶可作蔬菜；也是很好的饲料。全草供药用，有清热利湿、解毒消肿、消炎、止渴、利尿作用；种子明目；还可作兽药和农药。

分布地及生境： 全区可见，生于农田、路旁。

081 | 长蕊石头花
Gypsophila oldhamiana Miq.

石竹科 Aryophyllaceae>>
石头花属 *Gypsophila* L.

别名： 长蕊丝石竹、霞草、山蚂蚱菜。

形态特征： 多年生草本，株高60～100厘米，无毛，粉绿色。主根粗壮，淡褐色至灰褐色。根茎分歧，木质化。茎多数簇生，直立，上部分枝。叶长圆状披针形，长3～7厘米，宽4～15毫米，先端急尖，基部渐狭，具3～5脉，中脉明显，两面淡绿色，无毛。聚伞花序顶生，密集，花序分枝开展，花梗长2.5～3毫米；苞片卵状披针形，先端长渐尖，边缘疏生睫毛；萼筒钟状，长2～2.5毫米；5脉，脉绿色或带紫色，脉间膜质；萼齿卵状三角形，浅裂达1/3处，边缘膜质；花瓣5，粉红色或白色，狭倒卵形，长4.5～5.5毫米，先端截形；雄蕊10，长于花瓣；子房1室，倒卵形；花柱2，伸出花冠外。蒴果卵球形，稍长于宿存萼，先端4裂。种子近肾形。花期7～9月。

用途： 根可作银柴胡入药，有清热、凉血、活血、散瘀、消肿止痛的功效。

分布地及生境： 见于东南部山区，生于山坡草地、灌丛、岩石缝中。

082 | 女娄菜
Silene aprica Turcx. ex Fisch. & Mey.

石竹科 Aryophyllaceae>>
蝇子草属 *Silene* L.

别名： 桃色女娄菜、王不留行。

形态特征： 一至二年生草本，高达100厘米。茎基部分枝，直立，全株密生短柔毛。叶披针形或狭披针形，长3～6厘米，宽3～7毫米。圆锥花序；苞片披针形，渐尖，草质，具缘毛；花萼卵状钟形，长8～12毫米，先端5齿裂，具10脉，外面有细柔毛；花瓣5，白或淡红色，爪倒披针形，具缘毛，瓣片倒卵形，2裂；副花冠舌状；雄蕊10，略短于花瓣。蒴果卵圆形。花期5～7月，果期6～8月。

用途： 全草入药，治乳汁少、体虚浮肿等。

分布地及生境： 全区可见，生于平原、丘陵或山地。

083 | 蔓茎蝇子草
Silene repens Patr.

石竹科 Aryophyllaceae>>
蝇子草属 *Silene* L.

别名：匍生蝇子草、旱麦瓶、毛萼麦瓶草。

形态特征：多年生草本，高15～50厘米。根茎细长，匍匐；茎疏丛生或单生。叶线状披针形或线状倒披针形，长2～5厘米，宽3～7毫米，基部渐窄，两面被柔毛，具缘毛，中脉明显。聚伞花序顶生或腋生，小聚伞花序对生；苞片披针形；萼筒棍棒状，长12～14毫米，10脉，密被白色卷毛，萼齿卵形，先端钝，边缘膜质，具缘毛；花瓣5，白色或淡黄色，瓣片开展，先端2深裂；雄蕊10，微超出花冠；子房圆柱形，无毛，花柱3。蒴果卵状长圆形，长5～7毫米，6齿裂。花果期6～9月。

用途：作饲料；全草药用，有利尿、下乳、清热、凉血之效。

分布地及生境：见于三岔湾等地，生于林下、路边荒地。

084 | 拟漆姑

Spergularia marina (L.) Griseb.

石竹科 Aryophyllaceae>>
拟漆姑属 *Spergularia* (Pers.) J. Presl & C. Presl

别名： 牛漆姑草。

形态特征： 一年生草本，株高10～20厘米。茎铺散，多分枝，下部无毛，上部被腺毛。叶线形，稍肉质，长1～3厘米，宽约1毫米，先端钝，具突尖，基部渐狭，全缘；托叶宽卵形，膜质，透明，基部合生。花单生茎顶叶腋，成总状或总状聚伞花序。花梗长3～8毫米，被腺毛，果时稍下垂；萼片5，卵形或卵状长圆形，长3～4毫米，先端钝，背部被腺毛，具膜质边；花瓣5，白色或带淡紫色，微小，比萼短，长2～3毫米，先端钝；雄蕊5；花柱3。蒴果卵形，长4～5毫米，3瓣裂。种子近卵形，褐色，稍扁，多不具翅，只基部少数周边具宽膜质翅。花果期5～9月。

用途： 作饲料。

分布地及生境： 见于河口水库，生于水边湿地、盐碱地。

085 | 银柴胡

Stellaria dichotoma var. *lanceolata* Bge.

石竹科 Aryophyllaceae>>

繁缕属 *Stellaria* L.

别名： 狭叶叉繁缕、牛肚根、披针叶繁缕。

形态特征： 多年生草本，高20～40厘米。根长圆柱形，黄棕色。茎直立，上部二叉状分枝，节稍膨大。叶片线状披针形、披针形或长圆状披针形，长5～25毫米，宽1.5～5毫米，顶端渐尖。花小，花瓣5，白色，单生叶腋。蒴果球形，常具1种子。花期6～7月，果期7～8月。

用途： 根供药用，可清虚热，用于阴虚发热、疳积发热。

分布地及生境： 见于大河塔镇，生于石质山坡。

086 | 莲
Nelumbo nucifera Gaertn.

莲科 Nelumbonaceae>>
莲属 *Nelumbo* Adans.

别名：荷花、莲花。

形态特征：多年生水生草本。根茎肥厚，横生地下，节长。叶盾状圆形，伸出水面，直径25～90厘米；叶柄长1～2米，中空，常具刺。花单生于花葶顶端，直径10～20厘米；萼片4～5，早落；花瓣多数，红、粉红或白色，有时变态成雄蕊；雄蕊多数，花丝细长，药隔棒状，心皮多数，离生，埋于倒圆锥形花托穴内。坚果椭圆形或卵形，黑褐色，长1.5～2.5厘米。花期6～8月，果期8～10月。

用途：根茎称莲藕，可作蔬菜或提制藕粉；种子供食用；叶、叶柄、花托、花、雄蕊、果实、种子及根状茎均作药用；藕及莲子为营养品，荷叶及叶柄煎水喝可清暑热，藕节、荷叶、荷梗、莲房、雄蕊及莲子都富有鞣质，作收敛止血药；叶为茶的代用品，又作包装材料。

分布地及生境：见于河滨公园、孟家湾乡等地，栽培。

087 | 红睡莲
Nymphaea alba var. *rubra* Lonnr.

睡莲科 Nymphaeaceae>>
睡莲属 *Nymphaea* L.

形态特征：多年生草本。叶聚生于黑色根茎上。叶仅圆形或肾圆形，直径10～15厘米，基部具深弯缺，先端圆钝，全缘，上面深绿色，下面带紫红色。花单生花梗上，直径约10厘米，稍伸出水面，粉红色或玫瑰红色；萼片4，绿色；花瓣多数，卵形。雄蕊多数，花药黄色；柱头盘状，黄色。浆果。花期7～9月。

用途：为观赏植物。

分布地及生境：见于孟家湾乡等地，栽培。

088 金鱼藻
Ceratophyllum demersum L.

金鱼藻科 Ceratophyllaceae>>
金鱼藻属 *Ceratophyllum* L.

形态特征： 多年生沉水草本，全株深绿色。茎长40～50厘米，平滑，具分枝。叶4～12轮生，一至二回叉状分歧，裂片丝状或丝状条形，长1.5～2厘米，宽0.1～0.5毫米，先端带白色软骨质，边缘一侧具细齿。花小，单生，1～3朵生于节部叶腋，花梗极短；花被片8～12，线形，长1.5～2毫米，淡绿色，先端具3齿及带紫色毛，宿存；雄蕊10～16；雌花心皮1，子房卵形，花柱钻状；坚果宽椭圆形，长4～5毫米，宽约2毫米，黑色，平滑，无翅，具3枚针刺。花期6～7月，果期8～10月。

用途： 为鱼类饲料，又可喂猪；全草药用，治内伤吐血。

分布地及生境： 见于小纪汗乡、红石桥乡、李家梁水库，生于池塘、河沟。

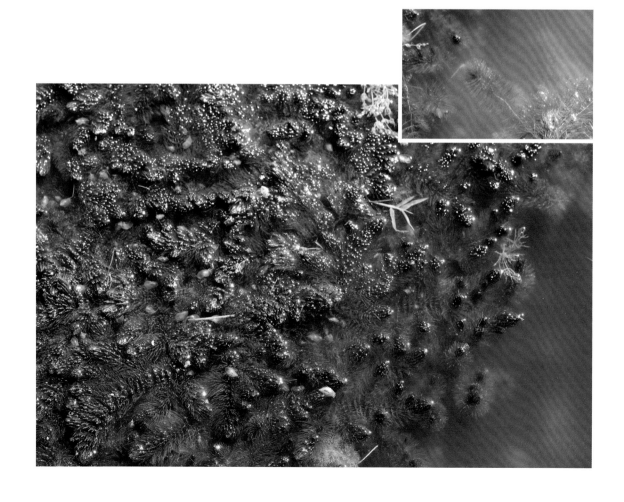

089 | 芍药
Paeonia lactiflora Pall.

芍药科 Paeoniaceae>>
芍药属 *Paeonia* L.

别名：白芍、花相。

形态特征：多年生草本。茎高40～70厘米，无毛。根粗壮，分枝黑褐色。下部茎生叶为二回三出复叶，上部茎生叶为三出复叶；小叶窄卵形、椭圆形或披针形，先端渐尖，基部楔形或偏斜，具白色骨质细齿，两面无毛，下面沿叶脉疏生短柔毛。花数朵，生茎顶和叶腋，有时仅顶端一朵开放；萼片4，宽卵形或近圆形，长1～1.5厘米；花瓣9～13，倒卵形，白色，有时基部具深紫色斑块；雄蕊多数，花丝黄色；心皮通常3，无毛。蓇葖果，顶端具喙。花期5～6月，果期9月。

用途：栽培花大而美丽，具观赏价值；根药用，称"白芍"，能镇痛、镇痉、祛瘀、通经；种子含油量约25%，供制皂和涂料用。

分布地及生境：见于沙地植物园、卧云山、黑龙潭等地，栽培。

090 | 牡丹
Paeonia suffruticosa Andr.

芍药科 Paeoniaceae>>
芍药属 *Paeonia* L.

别名： 木芍药、洛阳花、富贵花。

形态特征： 落叶灌木，茎高达2米。分枝短而粗。叶常为二回三出复叶；顶生小叶宽卵形，3裂至中部，裂片不裂或2～3浅裂，上面绿色，无毛，下面淡绿色，有时具白粉，无毛，小叶柄长1.2～3厘米；侧生小叶窄卵形或长圆状卵形，不等2裂至3浅裂或不裂，近无柄。花单生枝顶，苞片5，萼片5，花瓣5，或为重瓣，红紫或粉红色至白色，倒卵形。心皮5，稀更多，密生柔毛；膏葖长圆形，密生黄褐色硬毛。花期4～5月，果期8～9月。

用途： 花大而美，为著名观赏植物。根皮供药用，称"丹皮"；为镇痉药，能凉血散瘀，治中风、腹痛等症。

分布地及生境： 见于沙地植物园、卧云山、黑龙潭等地，栽培。

091 | 水毛茛
Batrachium bungei (Steud.) L. Liou

毛茛科 Ranunculaceae>>
水毛茛属 *Batrachium* (DC.) Gray

别名：梅花藻。

形态特征：多年生沉水草本。茎长30厘米以上，无毛或节被毛。叶半圆形或扇状半圆形，宽2.5~4厘米，三至五回细裂，丝状小裂片在水外通常收拢，无毛或近无毛；叶柄长0.7~2厘米。花直径1~1.5厘米；花梗长2~5厘米，无毛；萼片5，反折，卵状椭圆形，长2.5~4毫米，无毛；花瓣5，白色，基部黄色，倒卵形，长5~9毫米。雄蕊约15枚；心皮多数，花托有毛。聚合果卵圆形，径约3.5毫米；瘦果斜倒卵圆形，长1.2~2毫米。花期5~8月。

分布地及生境：全区可见，生于河滩积水处。

092 | 芹叶铁线莲

Clematis aethusifolia Turcz.

毛茛科 Ranunculaceae>>
铁线莲属 *Clematis* L.

别名：透骨草、断肠草。

形态特征：多年生草质藤本，幼时直立，以后匍匐，长0.5~4米。根细长，棕黑色。茎纤细，有纵沟纹，微被柔毛或无毛。二至三回羽状复叶或羽状细裂，末回裂片线形，宽2~3毫米，顶端渐尖或钝圆，背面幼时微被柔毛，以后近于无毛；小叶间隔1.5~3.5厘米。聚伞花序腋生，含1~3花；苞片羽状细裂；花钟状下垂；萼片4枚，淡黄色，长方椭圆形或狭卵形，两面近于无毛，外面仅边缘上密被乳白色绒毛，内面有3条直的中脉能见，雄蕊多数，长为萼片之半，花丝被毛；心皮多数，子房被短柔毛。瘦果扁平，宽卵形或圆形，成熟后棕红色，长3~4毫米，被短柔毛，宿存花柱长2~2.5厘米，密被白色柔毛。花期7~8月，果期9月。

用途：全草入药，能健胃、消食，治胃包囊虫和肝包囊虫；外用除疮、排脓，但本植物有毒，宜慎用。

分布地及生境：见于班禅寺、五十里沙，生于沙质山坡。

093 | 威灵仙
Clematis chinensis Osbeck

毛茛科 Ranunculaceae>>
铁线莲属 *Clematis* L.

别名：青风藤、铁脚威灵仙。

形态特征：木质藤本，干后变黑色。茎、小枝近无毛或疏生短柔毛。一回羽状复叶有5小叶，有时3或7，小叶片纸质，卵形至卵状披针形，或为线状披针形、卵圆形，长1.5～10厘米，宽1～7厘米，顶端锐尖至渐尖，偶有微凹，基部圆形、宽楔形至浅心形，全缘，两面近无毛，或疏生短柔毛。常为圆锥状聚伞花序，多花，腋生或顶生；花直径1～2厘米；萼片4，开展，白色，长圆形或长圆状倒卵形，长0.5～1.5厘米，顶端常凸尖，外面边缘密生绒毛或中间有短柔毛，雄蕊多数，无毛。瘦果扁，3～7个，卵形至宽椭圆形，长5～7毫米，有柔毛，宿存花柱长2～5厘米。花期6～9月，果期8～11月。

用途：根入药，能祛风湿、利尿、通经、镇痛，治风寒湿热、偏头疼、黄疸浮肿、鱼骨硬喉、腰膝腿脚冷痛；鲜株能治急性扁桃体炎、咽喉炎；根治丝虫病，外用治牙痛；全株可作农药，防治造桥虫、菜青虫、地老虎、灭子子等。

分布地及生境：见于沙地森林公园，栽培。

094 | 灌木铁线莲
Clematis fruticosa Turcz.

毛茛科 Ranunculaceae>>
铁线莲属 *Clematis* L.

形态特征： 直立小灌木，茎高达1米。枝被柔毛。单叶，对生，叶片薄革质，狭三角形或披针形，长2～3.5厘米，宽0.8～1.4厘米，先端尖，基部宽楔形或近平截，边缘疏生牙齿，下部常羽状深裂或全裂，两面疏被柔毛，后脱落无毛。花序顶生并腋生，1～3花；苞片叶状；花梗长0.4～1.3厘米；萼片4，黄色，斜展，椭圆状卵形，无毛或疏被毛，边缘被绒毛；雄蕊多数，无毛，花药窄长圆形，顶端钝。瘦果扁，近卵形，被柔毛；宿存花柱长约2.5厘米，羽毛状。花期7～8月，果期10月。

用途： 作水保植物；亦为蜜粉源植物。

分布地及生境： 见于东南部山区，生于山坡灌丛、路边。

095 | 黄花铁线莲
Clematis intricata Bunge

毛茛科 Ranunculaceae>>
铁线莲属 *Clematis* L.

别名： 透骨草、缠绕铁线莲。

形态特征： 草质藤本。枝疏被柔毛。叶灰绿色，二回或一回羽状复叶；小叶纸质，披针形或狭卵形，长1～2.5厘米，宽0.5～1.5厘米，先端渐窄，基部楔形，全缘或具1～2小齿，不裂或2～3裂，两面疏被柔毛，常脱落无毛。聚伞花序腋生，通常为3花，有时单花，花序梗长0.1～3厘米；苞片披针形；花梗长2～3.8厘米；萼片4，黄色，斜展，窄卵形，长1.2～2.5厘米，两面无毛，边缘被绒毛；雄蕊多数，花丝有短柔毛。瘦果椭圆形，长2.5～3.2毫米，被毛；宿存花柱长2.5～4厘米，羽毛状。花期6～7月，果期8～9月。

用途： 全草作透骨草入药，可治慢性风湿性关节炎等症。

分布地及生境： 见于黑龙潭，生于山坡灌木丛中。

096 | 翠雀
Delphinium grandiflorum L.

毛茛科 Ranunculaceae>>
翠雀属 *Delphinium* L.

形态特征： 多年生草本。茎高35～65厘米，与叶柄均被反曲平伏柔毛。基生叶及茎下部叶具长柄；叶片圆五角形，长2～6厘米，宽4～8厘米，3全裂，中裂片近菱形，一至二回3裂至近中脉，侧裂片扇形，不等2深裂近基部，两面疏被短柔毛或近无毛；叶柄长为叶片3～4倍。总状花序，具3～15花；花梗与序轴密被平伏白色柔毛；小苞片生于花梗中部或上部，与花分开，线形或丝形；萼片5，紫蓝色，椭圆形或宽椭圆形，被短柔毛，距通常较萼片稍长，钻形，长1.7～2厘米。花瓣2，蓝色，先端圆形，有距；退化雄蕊2，蓝色，瓣片宽倒卵形，顶端全缘或微凹，腹面中央有黄色髯毛；雄蕊多数，无毛；心皮3，子房密被贴伏的短柔毛。蓇葖果，直立，长1.4～1.9厘米。花期5～10月。

用途： 花大美丽，可栽培供观赏；全草煎水含漱，可治风热牙痛；全草煎浓汁，可以灭虱。

分布地及生境： 见于清泉乡，生于山坡林下。

097 | 长叶碱毛茛

Halerpestes ruthenica (Jacq.) Ovcz.

毛茛科 Ranunculaceae>>
碱毛茛属 *Halerpestes* Greene

别名： 黄戴戴。

形态特征： 多年生草本。匍匐茎长达30厘米以上。叶基生；叶片卵状或椭圆状梯形，长1.5～5厘米，宽0.8～2厘米，基部宽楔形、截形至圆形，不分裂，顶端有3～5个圆齿，常有3条基出脉，无毛。花葶高10～20厘米，具1～4花成聚伞状，生疏短柔毛；花直径约1.6～2厘米；萼片5，单绿色，狭卵形，长7～9毫米，多无毛；花瓣黄色，6～12枚，倒卵状披针形。雄蕊多数；心皮多数，花托圆柱形，被柔毛。聚合果卵球形，长8～12毫米，宽约8毫米；瘦果极多，紧密排列，斜倒卵形，长2～3毫米，具纵肋，喙短而直。花果期5～8月。

用途： 是盐碱土的指示植物。

分布地及生境： 全区可见，生于盐碱性沼泽地或湖边。

098 | 碱毛茛

Halerpestes sarmentosa (Adams) Komarov & Alissova

毛茛科 Ranunculaceae>>
碱毛茛属 *Halerpestes* Greene

别名：圆叶碱毛茛、水葫芦苗。

形态特征：多年生草本。匍匐茎细长，横走。叶基生，具长柄，叶柄长3~13厘米；叶片纸质，近圆形、肾形、宽卵形，长0.4~2.5厘米，宽0.4~2.8厘米，基部圆心形、截形或宽楔形，边缘有圆齿，有时3~5裂，无毛。花葶通常具2~3花，成聚伞状，高5~15厘米，花径6~8毫米。萼片5，绿色，宽椭圆形。花瓣5，黄色，狭椭圆形，与萼片近等长，顶端圆形，基部有长约1毫米的爪，爪上端有点状蜜槽。雄蕊多数；心皮多数，花托椭圆形或圆柱形，被短毛。聚合果球形，长约6毫米；瘦果小而极多，斜倒卵形，长1.2~1.5毫米，具纵肋，无毛，喙极短。花果期5~9月。

用途：为蜜源植物；全草药用，可利水消肿、祛风除湿。

分布地及生境：见于小纪汗乡、补浪河乡、岔河则乡、小壕兔乡、河口水库、李家梁水库，生于盐碱性沼泽地或湖边。

099 | 茴茴蒜
Ranunculus chinensis Bunge

毛茛科 Ranunculaceae>>
毛茛属 *Ranunculus* L.

别名： 鸭脚板。

形态特征： 多年生或1年生草本，茎高达50厘米，与叶柄被伸展的带淡黄色长硬毛。基生叶数枚，为三出复叶，长4～8厘米，宽4～10.5厘米，小叶具柄，顶生小叶菱形或宽菱形，3深裂，裂片菱状楔形，疏生齿，侧生小叶斜扇形，不等2深裂，两面被糙伏毛。单歧聚伞花序具少数花，花梗贴生糙毛，花直径0.6～1.2厘米；花梗长0.5～2厘米；萼片5，淡绿色，反折，窄卵形，长3～5毫米；花瓣5，黄色，宽倒卵形。雄蕊多数；心皮多数生圆柱状花托上，密生白短毛。聚合果椭圆形；瘦果扁，斜倒卵圆形，长约3.2毫米，喙极短。花期5～8月，果期6～9月。

用途： 全草药用，外敷引赤发泡，有消炎、退肿、截疟及杀虫之效。

分布地及生境： 见于岔河则乡、小壕兔乡、小纪汗乡，生于水边湿草地。

100 | **石龙芮**
Ranunculus sceleratus L.

毛茛科 Ranunculaceae>>
毛茛属 *Ranunculus* L.

形态特征： 一年生草本，株高达15～45厘米，微肉质，疏生柔毛或变无毛。基生叶多数；叶片肾状圆形，长1～4厘米，宽1.5～5厘米，基部心形，3深裂不达基部，裂片倒卵状楔形，不等地2～3裂，顶端钝圆，有粗圆齿，无毛；叶柄长3～15厘米，近无毛。茎生叶多数，下部叶与基生叶相似；上部叶较小，3全裂，裂片披针形至线形，全缘，无毛，顶端钝圆，基部扩大成膜质宽鞘抱茎。聚伞花序，具多数花；花径4～8毫米；萼片5，淡绿色，椭圆形，长2～3.5毫米，外面被柔毛；花瓣5，倒卵形，黄色，等长或稍长于花萼，蜜槽无鳞片；雄蕊多数；心皮70～130，无毛，花托长圆形。聚合果长圆形，长8～12毫米。瘦果宽卵形，长1～1.2毫米，无毛。花果期5～8月。

用途： 全草含原白头翁素，有毒；药用能消结核、截疟及治痈肿、疮毒、蛇毒和风寒湿痹。

分布地及生境： 见于李家梁水库，生于河沟边及平原湿地。

101 | 短梗箭头唐松草

Thalictrum simplex var. *brevipes* Hara

毛茛科 Ranunculaceae>>
唐松草属 *Thalictrum* L.

别名： 黄脚鸡、硬水黄连。

形态特征： 多年生草本，株高60～90厘米，无毛。茎直立，不分枝或上部分枝向上直展。基生叶二回至三回三出复叶，茎生叶向上近直展，为二回羽状复叶；小叶多为楔形，小裂片狭三角形，顶端锐尖；茎下部叶有稍长柄，上部叶无柄。圆锥花序狭塔形或狭长卵形，长9～30厘米，分枝与轴成45°斜上升；花淡绿色或淡黄绿色，花梗较短，长1～5毫米；萼片4，早落；雄蕊约15；花丝丝形；心皮3～10，柱头箭头状。瘦果狭卵球形。花期7～8月，果期8～9月。

用途： 全草可治黄疸、泻痢等症；花和果可治肝炎、肝肿大等症。为粉源植物。

分布地及生境： 见于红石桥乡等地，生于山坡草地或沟边。

102 | 展枝唐松草
Thalictrum squarrosum Steph. et Willd.

毛茛科 Ranunculaceae>>
唐松草属 *Thalictrum* L.

别名：猫爪子。

形态特征：多年生草本。茎高达1米，中部以上近二歧状分枝；茎下部及中部叶柄短，二至三回羽状复叶。小叶坚纸质或薄革质，楔状倒卵形、宽倒卵形、长圆形或圆卵形，常3浅裂或疏生齿，下面被白粉，脉平或下面稍隆起。圆锥花序伞房状，近二歧状分枝；花黄绿色，花梗长1.5～3厘米；萼片4，淡黄绿色；雄蕊5～14；心皮1～5，柱头三角形，具宽翅。瘦果近纺锤形，稍斜，长4～5.2毫米，宿存柱头长1.6毫米。花期7～8月，果期8～9月。

用途：本种的叶含鞣质，可提制栲胶；全草药用，具清热解毒，健胃止酸之效。

分布地及生境：见于五十里沙、大河塔镇等地，生于干燥草原和山坡。

103 | 细唐松草
Thalictrum tenue Franch.

毛茛科 Ranunculaceae>>
唐松草属 *Thalictrum* L.

别名： 细枝唐松草。

形态特征： 多年生草本，茎高达70厘米。茎下部及中部叶为三至四回羽状复叶。小叶草质，卵形、椭圆形或倒卵形，不裂，稀3浅裂，全缘，脉平；叶柄长2～4厘米。圆锥花序呈复单歧聚伞状，生于茎及分枝顶端；花黄绿色，花梗长0.7～3厘米；萼片4，椭圆形或倒卵形，长2～3毫米；雄蕊多数，花丝丝状，花药窄长圆形，具小尖头；心皮4～6。瘦果扁，窄倒卵圆形，长6毫米，每侧具2纵肋，周围具窄翅，宿存柱头长约0.7毫米。花期6～7月。

分布地及生境： 见于五十里沙等地，生于干燥山坡。

104 | 黄芦木
Berberis amurensis Rupr.

小檗科 Berberidaceae>>
小檗属 *Berberis* L.

别名： 大叶小檗、小檗、阿穆尔小檗。

形态特征： 落叶灌木，高2~3.5米。老枝淡黄色或灰色，稍具棱槽。茎刺三分叉，稀单一。叶纸质，倒卵状椭圆形、椭圆形或卵形，长3~8厘米，宽2~4厘米，先端急尖或圆形，基部楔形，上面暗绿色，中脉和侧脉凹陷，网脉不显，背面淡绿色，无光泽，中脉和侧脉微隆起，网脉微显，叶缘平展，每边具40~60细刺齿。总状花序具10~25朵花；花黄色；花梗长5~10毫米；萼片2轮，外萼片倒卵形，内萼片与外萼片同形；花瓣椭圆形，先端浅缺裂，基部稍呈爪，具2枚分离腺体。浆果长圆形，红色，顶端不具宿存花柱，不被白粉或仅基部微被霜粉。花期4~5月，果期8~9月。

用途： 根皮和茎皮含小檗碱，供药用；有清热燥湿，泻火解毒的功能；主治痢疾、黄疸、白带、关节肿痛、口疮、黄水疮等，可作黄连代用品。

分布地及生境： 见于卧云山、黑龙潭，栽培。

105 | 细叶小檗

Berberis poiretii Schneid.

小檗科 Berberidaceae>>

小檗属 *Berberis* L.

形态特征： 落叶灌木，高1～2米。老枝灰黄色，幼枝紫褐色，具条棱。刺多单生，有时三分叉。叶纸质，倒披针形至狭倒披针形，偶披针状匙形，长1.5～4厘米，宽5～10毫米，先端渐尖或急尖，具小尖头，基部渐狭，全缘，偶中上部边缘具数枚细小刺齿；近无柄。穗状总状花序具8～15朵花；花黄色；苞片条形，长2～3毫米；花瓣倒卵形或椭圆形，长约3毫米，宽约1.5毫米，先端锐裂，基部微缩，略呈爪，具2枚分离腺体。浆果长圆形，红色，顶端无宿存花柱，不被白粉。花期5～6月，果期7～9月。

用途： 根和茎入药，可作黄连代用品，主治痢疾、黄疸、关节肿痛等症。

分布地及生境： 见于清水河大峡谷，生于山地灌丛、砾质山坡。

106 | 紫叶小檗
Berberis thunbergii 'Atropurpurea'

小檗科 Berberidaceae>>
小檗属 *Berberis* L.

别名：红叶小檗。

形态特征：落叶灌木。高约1米，幼枝淡红带绿色，无毛，老枝暗红色具条棱。叶菱状卵形，长5～35毫米，宽3～15毫米，紫红色，全缘。花2～5朵成具短总梗并近簇生的伞形花序，或无总梗而呈簇生状，花梗长5～15毫米，花被黄色；小苞片带红色，长约2毫米，急尖；外轮萼片卵形，内轮萼片稍大于外轮萼片；花瓣6，长圆状倒卵形，先端微缺，近基部常有2腺体；雄蕊6，长3～3.5毫米，花药先端截形；心皮1，子房1室，柱头头状。浆果红色，椭圆体形，长约10毫米，稍具光泽，含种子1～2颗。花期5～6月，果期7～9月。

用途：主要供观赏，常栽培于庭园中或路旁作绿化或绿篱用。

分布地及生境：见于卧云山，栽培。

107 | 地丁草
Corydalis bungeana Turcz.

罂粟科 Papaveraceae>>
紫堇属 *Corydalis* DC.

别名：苦地丁、紫堇。

形态特征：多年生或栽培为二年生草本，株高达10～40厘米，无毛。地下具细长主根。茎基部铺散分枝，具棱。基生叶多数，叶柄与叶片近等长，基部稍具鞘，边缘膜质，叶二至三回羽状全裂，一回羽片3～5对，具短柄，二回羽片2～3对，顶端裂成短小裂头圆肾形，顶端稍凹下，无乳突，边缘膜质。总状花序，上有花数朵；花粉红色至淡紫色；萼片小，2枚，近三角形，早落；花瓣4，淡紫色，倒卵状长椭圆形；外2片大，前面1片平展，后1片先端兜状，基部延伸成距，距长4.5～6.5毫米；内2瓣较小，先端连合。蒴果，椭圆形，扁平。种子黑色，有光泽。花期4～5月，果期5～6月。

用途：全草入药，能清热解毒；全草含多种生物碱，主要有苦地丁素等。

分布地及生境：见于河滨公园、三岔湾村，生于草地和沟旁。

108 | 角茴香
Hypecoum erectum L.

罂粟科 Papaveraceae>>
角茴香属 *Hypecoum* L.

别名：细叶角茴香、鸡蛋黄。

形态特征：一年生草本，株高10～40厘米。植株灰蓝色，被白粉。茎多数，自基部抽出，上部具分枝。叶基生，轮廓长卵形至椭圆形，长3～9厘米，宽5～15毫米，二至三回羽状全裂，末回裂片线形或丝状，宽约5毫米，叶柄基部具鞘；茎生叶同基生叶，较小。花1～3朵生茎顶，成聚伞状；萼片2，披针形，长约2毫米；花瓣4，黄色，长1～1.2厘米，无毛，外面2枚倒卵形或近楔形，先端3浅裂，中裂片三角形；内面2枚倒三角形，3裂至中部以上。雄蕊4，与花瓣近等长；心皮2，子房长圆柱形。蒴果，长圆柱形，长4～6厘米，顶端渐尖，两侧稍扁，2瓣裂。花期5～6月，果期6～7月。

用途：全草入药，有清火解热和镇咳之功效，治咽喉炎、气管炎、目赤肿痛及伤风感冒。

分布地及生境：见于三岔湾等地，生于山坡草地或河边沙地。

109 | 芸苔

Brassica rapa var. *oleifera* DC.

十字花科 Brassicaceae (Cruciferae) >>
芸薹属 *Brassica* L.

别名：油菜、芸薹。

形态特征：二年生草本，高达90厘米。茎直立，微被粉霜。基生叶大头羽裂，顶裂片圆形或卵形，有不整齐缺齿，侧裂片1至数对，卵形，叶柄宽，长2～6厘米，基部抱茎；下部茎生叶羽状半裂，基部抱茎，有硬毛及缘毛；上部茎生叶长圆状倒卵形、长圆形或长圆状披针形，基部心形，两侧有垂耳，全缘或有波状细齿。总状花序伞房状；花黄色，直径7～10毫米；萼片4，长圆形；花瓣4，鲜黄色，倒卵形。长角果，线形；果瓣凸起，有中脉及网纹，喙直立。花果期5～6月。

用途：为主要油料植物之一；嫩茎叶和总花梗作蔬菜；种子药用，能行血散结消肿；叶可外敷痈肿。

分布地及生境：见于赵家峁村、黄崖窑村，栽培。

110 | 荠菜
Capsella bursapastoris (L.) Medic.

十字花科 Brassicaceae (Cruciferae) >>
荠属 *Capsella* Medik

别名：荠、野辣辣菜。

形态特征：一年或二年生草本，高 10～40 厘米。茎直立，单一或下部分枝，被单毛、分枝毛及星状毛。基生叶丛生呈莲座状，大头羽状分裂，顶裂片卵形至长圆形，侧裂片长圆形至卵形；茎生叶窄披针形或披针形，基部箭形，抱茎，边缘有缺刻或锯齿。总状花序顶生及腋生，花白色，直径约 2 毫米；萼片 4，长圆形；花瓣 4，卵形，有短爪。短角果，倒三角形或倒心状三角形，扁平，顶端微凹。花果期 4～6 月。

用途：全草入药，有利尿、止血、清热、明目、消积功效；茎叶作蔬菜食用；种子含油量 20%～30%，属干性油，供制油漆及肥皂用。

分布地及生境：全区可见，生在山坡、路旁和田边。

111 | 播娘蒿
Descurainia sophia (L.) Webb ex Prantl

十字花科 Brassicaceae (Cruciferae) >>
播娘蒿属 *Descurainia* Webb & Berthel.

别名： 野荠菜。

形态特征： 一年生草本，高10～70厘米，被分枝毛，茎下部毛多，向上毛渐少或无毛。茎直立，有分枝。叶狭卵形，二至三回羽状深裂或全裂，末回裂片线形，下部叶具短柄，上部叶无柄。总状花序，花淡黄色，直径约2毫米；萼片4，窄长圆形，背面具分叉柔毛；花瓣黄色，长圆状倒卵形，基部具爪；雄蕊比花瓣长1/3。长角果，线形，长2.5～3厘米，无毛，稍弯曲；果柄长1～2厘米。花果期5～7月。

用途： 种子含油40%，油工业用，并可食用；种子亦可药用，有利尿消肿、祛痰定喘的效用；为蜜源植物。

分布地及生境： 见于河滨公园，生于山坡、田野和农田。

112 | 小花花旗杆
Dontostemon micranthus C. A. Mey.

十字花科 Brassicaceae (Cruciferae) >>
花旗杆属 *Dontostemon* Andrz. ex Ledeb.

形态特征： 一年生或二年生草本，株高15～40厘米，全株具弯曲短毛和开展的长硬毛。茎直立，上部分枝。基生叶莲座状，长圆形，长4～5厘米，宽4～6毫米，基部渐狭，全缘，两面及边缘散生单毛；茎生叶线形，长2～4厘米，宽1毫米，先端钝，全缘。总状花序，顶生，果期伸长；花紫色或白色，直径约1毫米；花梗长4～8毫米；萼片4，长圆形。花瓣4，线状长圆形，具爪。长角果，线形，长2～4厘米，直立，无毛。种子卵形，黄褐色，子叶背倚。花果期5～7月。

分布地及生境： 见于大河塔镇，生于山坡草地、河滩、固定沙丘及山沟。

113 | 芝麻菜
Eruca vesicaria subsp. *sativa* (Mill.) Thell.

十字花科 Brassicaceae (Cruciferae) >>
芝麻菜属 *Eruca* Mill.

别名：臭芸芥、芸芥。

形态特征：一年生草本，株高20～90厘米。茎直立。上部分枝，疏生刚毛。基生叶及茎下部叶大头羽状分裂或羽状裂，长4～7厘米，宽2～3厘米，疏生长毛，微肉质；茎生叶羽状深裂，长3～5厘米，有1～3裂片。总状花序，顶生；花黄色，萼片4，长圆形，带棕紫色，外面有蛛丝状长柔毛；花瓣4，黄色，后变白色，有紫纹，倒卵形。长角果，圆柱形，长2～3厘米，喙剑形，压扁。花果期5～8月。

用途：种子含油量22%，可榨油食用；嫩株可作蔬菜用。

分布地及生境：见于红石桥乡，栽培。

114 | 独行菜
Lepidium apetalum Willd.

十字花科 Brassicaceae (Cruciferae) >>
独行菜属 *Lepidium* L.

别名： 腺茎独行菜、辣辣菜。

形态特征： 一年生或二年生草本，高达30厘米。茎直立，有分枝，被头状腺毛。基生叶窄匙形，一回羽状浅裂或深裂，长3～5厘米，宽1～1.5厘米，叶柄长1～2厘米；茎生叶向上渐由窄披针形至线形，有疏齿或全缘，疏被头状腺毛；无柄。总状花序，顶生，果期伸长，疏松。花极小。萼片4，卵形，长约0.8毫米；无花瓣，或退化成丝状，比萼片短。雄蕊2或4，蜜腺4。短角果，近圆形或宽椭圆形，扁平，宽2～3毫米，顶端微凹，有窄翅。花果期4～7月。

用途： 嫩叶作野菜食用；全草及种子供药用，有利尿、止咳、化痰功效；种子作葶苈子用，亦可榨油；为蜜源植物。

分布地及生境： 全区可见，生于山坡、山沟、路旁及村庄附近。

115 | 宽叶独行菜
Lepidium latifolium L.

十字花科 Brassicaceae (Cruciferae) >>
独行菜属 *Lepidium* L.

别名： 大辣辣菜。

形态特征： 多年生草本。株高30～150厘米。茎直立，无毛或稍有柔毛，上部多分枝。基生叶革质，长圆状披针形或椭圆形，长3～6厘米，宽1～4厘米，边缘有锯齿状牙齿；茎生叶卵形或披针形，长2～5厘米，无柄，先端急尖，基部狭窄，不抱茎，疏生短柔毛或无毛。总状花序成圆锥状；花白色。萼片4，卵形，背面无毛，具白色边缘，长1～2毫米；花瓣4，长圆形，长2～3毫米，具爪；雄蕊6，蜜腺6。短角果，宽卵形或近圆形，直径1.5～3毫米，先端全缘，无翅。种子棕褐色，广椭圆形，长约1毫米，扁平，无翅。花期5～7月，果期7～9月。

用途： 全草入药，有清热燥湿作用，治菌痢、肠炎，有些地区用本种的种子作葶苈子入药；为蜜源植物。

分布地及生境： 见于卧云山，生于路边、田边、山坡及盐化草甸。

116 | 诸葛菜

Orychophragmus violaceus (L.) O. E. Schulz

十字花科 Brassicaceae (Cruciferae) >>
诸葛菜属 *Orychophragmus* Bunge

别名： 二月兰。

形态特征： 一、二年生草本，株高10～50厘米，全体无毛。茎单一，直立。叶形变化大；基生叶和下部茎生叶大头羽状分裂，顶裂片近圆形或卵形，长3～7厘米，高2～3.5厘米，基部心形，有钝齿；侧裂片2～6对，卵形或三角状卵形，长3～15毫米，越向下越小，全缘或具牙齿，偶在叶轴上杂有极小裂片；叶柄长2～4厘米；上部茎生叶长圆形或窄卵形，长4～9厘米，基部耳状，抱茎，边缘有不整齐牙齿。花紫色或白色，直径2～4厘米；萼片4，紫色，长约3毫米。花瓣4，开展，长1～1.5厘米。长角果，线形，长7～10厘米，具4棱，裂瓣有1条中脉，喙长1.5～2.5厘米。种子卵形至长圆形，长约2毫米，黑棕色。花果期4～6月。

用途： 嫩茎叶用开水泡后，再放在冷开水中浸泡，直至无苦味时即可炒食；种子可榨油。

分布地及生境： 见于卧云山，生于路边、平原。

117 | 沙芥
Pugionium cornutum (L.) Gaertn.

十字花科 Brassicaceae (Cruciferae) >>
沙芥属 *Pugionium* Gaertn.

别名：沙盖菜。

形态特征：一年生或二年生草本，高40～130厘米。根肉质，圆柱状。茎直立，分枝多。基生叶有柄，羽状全裂，裂片3～6对，裂片披针形或椭圆形，稀披针状线形，全缘或有1～3齿，或先端2～3裂；茎生叶无柄，羽状全裂，裂片线状披针形或线形，全缘。总状花序圆锥状；萼片4，长圆形，长6～7毫米；花瓣4，黄色，宽匙形。短角果革质，横卵形，长约1.5厘米，侧扁，两侧各有1剑形翅，翅斜升，有纵脉3；果瓣有4个以上角状刺。花期6～7月，果期8～9月。

用途：固沙先锋植物；嫩茎叶作蔬菜，"沙芥拌疙瘩"是榆林市著名地方菜；全草供药用，有止痛、消食、解毒作用。

分布地及生境：见于风沙草滩地区，生于沙坡上。

118 | 沼生蔊菜
Rorippa palustris (L.) Besser

十字花科 Brassicaceae (Cruciferae) >>
蔊菜属 *Rorippa* Scop.

别名： 风花菜。

形态特征： 二年生或多年生草本，株高20～80厘米。茎斜上，有分枝，无毛或下稍有单毛。基生叶和下部茎生叶羽状分裂，长12厘米；顶裂片较大，卵形，具弯缺齿；侧裂片3～5对，边缘有钝齿，仅在叶柄和中脉疏生短毛，其他部分无毛，茎上部叶披针形，不分裂。总状花序，顶生或腋生。花黄色，直径约2毫米；萼片4，长圆形；花瓣4，倒卵形。长角果，长圆形，微弯，长4～6毫米，宽约2毫米，无毛。种子卵形，有网纹。花果期5～7月。

用途： 种子油可食用及工业用；嫩植株可作饲料。

分布地及生境： 见于鱼河镇、小壕兔乡、三岔湾村，生于水岸边、近水潮湿处、路边、田边及草场。

119 | 垂果大蒜芥
Sisymbrium heteromallum C. A. Mey.

十字花科 Brassicaceae (Cruciferae) >>
大蒜芥属 *Sisymbrium* L.

别名：弯果蒜芥。

形态特征：一、二年生草本，株高30～80厘米。茎上部分枝，下部有硬单毛，或近无毛。叶长圆形或长圆状披针形，长4～12厘米，宽2～4厘米，大头羽裂或羽状分裂；侧裂片2～4对，长圆状披针形，近全缘或有微齿；顶裂片比侧裂片显著长，边缘有微齿；上部叶较小，羽状浅裂或线形而有齿牙；叶柄长1～2厘米。总状花序，顶生；花淡黄色，直径约1毫米。萼片4，线形，长2毫米；花瓣4，倒披针形，长3～4毫米，基部楔形，渐狭成爪。长角果，线形，长6～8厘米，宽0.8毫米，无毛，稍呈弓形弯曲，下垂。种子1行，椭圆形，长约0.8毫米，棕色。花期5～6月。

用途：作饲料；种子可榨油；为蜜源植物。

分布地及生境：见于卧云山，生于林下。

120 | 盐芥

Thellungiella salsuginea (Pall.) O. E. Schulz

十字花科 Brassicaceae (Cruciferae) >>
盐芥属 *Thellungiella* O. E. Schulz

形态特征：一年生草本，高10～45厘米，无毛。茎于中部或基部分枝，光滑，有时在下部有盐粒，基部常带淡紫色。基生叶近莲座状，早枯，具柄，叶片卵形或长圆形，全缘或具不明显、不整齐小齿；茎生叶无柄，叶片长圆状卵形，下部的叶长约1.5厘米，向上渐小，顶端急尖，基部箭形，抱茎，全缘或具不明显小齿。花序伞房状，果期伸长，花梗长2～4毫米；萼片4，卵圆形，长1.5～2毫米，有白色膜质边缘；花瓣4，白色，长圆状倒卵形，长2.5～3.5毫米，顶端钝圆。长角果长12～15毫米，略弯曲；果梗丝状，长4～6毫米，斜向上展开，果端翘起，使角果向上直立。种子黄色，椭圆形。花期4～5月。

分布地及生境：见于河滨公园，生于土壤盐碱化的山坡、草地。

121 | 八宝

Hylotelephium erythrostictum (Miq.) H. Ohba

景天科 Crassulaceae>>
八宝属 *Hylotelephium* H. Ohba

别名：景天。

形态特征：多年生草本。株高30～70厘米，茎直立，不分枝。叶对生，稀为互生或3叶轮生，叶片长圆形至长圆状卵形，长4～7厘米，宽2～3厘米，叶缘有疏锯齿，无柄。伞房状聚伞花序，宽大，顶生；多花密集，花梗长约1厘米。萼片5，披针形；花瓣5，宽披针形，粉红色至白色，雄蕊10，花药紫色；鳞片5；心皮5，直立，分离。蓇葖果直立。花期8～10月。

用途：栽培作观赏用；全草入药，能祛风清热、活血化瘀。

分布地及生境：全区可见，栽培。

122 | 瓦松
Orostachys fimbriata (Turcz.) A. Berger

景天科 Crassulaceae>>
瓦松属 *Orostachys* Fisch.

别名： 酸塔、天蜡烛。

形态特征： 二年生或多年生肉质草本。株高15～30厘米，被紫红色斑点，无毛。第一年仅有莲座叶，第二年抽出花茎；基生叶莲座状，匙状线形，长3～4厘米，先端增大，为白色软骨质，半圆形，有齿；茎生叶散生，无柄，线形，长2～3厘米。花序圆柱状总状或圆锥状，长12～20厘米。苞片线形，渐尖。花梗长约1厘米。萼片5，卵形；花瓣淡粉红色，具红色斑点，披针形；雄蕊10，较花冠短或等长，花药紫红色。鳞片5，先端微凹。蓇葖果5，长圆形，长约5毫米；喙细，长约1毫米。种子多数，卵形，细小。花期8～9月，果期8～10月。

用途： 全株入药，有止血、活血、敛疮之效，本品有毒，宜慎用；也可制叶蛋白，供食用；又能提制草酸，供工业用。

分布地及生境： 见于五十里沙，生于山坡石上。

123 | 费菜
Phedimus aizoon (L.) 't Hart

景天科 Crassulaceae>>
费菜属 *Phedimus* Raf.

别名：土三七、景天三七。

形态特征：多年生草本，株高20～50厘米。根状茎粗短，茎直立，数茎丛生，不分枝。叶互生，狭披针形、椭圆状披针形至卵状倒披针形，先端渐尖，长3～7厘米，宽1～2厘米，基部楔形，边缘有不整齐的锯齿，无柄；叶坚实，近革质。聚伞花序有多花，水平分枝，平展，下托以苞叶；萼片5，线形，肉质，不等长，先端钝；花瓣5，黄色，长圆形至椭圆状披针形，有短尖。雄蕊10，较花瓣短；鳞片5，近正方形；心皮5，卵状长圆形，基部合生。蓇葖果，星芒状排列，长7毫米。种子椭圆形，长约1毫米。花期6～7月，果期8～9月。

用途：根或全草药用，有止血散瘀、安神镇痛之效；根含鞣质，可提取栲胶。

分布地及生境：全区可见，栽培。

124 | 太平花
Philadelphus pekinensis Rupr.

虎耳草科 Saxifragaceae>>
山梅花属 *Philadelphus* L.

别名： 京山梅花。

形态特征： 灌木，株高约2米。幼枝光滑，带紫褐色。老枝皮灰褐色，2～3年生枝皮剥落。叶对生，卵形至狭卵形，长3～8厘米，宽2～5厘米，先端渐尖，基部楔形或近圆形，边缘疏生锯齿，具3主脉；上面绿色，散生微毛，下面淡绿色，主脉腋内有簇生毛；叶柄短，长2～10毫米，带紫色。总状花序，具5～9朵花，花轴、花梗无毛。花白色，直径2～3厘米。萼筒无毛，裂片4，卵状三角形；花瓣4，白色；雄蕊多数。蒴果，倒圆锥形，4瓣裂。花期5～6月，果期8～9月。

用途： 公园、庭院栽培，为良好的绿化观赏植物。

分布地及生境： 见于卧云山，栽培。

125 | 香茶藨子
Ribes odoratum Wendl.

虎耳草科 Saxifragaceae>>
茶藨子属 *Ribes* L.

别名： 黄丁香。

形态特征： 灌木，株高2米。幼枝密被白色柔毛。叶片轮廓卵形、肾圆形至倒卵形，3裂，先端具粗钝齿牙，基部楔形至截形，宽3～7厘米，上面无毛，下面被短柔毛和稀疏棕褐色锈斑。总状花序长2～5厘米，常下垂，具花5～10朵。花两性，黄色；苞片卵形，叶状，花轴被柔毛；萼筒长12～15毫米，宽2～2.5毫米；萼裂片反卷或伸展，长不足萼筒之半。花瓣5，红色，长为萼片之半。雄蕊5，雄蕊短于或与花瓣近等长；子房下位，1室，子房无毛。浆果，球形或宽椭圆形，熟时黑色，无毛。花期5月，果期7～8月。

用途： 花芳香，供观赏。

分布地及生境： 见于卧云山，栽培。

126 | 杜仲
Eucommia ulmoides Oliv.

杜仲科 Eucommiaceae>>
杜仲属 *Eucommia* Oliv.

形态特征： 落叶乔木，高达20米。树皮深灰色，枝具片状髓，树体各部折断均具银白色胶丝。小枝光滑，无顶芽。单叶，互生，卵状椭圆形或长圆状卵形，长6～16厘米，宽3～7厘米，先端锐尖，基部宽楔形或圆形，边缘有锯齿，表面无毛，背面脉上有长柔毛，侧脉6～9对；叶柄长1～2厘米。雌雄异株，无花被。花常先叶开放，生于小枝基部。雄花具短梗，长约9毫米；雄蕊4～10，花药线形，花丝极短。雌花具短梗，长约8毫米；子房狭长，顶端有2叉状花柱，1室，胚珠2。果为具翅小坚果，扁平，长3～4厘米（连翅），宽约1厘米，先端有凹口；翅革质。花期4～5月，果期9～10月。

用途： 树皮供药用，能补肝肾、强筋骨、安胎、降血压；树皮分泌的硬橡胶供工业原料及绝缘材料，抗酸、碱及化学试剂的腐蚀的性能高，可制造耐酸碱容器的衬里及输油管道。种子含油率达27%，可榨油。木材供建筑及制家具。

分布地及生境： 见于黑龙潭，栽培。

127 | 龙芽草
Agrimonia pilosa Ldb.

蔷薇科 Rosaceae>>
龙牙草属 *Agrimonia* L.

别名：龙牙草、仙鹤草。

形态特征：多年生草本，株高40～130厘米。茎常分枝，有长柔毛。奇数羽状复叶，小叶3～5对，杂有小型小叶；小叶倒卵形至倒卵状披针形，长2～5厘米，具锯齿。顶生总状花序，具多花，被长柔毛。苞片细小，常3裂。花直径6～9毫米。萼片5，卵状三角形；外生短柔毛，萼筒上部有一圈沟状刺毛。花瓣黄色，长圆形；雄蕊5至多枚，花柱2。瘦果，椭圆形，包于宿存的萼筒内。花期6～7月，果期8～9月。

用途：全草含仙鹤酚，可做强壮、收敛止血药；并可做农药，防治蚜虫及小麦锈病。

分布地及生境：见于安崖镇，生于溪边、林缘。

128 | 山桃
Amygdalus davidiana (Carr.) de Vos ex Henry

蔷薇科 Rosaceae>>
桃属 *Amygdalus* L.

别名： 苦桃、陶古日、哲日勒格、野桃、山毛桃、桃花。

形态特征： 落叶乔木，高可达10米。树皮暗紫色，光滑有光泽，嫩枝无毛。叶片卵状披针形，长6~10厘米，宽1.5~3厘米，先端渐尖，基部楔形，两面无毛，叶边具细锐锯齿。花单生，先叶开放，直径2~3厘米；花梗极短或几无梗；花萼无毛，萼筒钟形，萼片5，卵形或卵状长圆形，紫色；花瓣5，倒卵形或近圆形，白色或浅粉红色，先端钝圆，稀微凹，雄蕊多数；子房被毛。核果近球形，径2.5~3.5厘米，熟时淡黄色，有沟；果肉薄而干，不可食，离核。花期3~4月，果期7~8月。

用途： 主要作桃、梅、李等果树的砧木，也可供庭园观赏；木材质硬而重，可做各种细工及手杖；果核可做玩具或念珠；种仁可榨油供食用。

分布地及生境： 全区可见，生于山坡、山谷沟底。

129 | 长梗扁桃
Amygdalus pedunculata Pall.

蔷薇科 Rosaceae>>
桃属 *Amygdalus* L.

别名： 长柄扁桃、野樱桃。

形态特征： 灌木，高1~2米。幼枝被柔毛；短枝叶密集簇生，1年生枝叶互生。叶椭圆形、近圆形或倒卵形，长1~4厘米，宽0.7~2厘米，先端急尖或圆钝，基部宽楔形，上面深绿色，下面浅绿色，两面疏生短柔毛，叶边具不整齐粗锯齿，侧脉4~6对；叶柄长2~5毫米，被短柔毛。花单生，稍先叶开放，径1~1.5厘米；花梗长4~8毫米，具柔毛；萼筒宽钟形，无毛或微具毛，萼片5，三角状卵形，边缘疏生浅齿；花瓣5，近圆形，粉红色；雄蕊多数；子房密被短柔毛。核果，近球形或卵圆形，顶端具小尖头，熟后暗紫红色，密被柔毛；果肉薄而干燥，开裂，离核。花期4~5月，果期7~8月。

用途： 作固沙树种；可供观赏用；种仁可代"郁李仁"入药，有缓泻、利尿、消肿之效。

分布地及生境： 见于大海则、黑龙潭、沙地植物园等地，生于丘陵、干旱草原、石砾质坡地。

130 | 紫叶桃
Amygdalus persica 'Zi Ye Tao'

蔷薇科 Rosaceae>>
桃属 *Amygdalus* L.

形态特征：落叶乔木，高4～8米。叶卵状披针形或矩圆状披针形，长8～12厘米，宽3～4厘米，边缘具细密锯齿，两面无毛或下面脉腋间有稀疏短柔毛，叶柄长1～2厘米，无毛，有腺点；嫩叶紫红色，后渐变为绿色。花单生，先叶开放，近无柄，直径2.5～3.5厘米；萼筒钟状，被短柔毛，裂片卵形；花瓣粉红或大红色，倒卵形或矩圆状卵形；雄蕊多数，离生，短于花瓣；心皮1，稀2，有毛。核果卵球形，有沟。花期4～5月，果期6～8月。

用途：公园及庭院观赏。

分布地及生境：见于季鸾公园，栽培。

131 | 榆叶梅
Amygdalus triloba (Lindl.) Ricker

蔷薇科 Rosaceae>>
桃属 *Amygdalus* L.

形态特征：落叶灌木，稀为小乔木，高2～5米。嫩枝无毛或微被毛；1年生枝叶互生，叶宽椭圆形或倒卵形，长2～6厘米，宽1.5～3厘米，先端短渐尖，常3裂，基部宽楔形，上面具疏柔毛或无毛，下面被短柔毛，叶边具粗锯齿或重锯齿；叶柄长5～10毫米，被短柔毛。花1～2朵，先叶开放，直径2～3厘米；萼筒宽钟形，长3～5毫米，无毛或幼时微具毛，萼片卵形或卵状披针形，近先端疏生小齿；花瓣近圆形或宽倒卵形，粉红色。雄蕊多数，短于花瓣；子房密被短柔毛，花柱稍长于雄蕊。核果近球形，顶端具小尖头，熟时红色，被柔毛；果肉薄，熟时开裂；核近球形，具厚硬壳，两侧几不扁，顶端钝圆，具不整齐网纹。花期4～5月，果期5～7月。

用途：栽培观赏。

分布地及生境：全区可见，栽培。

132 | 山杏
Armeniaca sibirica (L.) Lam.

蔷薇科 Rosaceae>>
杏属 *Armeniaca* Scop.

别名： 西伯利亚杏。

形态特征： 灌木或小乔木，高2～5米。树皮暗灰色。叶片卵形或近圆形，长4～7厘米，宽3～5厘米，叶边有细钝锯齿，两面无毛；叶柄长2～3.5厘米，无毛，有或无小腺体。花单生，直径1.5～2厘米，先于叶开放，花萼紫红色，萼筒钟形，无毛；花瓣白色或粉红色。果实扁球形，黄色或橘红色，有时具红晕；果肉较薄而干燥，成熟时开裂，味酸涩不可食，成熟时沿腹缝线开裂；核扁球形，两侧扁，种仁味苦。花期3～4月，果期6～7月。

用途： 耐寒性强，可作杏的砧木；可榨油或药用，有止咳祛痰之功效。

分布地及生境： 见于东南部山区，生于干燥向阳山坡上。

133 | 毛樱桃
Cerasus tomentosa (Thunb.) Wall.

蔷薇科 Rosaceae>>
樱属 *Cerasus* Mill.

别名：山豆子。

形态特征：落叶灌木，高2～3米。嫩枝密被柔毛。叶倒卵形至椭圆形，长4～7厘米，宽1～3.5厘米，先端急尖或渐尖，基部楔形，边缘具不整齐锯齿，上面有皱纹，被短柔毛，下面密被长绒毛，侧脉4～7对；叶柄长2～8毫米，被绒毛或脱落稀疏；托叶线形，长3～6毫米，被长柔毛。花1～3朵，先于叶或与叶同时开放，萼筒管状或杯状，外被短柔毛或无毛，萼片三角卵形，内外两面内被短柔毛或无毛；花瓣白色或浅粉红色；雄蕊多数；子房密被短柔毛。核果近球形，无沟，有毛或无毛，深红色，近无梗。花期4～5月，果期6～9月。

用途：果可鲜食；果仁入药。

分布地及生境：见于沙地森林公园，栽培。

134 | 地蔷薇
Chamaerhodos erecta (L.) Bge.

蔷薇科 Rosaceae>>
地蔷薇属 *Chamaerhodos* Bunge

别名：茵陈狼牙、直立地蔷薇。

形态特征：一年或二年生草本。高10～50厘米，植株具长柔毛及腺毛。根木质。茎直立或弧曲上升，单一，少有多茎丛生，基部稍木质化，常在上部分枝。基生叶密生，莲座状，二回羽状三深裂，侧裂片二深裂，中央裂片常三深裂，二回裂片具缺刻或三浅裂，小裂片条形，先端圆钝，基部楔形，全缘，果期枯萎；茎生叶似基生叶，三深裂，近无柄。聚伞花序顶生，具多花，二歧分枝形成圆锥花序；萼筒倒圆锥形或钟形，萼片卵状披针形；花瓣倒卵形，白色或粉红色，无毛，先端圆钝，基部有短爪；雄蕊5；雌蕊心皮10～15，无毛。瘦果，卵形或长圆形，深褐色，无毛，平滑，先端具尖头。花果期6～8月。

用途：全草供药用，有祛风湿功效，主治风湿性关节炎。

分布地及生境：见于红石桥乡乐沙戏水，生于山坡、干旱河滩。

135 | 灰栒子
Cotoneaster acutifolius Turcz.

蔷薇科 Rosaceae>>
栒子属 *Cotoneaster* Medik.

别名：北京栒子、河北栒子。

形态特征：落叶灌木，高达4米。小枝红褐色，幼时被长柔毛，老时脱落。单叶互生，叶片椭圆状卵形或长圆状卵形，全缘，幼时两面均被长柔毛，下面较密，渐脱落，后近无毛。聚伞状伞房花序具2~5花，被长柔毛；苞片线状披针形，微具柔毛；花梗长3~5毫米；花径7~8毫米；花萼疏生长柔毛，萼筒钟状或短筒状，萼片三角形；花瓣直立，宽倒卵形或长圆形，长3~4.5毫米，白色带红晕。果椭圆形，稀倒卵圆形，径6~8毫米，具长柔毛，成熟时黑色，小核2~3。花期5~6月，果期9~10月。

用途：枝、叶及果实入中药。

分布地及生境：见于黑龙潭，生于山坡、山麓。

136 | 山楂
Crataegus pinnatifida Bge.

蔷薇科 Rosaceae>>
山楂属 *Crataegus* L.

别名： 山里红、红果。

形态特征： 落叶乔木，高达6米。小枝紫褐色，无毛或近无毛，有刺，有时无刺，老枝灰褐色。叶片三角状卵形至棱状卵形，通常有3～5对羽状深裂片，正面无毛。复伞房花序，花白色，有独特气味。梨果近球形，深红色；有浅色斑点。花期5～6月，果期9～10月。

用途： 果实味酸，可做果酱；果干后入药，有消积化滞、健胃舒气和降血压、血脂的功效；幼苗可作山里红的砧木。

分布地及生境： 见于河滨公园等地，栽培。

137 | 蛇莓
Duchesnea indica (Andr.) Focke

蔷薇科 Rosaceae>>
蛇莓属 *Duchesnea* Sm.

形态特征：多年生草本。匍匐茎多数，长达1米，被柔毛。三出羽状复叶，小叶倒卵形或菱状长圆形，先端圆钝，有钝锯齿，小叶柄被柔毛，托叶窄卵形或宽披针形。花单生叶腋，直径1.2~1.8厘米；萼片5，卵形，副萼片倒卵形较长，先端有3~5锯齿，花瓣5，倒卵形，黄色；雄蕊多枚；心皮多数，离生，花托在果期膨大，海绵质，鲜红色。瘦果，长圆状卵形，暗红色。花期4~7月，果期6~10月。

用途：全草药用，能散瘀消肿、收敛止血、清热解毒；茎叶捣敷治疗疮有特效，亦可敷蛇咬伤、烫伤、烧伤；果实煎服能治支气管炎；全草水浸液可防治农业害虫、杀蛆和孑孓等。

分布地及生境：见于河滨公园，生于草地、潮湿的地方。

138 | 西府海棠
Malus × micromalus Makino

蔷薇科 Rosaceae>>
苹果属 *Malus* Mill.

别名： 海红。

形态特征： 小乔木，高达2.5～5米。小枝嫩时被短柔毛，老时脱落，紫红色或暗紫色。叶长椭圆形或椭圆形，长5～10厘米，宽2.5～5厘米，先端急尖或渐尖，基部楔形，边缘有尖锐锯齿，老时两面无毛；叶柄长2～2.5厘米。伞形总状花序，有花4～6朵，集生于小枝顶端。萼筒外面密被白色绒毛；萼片5，三角状卵形、三角形至长卵形，有稀疏柔毛，内面密生绒毛，与萼筒等长；花瓣粉红色；雄蕊20，花柱5，基部具绒毛。果实近球形，直径1～1.5厘米，红色；萼片多数脱落，少数宿存。花期4～5月，果期8～9月。

用途： 为常见栽培的果树及观赏树；有些地区用作苹果或花红的砧木，生长良好，比山荆子抗旱力强。

分布地及生境： 见于河滨公园等地，栽培。

139 | 山荆子

Malus baccata (L.) Borkh.

蔷薇科 Rosaceae>>
苹果属 *Malus* Mill.

别名： 山定子、山丁子。

形态特征： 乔木，高达14米。叶椭圆形或卵形，长3～8厘米，宽2～3.5厘米；先端渐尖，稀尾状渐尖，基部楔形或近圆形，边缘有细锐锯齿，幼时微被柔毛或无毛；叶柄长2～5厘米，幼时有短柔毛及少数腺体，不久即脱落，托叶膜质，披针形，早落。花4～6组成伞形花序，无花序梗，集生枝顶，径5～7厘米；花梗长1.5～4厘米，无毛；苞片膜质，线状披针形，无毛，早落；花径3～3.5厘米；无毛，萼片披针形，先端渐尖，长5～7毫米；花瓣白色，倒卵形，基部有短爪；雄蕊15～20；花柱5或4，基部有长柔毛。果近球形，径0.8～1厘米，红或黄色；萼片脱落；果柄长3～4厘米。花期4～6月，果期9～10月。

用途： 可作庭园观赏树种；用作苹果和花红等砧木，可作培育耐寒苹果品种的原始材料。

分布地及生境： 见于卧云山、黑龙潭等地，栽培。

140 | 花叶海棠
Malus transitoria (Batal.) Schneid.

蔷薇科 Rosaceae>>
苹果属 *Malus* Mill.

别名： 花叶杜梨。

形态特征： 灌木至小乔木，高达8米。叶卵形至宽卵形，长2.5～5厘米，宽2～4.5厘米，边缘有不整齐锯齿，通常3～5不规则深裂，稀不裂，裂片长卵形至长椭圆形，叶上面被绒毛或近于无毛，下面密被绒毛；叶柄长1.5～3.5厘米，有窄叶翼，密被绒毛；托叶叶质，卵状披针形，全缘，被绒毛。花序近伞形，具花3～6朵，花梗长1.5～2厘米，密被绒毛；花直径1～2厘米；萼筒钟状，密被绒毛；萼片三角卵形，先端圆钝或微尖，全缘，长约3毫米，内外两面均密被绒毛，比萼筒稍短；花瓣卵形，基部有短爪，白色；雄蕊20～25；花柱3～5。梨果，近球形，直径6～8毫米，萼洼下陷，萼片脱落；果柄长1.5～2厘米，被柔毛。花期5月，果期9月。

用途： 可用作苹果砧木，抗旱耐寒，但植株生长矮小，且易患锈病，现在已不采用。

分布地及生境： 见于卧云山、黑龙潭等地，生山坡丛林中或黄土丘陵上。

141 | 风箱果

Physocarpus amurensis (Maxim.) Maxim.

蔷薇科 Rosaceae>>
风箱果属 *Physocarpus* (Cambess.) Raf.

形态特征： 灌木，高达3米。小枝圆柱形，稍弯曲，无毛或近于无毛，幼时紫红色，老时灰褐色，树皮成纵向剥裂。叶三角状卵形至倒卵形，常3裂，稀5裂，有重锯齿，下面微被星状柔毛，沿叶脉较密；叶柄长1.2～2.5厘米，微被柔毛或近无毛，托叶线状披针形，有不规则尖锐锯齿，近无毛，早落。伞房花序呈半圆球形，径3～4厘米；花梗长1～1.8厘米；花序梗与花梗均密被星状柔毛；苞片披针形，微被星状毛，早落。花直径8～13毫米；萼筒杯状，外面被星状绒毛；萼片三角形，内外两面均被星状绒毛；花瓣倒卵形，白色；雄蕊20～30，着生在萼筒边缘，花药紫色；心皮2～4，外被星状柔毛，花柱顶生。蓇葖果膨大，卵圆形，顶端渐尖，成熟时沿背缝腹缝开裂。花期6～7月，果期7～8月。

用途： 作庭园绿化树；种子可榨油。

分布地及生境： 见于卧云山、开发区等地，栽培。

142 | 蕨麻
Potentilla anserina L.

蔷薇科 Rosaceae>>
委陵菜属 *Potentilla* L.

别名： 鹅绒委陵菜、蕨麻委陵菜、延寿草、人参果。

形态特征： 多年生草本。根圆柱状，肥厚。茎细长成匍枝，节上生根，微具长柔毛。基生叶为羽状复叶，有6～11对小叶，最上面一对小叶基部下延与叶轴汇合；基生小叶渐小呈附片状，小叶椭圆形、卵状披针形或长椭圆形，上面被疏柔毛或脱落近无毛，下面密被紧贴银白色绢毛；茎生叶与基生叶相似，小叶对数较少。花单生叶腋；花径1.5～2厘米；萼片三角状卵形，先端急尖或渐尖，副萼片椭圆形或椭圆状披针形，常2～3裂，稀不裂，与萼片近等长或稍短；花瓣黄色，倒卵形；花柱侧生，小枝状，柱头稍扩大。瘦果，椭圆形。花期5～8月，果期6～9月。

用途： 嫩叶作蔬菜；根膨大部分市称"蕨麻"或"人参果"，可治贫血和营养不良等，又可供甜制食品及酿酒用；根含鞣料，可提制栲胶，并可入药，作收敛剂；茎叶可提取黄色染料；又是蜜源植物和饲料。

分布地及生境： 全区可见，生于河岸、路边、山坡草地。

143 | 二裂委陵菜
Potentilla bifurca L.

蔷薇科 Rosaceae>>
委陵菜属 *Potentilla* L.

别名：痔疮草。

形态特征：多年生草本，株高10～30厘米。根茎木质化，棕黑色，多分枝。茎直立或斜升，自基部分枝，枝上密被伏生长柔毛。奇数羽状复叶。基出叶小叶5～13，椭圆形或倒卵形，全缘，部分小叶先端常2裂，两面无毛或疏生伏毛，托叶披针形或条形，基部与叶柄连生。茎生叶与基生叶相似，上部叶较小。聚伞花序，花直径1～1.2厘米，花梗与花萼密生伏柔毛。副萼片条形，较萼片长；萼片长圆形，先端微尖，花瓣黄色。瘦果，椭圆形，光滑。花期6～8月，果期8～10月。

用途：带根全草可治痔疮；为中等饲料植物，羊与骆驼均喜食。

分布地及生境：见于沙地植物园，生于路边、山坡草地、黄土坡上。

144 | 委陵菜
Potentilla chinensis Ser.

蔷薇科 Rosaceae>>
委陵菜属 *Potentilla* L.

别名： 萎陵菜、天青地白。

形态特征： 多年生草本，高20～70厘米。基生叶为羽状复叶，有小叶5～15对；小叶片对生或互生，边缘羽状中裂，裂片三角卵形，边缘稍外卷；上面绿色，被短柔毛或脱落几无毛，中脉下陷，下面密生白色绢毛，茎生叶与基生叶相似，但较小，小叶7～15。伞房状聚伞花序，多花，花梗长0.5～1.5厘米，被柔毛；花直径通常0.8～1厘米，萼片三角卵形，顶端急尖，副萼片带形或披针形，顶端尖，长为萼片的一半且狭窄，外面被短柔毛及少数绢状柔毛；花瓣黄色，宽倒卵形，顶端微凹，比萼片稍长。瘦果卵球形，深褐色，有明显皱纹。花期5～9月，果期6～10月。

用途： 本种根含鞣质，可提制栲胶；全草入药，能清热解毒、止血、止痢；嫩苗可食并可做猪饲料。

分布地及生境： 全区可见，生于山坡草地、沟谷、林缘。

145 | 多茎委陵菜
Potentilla multicaulis Bge.

形态特征： 多年生草本。基生叶为羽状复叶，有小叶4～6对稀达8对；小叶片对生稀互生，无柄，椭圆形至倒卵形，上部小叶远比下部小叶大，边缘羽伏深裂，裂片带形，排列较为整齐，顶端舌状，边缘平坦，或略微反卷，上面绿色；茎生叶与基生叶形状相似，唯小叶对数较少；基生叶托叶膜质，棕褐色，外面被白色长柔毛。聚伞花序多花，初开时密集，花后疏散；花直径0.8～1厘米，稀达1.3厘米；花瓣黄色，倒卵形或近圆形，顶端微凹，比萼片稍长或长达1倍。瘦果卵球形有皱纹。花果期4～9月。

用途： 全株可入药，可杀虫，止血。

分布地及生境： 见于鱼河林场，生于沟谷阴处、向阳砾石山坡。

146 | 朝天委陵菜
Potentilla supina L.

蔷薇科 Rosaceae>>
委陵菜属 *Potentilla* L.

别名：伏萎陵菜。

形态特征：一年生或二年生草本。基生叶羽状复叶，有小叶2～5对；小叶片长圆形或倒卵状长圆形，边缘有圆钝或缺刻状锯齿，两面绿色，被稀疏柔毛或脱落几无毛；茎生叶与基生叶相似，向上小叶对数逐渐减少；基生叶托叶膜质，茎生叶托叶草质，绿色，全缘，有齿或分裂。花茎上多叶，下部花自叶腋生，顶端呈伞房状聚伞花序；花直径0.6～0.8厘米；花瓣黄色，倒卵形，顶端微凹，与萼片近等长或较短。瘦果长圆形，先端尖，表面具脉纹，腹部鼓胀若翅或有时不明显。花果期6～9月。

用途：可食用，也可酿酒、药用。

分布地及生境：见于红石桥乡、沙地植物园、李家梁水库，生于田边、荒地、河岸沙地。

147 | 菊叶委陵菜
Potentilla tanacetifolia Willd. ex Schlecht.

蔷薇科 Rosaceae>>
委陵菜属 *Potentilla* L.

别名：砂地萎陵菜。

形态特征：多年生草本。根木质化。茎带红色，基部木质化，上部被柔毛。基生叶羽状复叶，有小叶5～8对；小叶互生或对生，顶生小叶有短柄或无柄，最上面1～3对小叶基部下延与叶轴汇合，小叶片长圆形、长圆披针形或长圆倒卵披针形；茎生叶与基生叶相似，唯小叶对数较少；基生叶托叶膜质，褐色，外被疏柔毛。伞房状聚伞花序，多花，花梗长0.5～2厘米，被短柔毛；花直径1～1.5厘米；花瓣黄色，倒卵形，顶端微凹，比萼片长约1倍；花柱近顶生，圆锥形，柱头稍扩大。瘦果卵球形，长2.5毫米，具脉纹。花期6～8月，果期8～9月。

用途：全草入药，有清热解毒、消炎止血之效；根含单宁，供提取栲胶。

分布地及生境：见于上盐湾镇，生于生山坡草地、低洼地、沙地、草原。

148 | 扁核木
Prinsepia utilis Royle

蔷薇科 Rosaceae>>
扁核木属 *Prinsepia* Royle

别名： 蕤核、马茹茹。

形态特征： 灌木，高1～2米，多分枝。枝弯曲或直立，具直或弯的刺。叶互生，长圆状卵形或卵状披针形，长3.5～9厘米，先端急尖或渐尖，基部宽楔形或近圆。总状花序长3～6厘米，生于叶腋或枝刺顶端；花梗长4～8毫米，花序梗和花梗有褐色短柔毛，渐脱落；花径约1厘米；萼筒杯状，外被褐色短柔毛，萼片半圆形或宽卵形，幼时两面被褐色柔毛；花瓣白色，宽倒卵形。核果长圆形或倒卵状长圆形，熟后紫或黑色，无毛，被白粉；果柄长0.8～1厘米。花期5～6月，果期8～9月。

用途： 作庭园绿化和水土保持树种；果实可生食或加工；种子富含油脂，油可供食用、制皂、点灯用；嫩尖可当蔬菜食用，俗名青刺尖。

分布地及生境： 见于卧云山，栽培。

149 | **美人梅**
Prunus × blireana 'Meiren'

蔷薇科 Rosaceae>>
李属 *Prunus* L.

形态特征： 落叶小乔木。叶片卵圆形，长5～9厘米，紫红色；叶缘有细锯齿，叶柄长1～1.5厘米。花粉红色，着花繁密，1～2朵着生于长、中及短花枝上，先花后叶，花叶同放，花色浅紫，重瓣花，先叶开放；萼筒宽钟状，萼片5枚，近圆形至扁圆；花瓣15～17枚，小瓣5～6枚，花梗1.5厘米；雄蕊多数。核果，果皮紫红色。花期3～4月。

用途： 园林观赏；果肉可食用。

分布地及生境： 见于河滨公园等地，栽培。

150 | 紫叶李

Prunus cerasifera f. *atropurpurea* (Jacq.) Rehd.

蔷薇科 Rosaceae>>
李属 *Prunus* L.

别名：红叶李。

形态特征：灌木或小乔木，高可达8米。多分枝，枝条细长，开展，暗灰色，有时有棘刺；小枝暗红色，无毛。叶片椭圆形、卵形或倒卵形，先端急尖，叶紫红色。花1朵，稀2朵；花瓣白色。核果近球形或椭圆形，红色，微被蜡粉。花期4月，果期8月。

用途：园林观赏。

分布地及生境：见于河滨公园、沙地森林公园，栽培。

151 | 西梅
Prunus domestica L.

蔷薇科 Rosaceae>>
李属 *Prunus* L.

别名: 欧洲李、西洋李、话梅。

形态特征: 落叶乔木,高可达15米。枝条无刺或稍有刺;老枝红褐色,无毛,皮起伏不平,当年生小枝淡红色或灰绿色,有纵棱条。叶片椭圆形或倒卵形,长4~10厘米,宽2.5~5厘米,边缘有稀疏圆钝锯齿;叶柄长1~2厘米,密被柔毛,通常在叶片基部边缘两侧各有一个腺体;托叶线形,先端渐尖,幼时边缘常有腺,早落。花1~3朵,簇生于短枝顶端;花梗长1~1.2厘米,无毛或具短柔毛;花直径1~1.5厘米;萼筒钟状,萼片卵形,萼筒和萼片内外两面均被短柔毛;花瓣白色,有时带绿晕。核果通常卵球形到长圆形,稀近球形,直径1~2.5厘米。花期5月,果期9月。

用途: 果实可鲜食,也可制作糖渍、蜜饯、果酱、果酒、李干。

分布地及生境: 见于鱼河镇李家沟村,栽培。

152 | 李
Prunus salicina Lindl.

蔷薇科 Rosaceae>>
李属 *Prunus* L.

别名： 玉皇李。

形态特征： 落叶乔木，高达12米。叶矩圆状倒卵形或椭圆状倒卵形，长5～10厘米，宽3～4厘米，边缘有细密、浅圆钝重锯齿，叶柄近顶端有2～3腺体。花梗长1～2厘米，无毛；花径1.5～2.2厘米；萼筒钟状，萼片长圆状卵形，长约5毫米和萼筒外面均无毛；花瓣白色，长圆状倒卵形，先端啮蚀状。核果球形、卵球形或近圆锥形，直径3.5～5厘米。花期4月，果期7～8月。

用途： 果供食用，核仁含油，与根、叶、花、树胶均可药用。

分布地及生境： 见于黑龙潭等地，栽培。

153 | 杜梨
Pyrus betulifolia Bge.

蔷薇科 Rosaceae>>
梨属 *Pyrus* L.

别名： 海棠梨、棠梨。

形态特征： 乔木，高达10米，树冠开展。枝常具刺；小枝嫩时密被灰白色绒毛，2年生枝条具稀疏绒毛或近于无毛，紫褐色。叶片菱状卵形至长圆卵形，幼叶上下两面均密被灰白色绒毛，成长后脱落，老叶上面无毛而有光泽，下面微被绒毛或近于无毛。伞形总状花序，有花10～15朵；花直径1.5～2厘米；萼筒外密被灰白色绒毛；花瓣宽卵形，长5～8毫米，宽3～4毫米，先端圆钝，基部具有短爪。果实近球形，褐色，有淡色斑点，萼片脱落，基部具带绒毛果梗。花期4月，果期8～9月。

用途： 通常作各种栽培梨的砧木，结果期早，寿命很长；木材致密可做各种器物；树皮含鞣质，可提制栲胶并入药。

分布地及生境： 见于沙地植物园、卧云山等地，栽培。

154 | 白梨
Pyrus bretschneideri Rehd.

蔷薇科 Rosaceae>>
梨属 *Pyrus* L.

形态特征： 乔木，树冠开展。小枝粗壮，幼时有柔毛，2年生的枝紫褐色，具稀疏皮孔。叶片卵形或椭圆形，长5～11厘米，宽3～7厘米，先端短渐尖或具长尾尖，基部圆形，边缘有尖锐锯齿，齿尖有长芒刺，微向内靠拢。伞形总状花序，花瓣卵形，白色。果实卵形或近球形，先端萼片脱落，黄色。花期4～5月，果期8～9月。

用途： 果实供食用；叶作饲料；为蜜源植物。

分布地及生境： 见于黑龙潭，栽培。

155 | 鸡麻

Rhodotypos scandens (Thunb.) Makino

蔷薇科 Rosaceae>>
鸡麻属 *Rhodotypos* Siebold & Zucc.

形态特征：落叶灌木，高2～3米。枝紫褐色，小枝无毛。叶对生，叶片卵形至卵状矩圆形，长4～9厘米，宽2～6厘米，先端渐尖，基部宽楔形、圆形或截形，边缘有重锯齿；叶柄长3～4.5毫米；托叶条形。花单生新枝顶端，直径3～4厘米；花梗长7～20毫米；萼筒短，裂片4，卵形，有锯齿，宿存，与4副萼互生；花瓣4，近圆形，白色；雄蕊多数；心皮4。核果4，倒卵形，长7～8毫米，黑色，光亮，无毛。花期4～5月，果期6～9月。

用途：栽培供庭园绿化用；根和果入药，可治血虚肾亏。

分布地及生境：见于黑龙潭，栽培，生于山坡疏林中及山谷林下阴处。

156 | 山刺玫
Rosa davurica Pall.

蔷薇科 Rosaceae>>
蔷薇属 *Rosa* L.

别名：刺玫瑰、刺玫蔷薇。

形态特征：灌木，高1～2米。小枝无毛，有带黄色皮刺，皮刺基部膨大，稍弯曲，常成对生于小叶或叶柄基部。奇数羽状复叶，小叶2～3对，长圆形或宽披针形，有单锯齿或重锯齿，上面无毛，中脉和侧脉下陷，下面灰绿色，有腺点和稀疏短毛。花单生叶腋，或2～3朵簇生，径3～4厘米；花瓣粉红色，倒卵形，先端不平整。蔷薇果近球形或卵圆形，径1～1.5厘米，熟时红色，平滑，宿萼直立。花期6～7月，果期8～9月。

用途：果含多种维生素、果胶、糖分及鞣质等，入药健脾胃，助消化；根主要含儿茶类鞣质，可止咳祛痰、止痢、止血。

分布地及生境：见于沙地植物园，栽培，多于山坡阳处或杂木林边。

157 | 玫瑰
Rosa rugosa Thunb.

蔷薇科 Rosaceae>>
蔷薇属 *Rosa* L.

形态特征： 灌木，高达2米。茎粗壮，丛生。小枝密生线毛，并有针刺和腺毛，有皮刺，皮刺直或弯曲，淡黄色，被绒毛。奇数羽状复叶，小叶2～4对，小叶片椭圆形或椭圆状倒卵形。花单生于叶腋，或数朵簇生，苞片卵形，边缘有腺毛，外被绒毛；花直径4～5.5厘米；萼片卵状披针形，先端尾状渐尖，常有羽状裂片而扩展成叶状，上面有稀疏柔毛，下面密被柔毛和腺毛；花瓣倒卵形，重瓣至半重瓣，芳香，紫红色至白色。果扁球形，直径2～2.5厘米，砖红色，肉质，平滑，萼片宿存。花期5～6月，果期8～9月。

用途： 花作香料和提取芳香油，用于食品、香精及化妆品等；花瓣可以制饼馅、玫瑰酒、玫瑰糖浆，干制后可以泡茶；花蕾入药治肝、胃气痛、胸腹胀满和月经不调。

分布地及生境： 全区可见，栽培。

158 | 黄刺玫
Rosa xanthina Lindl.

蔷薇科 Rosaceae>>
蔷薇属 *Rosa* L.

别名： 黄刺莓、黄刺梅。

形态特征： 灌木，高2~3米。枝密集，披散；小枝无毛，有散生皮刺，无针刺。羽状复叶，小叶7~13，连叶柄长3~5厘米；小叶宽卵形或近圆形，稀椭圆形；叶轴和叶柄有稀疏柔毛和小皮刺。花单生叶腋，重瓣或半重瓣，黄色，径3~5厘米，无苞片；花瓣宽倒卵形，先端微凹；花柱离生，被长柔毛，微伸出萼筒。蔷薇果近球形或倒卵圆形，熟时紫褐或黑褐色，径0.8~1厘米，无毛；萼片反折。花期4~6月，果期7~8月。

用途： 供观赏。

分布地及生境： 全区可见，生于向阳山坡或灌木丛中。

159 | 茅莓
Rubus parvifolius L.

蔷薇科 Rosaceae>>
悬钩子属 *Rubus* L.

形态特征：灌木，高1～2米。枝被柔毛和稀疏钩状皮刺。小叶3，菱状圆卵形或倒卵形，上面伏生疏柔毛，下面密被灰白色绵毛。伞房花序顶生或腋生，花径约1厘米；花萼密被柔毛和疏密不等的针刺，萼片卵状披针形或披针形，有时条裂，花果期均直立开展；花瓣粉红或紫红色。果实卵球形，直径1～1.5厘米，红色。花期5～6月，果期7～8月。

用途：果可食或酿酒、制醋；根和叶含单宁；全株入药。

分布地及生境：见于河滨公园，生于山坡杂木林下、向阳山谷、路旁或荒野。

160 | 珍珠梅
Sorbaria sorbifolia (L.) A. Br.

蔷薇科 Rosaceae>>
珍珠梅属 *Sorbaria* (Ser.) A. Braun

别名： 东北珍珠梅。

形态特征： 灌木，高达2米。小枝无毛或微被短柔毛。羽状复叶，小叶11~17，连叶柄长13~23厘米，叶轴微被短柔毛；小叶披针形或卵状披针形。顶生密集圆锥花序，分枝近直立，长10~20厘米，花序梗和花梗被星状毛或短柔毛，果期近无毛；花径1~1.2厘米；萼筒钟状，外面基部微被短柔毛；萼片三角卵形；花瓣长圆形或倒卵形，长5~7毫米，白色。蓇葖果长圆形，弯曲花柱长约3毫米，果柄直立；萼片宿存，反折，稀开展。花期7~8月，果期9月。

用途： 庭园栽培供观赏。

分布地及生境： 全区可见，栽培，生于山坡疏林中。

161 | 麻叶绣线菊
Spiraea cantoniensis Lour.

蔷薇科 Rosaceae>>
绣线菊属 *Spiraea* L.

形态特征：灌木，高1.5米左右。小枝呈拱形弯曲，无毛。叶菱状披针形或菱状长圆形，长3~5厘米，宽1.5~2厘米，先端尖，基部楔形，近中部以上具缺刻状锯齿，两面无毛，具羽状脉。伞形花序具多花；花梗长0.8~1.4厘米，无毛；花径5~7毫米；花萼无毛，萼片三角形或卵状三角形；花瓣近圆形或倒卵形，白色。蓇葖果直立开张，无毛。花期4~5月，果期7~9月。

用途：庭园栽培供观赏；枝叶治疥癣；为蜜源植物。

分布地及生境：见于沙地植物园，栽培。

162 | 三裂绣线菊
Spiraea trilobata L.

蔷薇科 Rosaceae>>
绣线菊属 *Spiraea* L.

别名： 三裂叶绣线菊、三桠绣球绣线菊。

形态特征： 灌木，株高1～1.5米。小枝开展，稍呈之字形弯曲，嫩时褐黄色，无毛，老时暗灰色；冬芽小，外被数枚鳞片。叶片近圆形，长1～3厘米，宽1.5～3厘米，先端3裂，基部圆或近心形，稀楔形，中部以上具少数钝圆齿，两面无毛，基脉3～5。伞形花序具花序梗，无毛；苞片线形或倒披针形，上部深裂成细裂片；花径6～8毫米；花萼无毛，萼片三角形；花瓣宽倒卵形，先端常微凹。蓇葖果，沿腹缝微被短柔毛或无毛，宿存花柱顶生，宿存萼片。花期5～6月，果期7～8月。

用途： 庭园习见栽培，供观赏；又为鞣料植物，根茎含单宁。

分布地及生境： 见于五十里沙，生于向阳坡地、灌木丛中。

163 | 沙冬青

Ammopiptanthus mongolicus (Maxim. ex Kom.) Cheng f.

豆科 Fabaceae (Leguminosae) >>
沙冬青属 *Ammopiptanthus* Cheng f.

别名： 冬青、蒙古黄花木。

形态特征： 常绿灌木，高1.5～2米，粗壮。树皮黄绿色，茎多叉状分枝，圆柱形，具沟棱。单叶或三出复叶，小叶长椭圆形或宽披针形，长2～3.5厘米，宽6～20毫米，两面密被银白色绒毛，全缘，侧脉几不明显；叶柄长5～15毫米。总状花序顶生枝端，花互生，8～12朵密集；苞片卵形；萼钟形，薄革质，萼齿5，阔三角形，上方2齿合生为一较大的齿；花冠黄色，花瓣均具长瓣柄。荚果扁平，线形，无毛，先端锐尖，基部具果颈。有种子2～5粒；种子圆肾形。花期4～5月，果期5～6月。

用途： 为良好的固沙植物。

分布地及生境： 见于卧云山，栽培，生于沙丘、河滩边。

164 | 紫穗槐
Amorpha fruticosa L.

豆科 Fabaceae（Leguminosae）>>
紫穗槐属 *Amorpha* L.

形态特征： 落叶灌木，丛生，高1～4米。小枝幼时密被短柔毛，后渐变无毛。叶互生，奇数羽状复叶，小叶11～25，卵形、椭圆形或披针状椭圆形，长1.5～4厘米，宽0.6～1.5厘米。穗状花序密集顶生或枝端腋生。荚果下垂，微弯曲，顶端具小尖，棕褐色，表面有凸起的疣状腺点。花期5～6月，果期7～9月。

用途： 可作为保持水土、固沙造林和防护林底层树种；枝条可编筐；嫩枝、叶可作家畜饲料和绿肥；荚果和叶的粉末或煎汁可作农药杀虫。

分布地及生境： 全区可见，栽培。原产美国东北部和东南部。

165 | 达呼里黄耆
Astragalus dahuricus (Pall.) DC.

豆科 Fabaceae (Leguminosae) >>
黄耆属 *Astragalus* L.

别名： 达乌里黄耆、兴安黄耆、驴干粮。

形态特征： 一年或二年生草本，高30～70厘米。植物体被白色开展的长柔毛。茎直立，有分枝。羽状复叶有11～23片小叶，小叶长圆形、倒卵状长圆形或长圆状椭圆形；小叶长10～25毫米，宽3～6毫米。总状花序密生10～20花；花序梗较叶短；苞片线形或刚毛状；花萼斜钟状，萼齿线形或刚毛状，上部3齿长于萼筒，下部2齿较短；花冠紫色，旗瓣近倒卵形，翼瓣弯长圆形，龙骨瓣近倒卵形。荚果线状圆柱形，成镰刀状弯曲，先端有硬尖，有毛。花期6～8月，果期9～10月。

用途： 全株可作饲料，大牲畜特别喜食，故有驴干粮之称。

分布地及生境： 全区可见，生于山坡草地、河滩、路边。

166 | 灰叶黄耆
Astragalus discolor Bunge ex Maxim.

豆科 Fabaceae (Leguminosae) >>
黄耆属 *Astragalus* L.

别名：灰叶黄芪。

形态特征：多年生草本，高30～50厘米，全株灰绿色。根直伸，木质化。茎直立或斜上，上部有分枝，具条棱，密被灰白色伏贴毛。羽状复叶有9～25片小叶；叶柄较叶轴短；托叶三角形，先端尖，离生。总状花序较叶长；花萼管状钟形，长4～5毫米，花冠蓝紫色，旗瓣匙形，长12～14毫米。荚果扁平，线状长圆形，长17～30毫米。花期7～8月，果期8～9月。

用途：全株可作饲料。

分布地及生境：见于古塔镇、上盐湾镇等地，生于荒漠草原地带沙质土。

167 | 乳白黄耆
Astragalus galactites Pall.

豆科 Fabaceae (Leguminosae) >>
黄耆属 *Astragalus* L.

别名：白花黄耆、乳白黄芪。

形态特征：多年生草本，高5～15厘米。根粗壮。茎极短缩。羽状复叶有9～37片小叶；小叶长圆形或狭长圆形，两面疏被丁字毛。花生于基部叶腋；通常2花簇生；苞片披针形或线状披针形，长5～9毫米，被白色长毛；花萼管状钟形。花冠乳白色或稍带黄色，旗瓣狭长圆形，翼瓣较旗瓣稍短，瓣片先端有时2浅裂，瓣柄长为瓣片的2倍，龙骨瓣长17～20毫米，瓣片短，长约为瓣柄的一半。荚果卵圆形或倒卵圆形，长4～5毫米，幼时密被白色柔毛，常包于宿萼内，后期宿萼脱落。花期5～6月，果期6～8月。

用途：饲料；固沙植物。

分布地及生境：见于红石峡、古塔镇、岔河则乡，生于草原沙质土上。

168 | 斜茎黄耆
Astragalus laxmannii Jacquin

豆科 Fabaceae（Leguminosae）>>
黄耆属 *Astragalus* L.

别名： 沙打旺、直立黄芪、直立黄耆。

形态特征： 多年生草本，高20～100厘米。茎直立或外倾，有条棱，近无毛或被稀疏伏贴毛。羽状复叶有9～25片小叶；小叶长圆状椭圆形。总状花序生多数花，排列紧密，总花梗腋生，较叶长或与叶等长；花冠近蓝色或红紫色。长7～18毫米，两侧稍扁，背缝凹入成沟槽。花期6～8月，果期8～10月。

用途： 优质家畜牧草，是良好的固沙和绿肥植物。

分布地及生境： 全区可见，生于山坡、草地潮湿地带。

169 | 草木樨状黄耆
Astragalus melilotoides Pall.

豆科 Fabaceae (Leguminosae) >>
黄耆属 *Astragalus* L.

形态特征：多年生草本。根粗壮。茎直立或斜生，高达50厘米，被白色短柔毛或近无毛。羽状复叶长1~3厘米，有5~7小叶；托叶彼此离生，三角形或披针形，长1~1.5毫米；小叶长圆状楔形或线状长圆形。总状花序有多数稀疏的花；花序梗远较叶长；花萼短钟状，被白色短伏贴毛，萼齿三角形；花冠白色或带粉红色，旗瓣近圆形或宽椭圆形，具短瓣柄，翼瓣较旗瓣稍短，先端具不等的2裂或微凹，瓣柄长仅1毫米，龙骨瓣较翼瓣短，半月形，先端带紫色。荚果纸质，宽倒卵状球形或椭圆形。花期7~8月，果期8~9月。

用途：可做牧草，也可做钙土指示植物。

分布地及生境：全区可见，生于向阳山坡、路旁或草甸草地。

170 | 蒙古黄耆

Astragalus mongholicus Bunge

豆科 Fabaceae (Leguminosae) >>
黄耆属 *Astragalus* L.

别名：膜荚黄耆、蒙古黄芪。

形态特征：多年生草本，高50～100厘米。主根肥厚，木质。茎直立，有细棱。羽状复叶有13～27片小叶。总状花序稍密，有10～20朵花；花萼钟状，外面被白色或黑色柔毛，有时萼筒近于无毛，仅萼齿有毛，萼齿短，三角形至钻形，长仅为萼筒的1/5～1/4；花冠黄色或淡黄色。荚果薄膜质，稍膨胀，半椭圆形。花期6～8月，果期7～9月。

用途：全国各地多有栽培，为常用中药材之一。

分布地及生境：见于卧云山，栽培，生于林缘、灌丛。

171 | 糙叶黄耆
Astragalus scaberrimus Bunge

豆科 Fabaceae (Leguminosae) >>
黄耆属 *Astragalus* L.

别名： 糙叶黄芪。

形态特征： 多年生矮小草本，密被白色丁字毛和伏贴毛。根状茎短缩，多分枝，木质化。地上茎不明显或极短，有时伸长而匍匐。羽状复叶有7～15片小叶，长5～17厘米，小叶椭圆形或近圆形，有时披针形，长7～20毫米，宽3～8毫米，两面密被伏贴毛。总状花序生3～5花，排列紧密或稍稀疏；总花梗极短或长达数厘米，腋生；花萼管状，长7～9毫米，被细伏贴毛；花冠淡黄色或白色；子房有短毛。荚果披针状长圆形，微弯，密被白色伏贴毛。花期4～8月，果期5～9月。

用途： 牛羊喜食，可作牧草及保持水土植物；可作抗癌药物。

分布地及生境： 见于红石峡等地，生于山坡石砾质草地。

172 | 柠条锦鸡儿
Caragana korshinskii Kom.

豆科 Fabaceae （Leguminosae） >>
锦鸡儿属 *Caragana* Fabr.

别名： 毛条、白柠条、柠条。

形态特征： 灌木，稀小乔木状，高达4米。老枝金黄色，有光泽；嫩枝被白色柔毛。羽状复叶有6～8对小叶；托叶在长枝上者硬化成针刺，宿存；小叶披针形或窄长圆形，先端锐尖或钝，有刺尖，基部宽楔形，灰绿色，两面密被白色伏贴绢毛。花单生，花梗长0.6～1.5厘米，密被柔毛，关节在中上部；花萼管状钟形，旗瓣宽卵形或近圆形，先端近截形或稍凹，具短瓣柄，翼瓣瓣柄稍短于瓣片，先端稍尖，耳齿状，龙骨瓣稍短于翼瓣，先端稍尖。荚果披针形。花期5月，果期6月。

用途： 优良固沙植物和水土保持植物。

分布地及生境： 见于沙地植物园，生于固定沙地、半固定沙地。

173 | 中间锦鸡儿
Caragana liouana Zhao Y. Chang & Yakovlev

豆科 Fabaceae (Leguminosae) >>
锦鸡儿属 *Caragana* Fabr.

别名：柠条。

形态特征：灌木，高0.7～2米。老枝黄灰色或灰绿色，幼枝被柔毛。羽状复叶有3～8对小叶；托叶在长枝上者硬化成针刺，宿存；小叶椭圆形成倒卵状椭圆形。花梗长10～16毫米，关节在中部以上，很少在中下部；花萼管状钟形，密被短柔毛，萼齿三角状；花冠黄色，长20～25毫米，旗瓣宽卵形或近圆形，瓣柄为瓣片的1/4～1/3，翼瓣长圆形，先端稍尖，瓣柄与瓣片近等长，耳不明显；子房无毛。荚果披针形或长圆状披针形，扁。花期5月，果期6月。

用途：优良固沙和绿化荒山植物。

分布地及生境：全区可见，生于半固定和固定沙地、黄土丘陵。

174 | 甘蒙锦鸡儿
Caragana opulens Kom.

豆科 Fabaceae (Leguminosae) >>
锦鸡儿属 *Caragana* Fabr.

别名：母猪刺。

形态特征：矮灌木，高达60厘米。基部多分枝，开展；枝条细长，灰褐色，疏被伏柔毛，具条棱。假掌状复叶有小叶2对；托叶在长枝上的硬化成针刺，宿存；长枝上的叶轴硬化成针刺，宿存，短枝上的长仅1～2毫米，脱落；小叶在长枝上的假掌状排列，短枝上的近簇生，线状倒披针形。花单生，花萼管状，基部一侧呈囊状凸起，萼齿三角形；花冠黄色，旗瓣卵形或宽卵形，中央有土黄色斑点，翼瓣与龙骨瓣均与旗瓣近等长。荚果圆筒形。花期4～6月，果期6～8月。

用途：水保植物；可作饲料；为蜜源植物。

分布地及生境：见于麻黄梁镇、上盐湾镇，生于干山坡、沟谷、丘陵。

175 | 红花锦鸡儿
Caragana rosea Turcz. ex Maxim.

豆科 Fabaceae（Leguminosae）>>
锦鸡儿属 *Caragana* Fabr.

别名： 金雀儿、野柠条。

形态特征： 灌木，高达1米。老枝绿褐色或灰褐色，小枝细长。假掌状复叶有小叶2对；托叶在长枝上的呈细针刺状，宿存，在短枝上的脱落；小叶倒卵形，近革质。花单生；花萼管状钟形，常带紫红色，基部不膨大，或下部稍膨大，萼齿三角形，内面密被短柔毛；花冠淡红或紫红色，旗瓣长圆状倒卵形，先端凹，基部渐窄成宽瓣柄，翼瓣与旗瓣近等长，瓣柄稍短于瓣片，耳短齿状，龙骨瓣略短于翼瓣。荚果圆筒形。花期4~6月，果期6~7月。

用途： 水保植物；可作饲料；为蜜源植物。

分布地及生境： 见于河滨公园，栽培。

176 | 塔落岩黄耆

Corethrodendron lignosum var. *laeve* (Maximowicz) L. R. Xu & B. H. Choi

豆科 Fabaceae (Leguminosae) >>
羊柴属 *Corethrodendron* Fisch. & Basiner

别名：羊柴、塔郎、塔落山竹子。

形态特征：半灌木或小半灌木，高40～80厘米。根系发达，主根深长。茎直立，多分枝。叶长8～14；小叶11～19，被短柔毛；小叶片通常椭圆形或长圆形，长14～22毫米，宽3～6毫米。总状花序腋生，具4～14朵花；花长15～21毫米，具2～3毫米长的花梗，疏散排列；苞片三角状卵形，长约1毫米；花萼钟状，长5～6毫米，被短柔毛，萼齿短三角形，锐尖，长仅为萼筒的1/3；花冠紫红色，旗瓣倒卵圆形，长14～20毫米，翼瓣片短而尖，等于或短于龙骨瓣柄；子房线形，无毛和刺。荚果2～3节；节荚椭圆形，长5～7毫米，宽3～4毫米，两侧膨胀，具细网纹，幼果无毛和刺。种子肾形，黄褐色。花期7～8月，果期8～9月。

用途：良好的固沙植物和优良饲料；枝条是耐燃的薪炭。

分布地及生境：见于巴拉素镇、补浪河乡、沙地植物园、沙地森林公园，生于固定沙地、半固定沙地。

177 | 细枝岩黄耆

Corethrodendron scoparium (Fischer & C. A. Meyer) Fischer & Basiner

豆科 Fabaceae（Leguminosae）>>
羊柴属 *Corethrodendron* Fisch. & Basiner

别名：花棒、细枝山竹子。

形态特征：半灌木，高约0.8～3米。茎直立，多分枝。茎下部叶具小叶7～11，上部的叶通常具小叶3～5，最上部的叶轴完全无小叶或仅具1枚顶生小叶；小叶片灰绿色，线状长圆形或狭披针形。总状花序腋生，上部明显超出叶，总花梗被短柔毛；花少数，外展或平展，疏散排列；花冠紫红色。荚果2～4节，节荚宽卵形，两侧膨大，具明显细网纹和白色密毡毛。花期6～9月，果期8～10月。

用途：主要用途为优良固沙植物；幼嫩枝叶为优良饲料，骆驼和马喜食；木材为经久耐燃的薪炭；花为优良的蜜源；种子为优良的精饲料和油料。

分布地及生境：见于补浪河乡，生于沙丘顶部。

178 | 山皂荚
Gleditsia japonica Miq.

豆科 Fabaceae (Leguminosae) >>
皂荚属 *Gleditsia* L.

别名： 日本皂荚、山皂角。

形态特征： 乔木，高达14米。刺黑棕色，粗壮，扁形，有分枝。羽状复叶簇生；小叶6～20，卵状矩圆形或卵状披针形，边缘有细圆锯齿，无毛。雌雄异株；雄花排成长约16厘米的总状花序；雄蕊8，与萼裂片相对的较短，与花瓣相对的较长；雌花亦成总状。荚果条形，果荚纸质，长20～30厘米，宽约3厘米，棕黑色，扭转，腹缝线有时于种子间缢缩。花期5月，果期7月。

用途： 本种荚果含皂素，可代肥皂用以洗涤，并可作染料；种子入药，嫩叶可食；木材坚实，心材带粉红色，色泽美丽，纹理粗，可作建筑、器具、支柱等用材。

分布地及生境： 见于卧云山，栽培，生于向阳山坡或谷地。

179 | **野皂荚**
Gleditsia microphylla Gordon ex Y. T. Lee

豆科 Fabaceae (Leguminosae) >>
皂荚属 *Gleditsia* L.

别名： 短荚皂角。

形态特征： 灌木或小乔木。枝灰白色至浅棕色；幼枝被短柔毛，老时脱落；刺不粗壮，长针形，有2~3个短的刺分枝。一回或二回偶数羽状复叶同生于一个枝上，小叶全缘。花杂性，绿白色。荚果扁薄，红棕色至深褐色。花期5~6月，果期7~9月。

分布地及生境： 见于黑龙潭，栽培，生于山坡阳处或路边。

180 | 野大豆

Glycine soja Sieb. et Zucc.

豆科 Fabaceae (Leguminosae) >>
大豆属 *Glycine* Willd.

别名：乌豆、鹿藿。

形态特征：一年生缠绕草本，全株疏被褐色长硬毛。根草质，侧根密生于主根上部。茎纤细，长1～4米。叶具3小叶；顶生小叶卵圆形或卵状披针形。总状花序长约10厘米；花小；苞片披针形；花萼钟状，裂片三角状披针形，上方2裂片1/3以下合生；花冠淡紫红或白色，旗瓣近倒卵圆形，基部具短瓣，翼瓣斜半倒卵圆形，短于旗瓣，瓣片基部具耳，瓣柄与瓣片近等长，龙骨瓣斜长圆形，短于翼瓣，密被长柔毛。荚果长圆形。花期7～8月，果期8～10月。

用途：全株为家畜喜食的饲料，可栽作牧草、绿肥和水土保持植物；全草还可药用，有补气血、强壮、利尿等功效，主治盗汗、肝火、目疾、黄疸、小儿疳疾。

分布地及生境：全区可见，生于水边、河岸、沼泽、草甸和芦苇丛下。

181 | 甘草

Glycyrrhiza uralensis Fisch.

豆科 Fabaceae (Leguminosae) >>
甘草属 *Glycyrrhiza* L.

别名： 甜根子。

形态特征： 多年生草本。根与根状茎粗壮，外皮褐色，里面淡黄色，含甘草甜素。羽状复叶长5～20厘米；小叶5～17，卵形、长卵形或近圆形。总状花序腋生；花序梗密被鳞片状腺点和短柔毛；花萼钟状，长0.7～1.4厘米，密被黄色腺点和短柔毛，基部一侧膨大，萼齿5，上方2枚大部分连合；花冠紫、白或黄色；子房密被刺毛状腺体。荚果线形，弯曲呈镰刀状或环状，外面有瘤状突起和刺毛状腺体，密集成球状。花期6～8月，果期7～10月。

用途： 根和根状茎供药用，是著名中药材；茎叶可作饲料。

分布地及生境： 全区可见，生于干旱沙地、山坡草地。

182 | 少花米口袋

Gueldenstaedtia verna (Georgi) Boriss.

豆科 Fabaceae (Leguminosae) >>
米口袋属 *Gueldenstaedtia* Fisch.

形态特征： 多年生草本。分茎短，具宿存托叶。羽状复叶长2～20厘米；小叶7～19，长圆形或披针形；花萼钟状，被白色疏柔毛，萼齿披针形，上方2齿约与萼筒等长，下方3齿较短小。花冠红紫色；旗瓣瓣片卵形，先端圆，微缺，基部渐窄成瓣柄，翼瓣瓣片斜倒卵形，先端斜截，具短耳，瓣柄长3毫米，龙骨瓣瓣片倒卵形，瓣柄长2.5毫米。子房椭圆状，密被柔毛。荚果长圆筒状，成熟后毛稀疏，开裂。花期5月，果期6～7月。

分布地及生境： 全区可见，生于山坡、路旁、田边。

183 | 花木蓝
Indigofera kirilowii Maxim. ex Palibin

豆科 Fabaceae (Leguminosae) >>
木蓝属 *Indigofera* L.

别名： 吉氏木蓝。

形态特征： 直立灌木，高0.8～2米。茎圆柱形具棱，被白色平伏丁字毛。羽状复叶长约18厘米；小叶3～5对，对生，稀互生，形状多变，常为卵状长圆形、长圆状椭圆形。花萼长约3.5毫米，被"丁"字毛，最下萼齿长约2毫米，两侧萼齿稍短，上方萼齿最短；花冠淡红色。荚果圆柱形，长3.5～7厘米，被"丁"字毛。花期5～7月，果期9～11月。

用途： 全草入药，有清热解毒、消肿止痛之效。

分布地及生境： 见于黑龙潭、卧云山，栽培，生于山坡灌丛或岩缝。

184 | 长萼鸡眼草
Kummerowia stipulacea (Maxim.) Makino

豆科 Fabaceae (Leguminosae) >>
鸡眼草属 *Kummerowia* Schindl.

别名：掐不齐。

形态特征：一年生草本，高7～15厘米。茎平伏、上升或直立；茎和枝上被疏生向上的白毛，有时仅节上有毛。叶具3小叶；托叶长3～8毫米，叶柄短，小叶倒卵形、宽倒卵形或倒卵状楔形，长0.5～1.8厘米，先端微凹或近平截，基部楔形，下面中脉及边缘有毛，侧脉多而密。花萼5裂，有缘毛，基部具4枚小苞片，其中小的1枚生于花梗关节之下；花冠上部暗紫色，长5.5～7毫米。荚果椭圆形或卵形。花期7～8月，果期8～10月。

用途：全草药用，能清热解毒、健脾利湿；又可作饲料及绿肥。

分布地及生境：见于鱼河镇、古塔镇、岔河则乡，生于路旁、草地、山坡。

185 | 山黧豆
Lathyrus quinquenervius (Miq.) Litv.

豆科 Fabaceae (Leguminosae) >>
山黧豆属 *Lathyrus* L.

别名：五脉香豌豆、五脉山黧豆。

形态特征：多年生草本。根状茎横走。偶数羽状复叶，叶轴末端具不分枝的卷须，下部叶的卷须呈针刺状；小叶1～3对，质坚硬，椭圆状披针形或线状披针形。总状花序腋生，具5～8花；花萼钟状，被短柔毛，最下一萼齿约与萼筒等长；花冠紫蓝色或紫色，旗瓣近圆形，先端微缺，瓣柄与瓣片约等长，翼瓣窄倒卵形，与旗瓣等长或稍短，具耳及线形瓣柄，龙骨瓣卵形，具耳及线形瓣柄。荚果线形。花期5～7月，果期8～9月。

用途：优良牧草，放牧或调制干草均可。

分布地及生境：见于马合镇，生于路边、林缘。

186 | 胡枝子
Lespedeza bicolor Turcz.

豆科 Fabaceae (Leguminosae) >>
胡枝子属 *Lespedeza* Michx.

别名： 二色胡枝子。

形态特征： 灌木，高1～3米。小枝疏被短毛。三出复叶；小叶草质，卵形、倒卵形或卵状长圆形。总状花序腋生，比叶长，花序梗长4～10厘米；花萼长约5毫米，5浅裂，裂片常短于萼筒；花冠红紫色，长约1厘米，旗瓣倒卵形，翼瓣近长圆形，具耳和瓣柄，龙骨瓣与旗瓣近等长，基部具长瓣柄。荚果斜倒卵形，稍扁，长约1厘米，宽约5毫米，具网纹，密被短柔毛。花期7～9月，果期9～10月。

用途： 种子油可供食用或作机器润滑油；叶可代茶；枝可编筐；性耐旱，是防风、固沙及水土保持植物，为营造防护林及混交林的伴生树种。

分布地及生境： 见于卧云山，栽培，生于山坡、林缘、路旁、杂木林中。

187 | 兴安胡枝子

Lespedeza davurica (Laxm.) Schindl.

豆科 Fabaceae (Leguminosae) >>
胡枝子属 *Lespedeza* Michx.

别名： 达呼里胡枝子。

形态特征： 小灌木，高达1米。枝有短柔毛。三出羽状复叶，小叶披针状长圆形，正面无毛，背面密生短柔毛。总状花序，腋生，比叶短；萼齿5，披针形，先端刺毛状，与花冠等长或是花冠的1/2长；花冠白色或黄白色。荚果小，倒卵状长圆形。花期7～8月，果期9～10月。

用途： 为优良的牧草，亦可做绿肥。

分布地及生境： 见于古塔镇、镇川镇、鱼河镇、大河塔镇，生于山坡、草原、路旁。

188 | 多花胡枝子
Lespedeza floribunda Bunge

豆科 Fabaceae (Leguminosae) >>
胡枝子属 *Lespedeza* Michx.

形态特征：小灌木，高0.3～1米。小枝被灰白色茸毛。叶具3小叶；叶柄长3～6毫米；顶生小叶倒卵形、宽倒卵形或长圆形，长1～1.5厘米，先端钝圆或近平截，微凹，具小刺尖，基部楔形，上面疏被贴伏毛，下面密被白色贴伏毛，侧生小叶较小。总状花序长于叶，花序梗纤细而长；花多数；花萼长4～5毫米，5裂，上部2裂片下部合生，先端分离；花冠紫、紫红或蓝紫色，长约8毫米，旗瓣椭圆形，先端圆，基部具瓣柄，翼瓣稍短，龙骨瓣长于旗瓣；闭锁花簇生叶腋。荚果宽卵形。花期6～9月，果期9～10月。

用途：可作家畜饲草和绿肥。

分布地及生境：见于清泉乡，生于石质山坡、草原。

189 | 尖叶铁扫帚

Lespedeza juncea (L. f.) Pers.

豆科 Fabaceae (Leguminosae) >>
胡枝子属 *Lespedeza* Michx.

别名：尖叶胡枝子。

形态特征：小灌木，高可达1米。全株被伏毛，分枝或上部分枝呈扫帚状。托叶线形，长约2毫米；叶柄长0.5～1厘米；羽状复叶具3小叶；小叶倒披针形、线状长圆形或狭长圆形，长1.5～3.5厘米，宽2～7毫米。总状花序腋生，稍超出叶，近似伞形花序；总花梗长；苞片及小苞片卵状披针形或狭披针形，长约1毫米；花萼狭钟状，长3～4毫米，5深裂，花冠白色或淡黄色，旗瓣基部带紫斑，花期不反卷或稀反卷，龙骨瓣先端带紫色，旗瓣、翼瓣与龙骨瓣近等长，有时旗瓣较短。荚果宽卵形，两面被白色伏毛，稍超出宿存萼。花期7～9月，果期9～10月。

用途：可作绿肥和饲料。

分布地及生境：见于沙地森林公园，生于林下灌丛。

190 | **细叶百脉根**
Lotus tenuis Waldst. et Kit. ex Willd. Enum.

豆科 Fabaceae (Leguminosae) >>
百脉根属 *Lotus* L.

形态特征： 多年生草本，高0.2～1米，无毛或微被疏柔毛。茎细柔，直立，节间较长，中空。羽状复叶具小叶5。伞形花序；花序梗纤细，长3～8厘米；花1～5，顶生；苞片1～3，叶状，比萼长1.5～2倍；花梗短；萼钟形，长5～6毫米，几无毛，萼齿窄三角形，渐尖，与萼筒等长；花冠黄色带细红脉纹，干后变为蓝色，旗瓣圆形，稍长于翼瓣和龙骨瓣，翼瓣稍短。荚果直，圆柱形。花期5～8月，果期7～9月。

分布地及生境： 见于麻黄梁镇、古塔镇，生于湖旁草地、沼泽地边缘。

191 | 天蓝苜蓿
Medicago lupulina L.

豆科 Fabaceae (Leguminosae) >>
苜蓿属 *Medicago* L.

别名： 野苜蓿。

形态特征： 一、二年生或多年生草本。羽状三出复叶；小叶倒卵形、宽倒卵形或倒心形，长0.5～2厘米，上半部边缘具不明显尖齿，两面被毛，侧脉近10对。花序小，头状，具10～20花；花序梗细，比叶长，密被贴伏柔毛；花长2～2.2毫米；花梗长不及1毫米；花萼钟形，密被毛，萼齿线状披针形，稍不等长，比萼筒稍长或等长；花冠黄色，旗瓣近圆形，翼瓣和龙骨瓣近等长，均比旗瓣短。荚果肾形，长约3毫米，具同心弧形脉纹，被疏毛，有1种子。花期7～9月，果期8～10月。

用途： 优质牧草。

分布地及生境： 见于河滨公园，生于路边、田野及林缘。

192 | 紫苜蓿
Medicago sativa L.

豆科 Fabaceae (Leguminosae) >>
苜蓿属 *Medicago* L.

别名： 苜蓿、紫花苜蓿。

形态特征： 多年生草本，高0.3～1米。茎四棱形，无毛或微被柔毛。羽状三出复叶；小叶长卵形、倒长卵形或线状卵形，等大，或顶生小叶稍大。花序总状或头状，具5～10花；花序梗比叶长；花长0.6～1.2厘米；花梗长约2毫米；花萼钟形，萼齿比萼筒长；花冠淡黄、深蓝或暗紫色，花瓣均具长瓣柄，旗瓣长圆形，明显长于翼瓣和龙骨瓣，龙骨瓣稍短于翼瓣。荚果螺旋状，紧卷2～6圈，中央无孔或近无孔。花期5～7月，果期6～8月。

用途： 优质饲料，可作绿肥。

分布地及生境： 见于上盐湾镇、古塔镇、鱼河镇，生于田边、路旁、草原、河岸及沟谷等地。

193 | 白花草木犀
Melilotus albus Medic.

豆科 Fabaceae (Leguminosae) >>
草木犀属 *Melilotus* (L.) Mill.

别名： 白香草木犀、草木犀。

形态特征： 一、二年生草本，高0.7～2米。茎圆柱形，中空。羽状三出复叶；小叶长圆形或倒披针状长圆形，顶生小叶稍大，具较长叶柄，侧生小叶的叶柄短。总状花序长0.8～2厘米，腋生，具40～100花，排列疏松；花萼钟形，长约2.5毫米，微被柔毛，萼齿三角状披针形，短于萼筒；花冠白色，旗瓣椭圆形，稍长于翼瓣，龙骨瓣与翼瓣等长或稍短。荚果椭圆形或长圆形，具尖喙，表面脉纹细，网状，棕褐色，老熟后变黑褐色。花期5～7月，果期7～9月。

用途： 优良饲草；也是优良的蜜源植物；全草可药用，能清热解毒、化湿及杀虫。

分布地及生境： 全区常见，生于路旁、草原、河岸及沟谷等地。

194 | 细齿草木犀

Melilotus dentatus (Waldst. & Kit.) Pers.

豆科 Fabaceae (Leguminosae) >>
草木犀属 *Melilotus* (L.) Mill.

形态特征： 二年生草本，高20～80厘米。茎圆柱形，具纵长细棱。羽状三出复叶；小叶长椭圆形至长圆状披针形。总状花序腋生具花20～50朵，排列疏松；萼钟形，长近2毫米，萼齿三角形，比萼筒短或等长；花冠黄色，旗瓣长圆形，稍长于翼瓣和龙骨瓣。荚果近圆形至卵形，长4～5毫米，宽2～2.5毫米，先端圆，表面具网状细脉纹，腹缝呈明显的龙骨状增厚，褐色。花期7～9月。

用途： 耐旱、耐盐碱；香豆素含量较少，味较甜，适口性好，是草木犀属中较好的牧草。

分布地及生境： 见于马合镇、巴拉素镇、补浪河乡等乡镇，生于水沟旁、田埂、下湿滩地。

195 | 草木犀

Melilotus officinalis (L.) Pall.

豆科 Fabaceae (Leguminosae) >>
草木犀属 *Melilotus* (L.) Mill.

别名：黄香草木犀、黄花草木犀。

形态特征：二年生草本，高 0.4～2.5 米。茎具纵棱。羽状三出复叶；小叶倒卵形、阔卵形、倒披针形至线形。花长 3.5～7 毫米；花萼钟形，萼齿三角状披针形，稍不等长，短于萼筒；花冠黄色，旗瓣倒卵形，与翼瓣近等长，龙骨瓣稍短或三者均近等长；雄蕊筒在花后常宿存包于果外。荚果卵形，先端具宿存花柱，表面具凹凸不平的横向细网纹，棕黑色。花期 5～9 月，果期 6～10 月。

用途：可作牧草及绿肥；此外全草入药，有清热解毒、健胃化湿的功效。

分布地及生境：全区可见，生于路旁、草原、河岸及沟谷等地。

196 | 二色棘豆
Oxytropis bicolor Bunge

豆科 Fabaceae (Leguminosae) >>
棘豆属 *Oxytropis* DC.

别名： 地角儿苗。

形态特征： 多年生草本，高达20厘米。茎缩短，植株各部密被开展白色绢状长柔毛，淡灰色。奇数羽状复叶长4～20厘米；小叶7～17轮（对），对生或4片轮生，线形、线状披针形或披针形。10～15花组成或疏或密的总状花序；花萼筒状，密被长柔毛，萼齿线状披针形；花冠紫红或蓝紫色，旗瓣菱状卵形，先端圆或微凹，翼瓣长圆形，先端斜宽，微凹。荚果近革质，卵状长圆形。花果期4～9月。

分布地及生境： 见于黑龙潭，生于山坡路边和荒地。

197 | 小花棘豆
Oxytropis glabra (Lam.) DC.

豆科 Fabaceae (Leguminosae) >>
棘豆属 *Oxytropis* DC.

别名： 醉马草、马绊肠。

形态特征： 多年生草本，高20～80厘米。茎无毛或疏被短柔毛。奇数羽状复叶长5～15厘米；小叶11～19，披针形或卵状披针形。多花组成稀疏总状花序；花序梗长；花萼钟形，长4～5毫米，被贴伏白色短柔毛，萼齿披针状锥形；花冠紫或蓝紫色，旗瓣长7～8毫米，瓣片圆形，先端微缺，翼瓣长6～7毫米，先端全缘，龙骨瓣长5～6毫米，喙长0.25～0.5毫米。荚果膜质，长圆形，膨胀，下垂。花期6～9月，果期7～9月。

用途： 全草有毒，牲畜误食后可中毒。

分布地及生境： 见于马合镇、巴拉素镇等地，生于草地、沼泽草甸、盐渍土滩。

198 | 砂珍棘豆
Oxytropis racemosa Turcz.

豆科 Fabaceae (Leguminosae) >>
棘豆属 *Oxytropis* DC.

别名：泡泡草。

形态特征：多年生草本，高达15～30厘米。茎缩短，多头。奇数羽状复叶长5～14厘米；小叶6～12，每轮4～6，长圆形、线形或披针形。顶生头形总状花序，被微卷曲柔毛；苞片披针形，短于花萼，宿存；花萼管状钟形，萼齿线形，被短柔毛；花冠红紫或淡紫红色，旗瓣匙形，先端圆或微凹，基部渐窄成瓣柄，翼瓣卵状长圆形，龙骨瓣长9.5毫米，喙长约1毫米。荚果膜质，球状，膨胀，长约1厘米。花期5～7月，果期6～10月。

用途：全草入药，能消食健脾。

分布地及生境：见于巴拉素镇、三岔湾乡，生于沙丘、荒地。

199 | 多枝棘豆
Oxytropis ramosissima Kom.

豆科 Fabaceae (Leguminosae) >>
棘豆属 *Oxytropis* DC.

形态特征： 多年生草本，高达20厘米。茎分枝多，细弱，铺散。奇数羽状复叶长3～5厘米；小叶2～5轮，稀对生，线形或线状披针长圆形。1～3花组成腋生短总状花序；花萼筒状，长约5毫米，蓝紫色，被贴伏白色柔毛，萼齿披针状钻形；花冠蓝紫色，旗瓣长1.1～1.3厘米，瓣片倒卵形，先端微凹，基部渐窄成瓣柄，翼瓣长1.1～1.2厘米，瓣片长圆形，宽2～3毫米，先端斜，微凹，瓣柄细，与瓣片等长，龙骨瓣长0.9～1厘米，喙长约1毫米。荚果革质或薄革质，卵状，扁平。花期5～8月，果期8～9月。

分布地及生境： 见于巴拉素镇，生于沙质坡地。

200 | 蔓黄芪

Phyllolobium chinense Fisch. ex DC.

别名： 蔓黄耆、背扁黄耆、背扁黄芪、背扁膨果豆。

形态特征： 多年生草本，高达1米。茎平卧，单一至多数，有棱。羽状复叶具9～25片小叶；托叶离生，披针形，长3毫米；小叶椭圆形或倒卵状长圆形，先端钝或微缺，基部圆形，上面无毛，下面疏被粗伏毛，小叶柄短。总状花序生3～7花，较叶长；总花梗长1.5～6厘米，疏被粗伏毛；苞片钻形；花梗短；花萼钟状，被灰白色或白色短毛，萼筒长2.5～3毫米，萼齿披针形，与萼筒近等长；花冠乳白色或带紫红色，旗瓣瓣片近圆形，翼瓣瓣片长圆形，龙骨瓣瓣片近倒卵形。荚果略膨胀，狭长圆形。花期7～9月，果期8～10月。

用途： 种子入药称沙苑子和潼蒺藜，有补肾固精、清肝明目之效，主治腰膝酸痛、遗精早泄、遗尿、尿频、白带、神经衰弱及视力减退、糖尿病等症；全株可作绿肥、饲料；根系发达，也是水土保持的优良草种。

分布地及生境： 见于清泉乡，生于路边、沟岸、草坡。

201 | 豌豆
Pisum sativum L.

豆科 Fabaceae (Leguminosae) >>
豌豆属 *Pisum* L.

形态特征: 一年生攀援草本,高0.5～2米。叶具小叶4～6;托叶比小叶大,叶状,心形,下缘具细牙齿;小叶卵圆形,长2～5厘米,宽1～2.5厘米。花于叶腋单生或数朵排列为总状花序;花萼钟状,深5裂,裂片披针形;花冠颜色多样,随品种而异,但多为白色和紫色。荚果肿胀,长椭圆形。花期6～7月,果期7～9月。

用途: 种子及嫩荚、嫩苗均可食用;种子含淀粉、油脂,可作药用,有强壮、利尿、止泻之效;茎叶能清凉解暑,并作绿肥、饲料或燃料。

分布地及生境: 全区可见,栽培。

202 | 香花槐
Robinia pseudoacacia 'idaho'

豆科 Fabaceae（Leguminosae）>>
刺槐属 *Robinia* L.

形态特征： 落叶乔木，株高10～12米。树皮为褐色至灰褐色。枝具少量托叶刺。羽状复叶互生，小叶7～19，椭圆形至卵状长圆形，长3～6厘米，叶片深绿色有光泽，青翠碧绿，全缘。花紫红至深粉红色，芳香，密生成总状花序，作下垂状，花冠蝶形。无荚果不结种子。花期5月、7月或连续开花，花期长。

用途： 很好的园林观赏树种。

分布地及生境： 全区可见，栽培。

203 | 刺槐
Robinia pseudoacacia L.

豆科 Fabaceae (Leguminosae) >>
刺槐属 *Robinia* L.

别名： 洋槐。

形态特征： 落叶乔木，高10～25米。树皮浅裂至深纵裂，稀光滑。羽状复叶长10～40厘米；小叶2～12对，常对生，椭圆形、长椭圆形或卵形。总状花序腋生，下垂；花芳香；花序轴与花梗被平伏细柔毛；花萼斜钟形，萼齿5，三角形或卵状三角形，密被柔毛；花冠白色，花瓣均具瓣柄，旗瓣近圆形，反折，翼瓣斜倒卵形，与旗瓣几等长，龙骨瓣镰状，三角形。荚果线状长圆形，褐色或具红褐色斑纹，扁平。花期4～6月，果期8～9月。

用途： 材质硬重，抗腐耐磨，宜作枕木、车辆、建筑、矿柱等多种用材；生长快，萌芽力强，是速生薪炭林树种；又是优良的蜜源植物。

分布地及生境： 见于卧云山等地，栽培。原产美国东部。

204 | 苦豆子
Sophora alopecuroides L.

豆科 Fabaceae（Leguminosae）>>
槐属 *Sophora* L.

别名：草木槐。

形态特征：草本或亚灌木，高约1米。芽外露。枝密被灰色平伏绢毛。叶长6～15厘米，小叶15～27，对生或近互生，披针状长圆形或椭圆状长圆形。总状花序顶生，花多数密集；萼斜钟状，密被平伏灰色绢质长柔毛，萼齿短三角形，不等大；花冠白或淡黄色，旗瓣长1.5～2厘米，瓣片长圆形，基部渐窄成爪，翼瓣与龙骨瓣近等长，稍短于旗瓣。荚果串珠状，密被短而平伏绢毛，成熟时表面撕裂。花期5～6月，果期8～10月。

用途：本种耐旱耐碱性强，生长快，在黄河两岸常栽培以固定土沙；在甘肃一些地区作为药用。

分布地及生境：见于清泉乡，生于路边。

205 | 苦参
Sophora flavescens Alt.

豆科 Fabaceae（Leguminosae）>>
槐属 *Sophora* L.

别名：地槐。

形态特征：草本或亚灌木，高1～2米。枝绿色、暗绿色或灰褐色，密生黄色细毛，老枝上常无毛，奇数羽状复叶，长11～25厘米，小叶13～29，椭圆形、卵形或线状披针形。总状花序顶生，疏生多花；花萼斜钟形，疏被短柔毛；萼齿不明显或呈波状；花冠白或淡黄色，旗瓣倒卵状匙形，翼瓣单侧生，龙骨瓣与翼瓣近等长。荚果线形或钝四棱形，革质。花期6～8月，果期7～10月。

用途：根含苦参碱和金雀花碱等，入药有清热利湿、抗菌消炎、健胃驱虫之效，常用作治疗皮肤瘙痒，神经衰弱，消化不良及便秘等症；种子可作农药；茎皮纤维可织麻袋等。

分布地及生境：见于卧云山，栽培，生于山坡、灌木林中。

206 | 蝴蝶槐

Sophora japonica f. *oligophylla* Franch.

豆科 Fabaceae (Leguminosae) >>
槐属 *Sophora* L.

别名： 五叶槐。

形态特征： 乔木，当年生枝绿色，无毛。羽状复叶，小叶1～2对，集生于叶轴先端成为掌状，或仅为规则的掌状分裂，下面常疏被长柔毛。圆锥花序顶生，花长1.2～1.5厘米，花梗长2～3毫米，花萼浅钟状，具5浅齿，疏被毛，花冠乳白或黄白色，旗瓣近圆形，有紫色脉纹，具短爪，翼瓣较龙骨瓣稍长，有爪，与雄蕊等长，雄蕊10，不等长，子房近无毛。荚果串珠状，长2.5～5厘米或稍长，径约1厘米。花期7～8月，果期8～10月。

用途： 花和荚果入药，有清凉收敛、止血降压作用；叶和根皮有清热解毒作用，可治疗疮毒；木材供建筑用。

分布地及生境： 见于黑龙潭。

207 | 槐
Sophora japonica L.

豆科 Fabaceae (Leguminosae) >>
槐属 *Sophora* L.

别名： 国槐。

形态特征： 乔木，高达25米。羽状复叶长达25厘米；小叶4～7对，对生或近互生，纸质，卵状披针形或卵状长圆形。圆锥花序顶生，常呈金字塔形；花梗比花萼短；花萼浅钟状，萼齿5，近等大，圆形或钝三角形，被灰白色短柔毛，萼管近无毛；花冠白色或淡黄色，旗瓣近圆形，具短柄，有紫色脉纹，先端微缺，基部浅心形，翼瓣卵状长圆形，先端浑圆，基部斜戟形，无皱褶，龙骨瓣阔卵状长圆形，与翼瓣等长。荚果串珠状。花期7～8月，果期8～10月。

用途： 是行道树和优良的蜜源植物；花和荚果入药，有清凉收敛、止血降压作用；叶和根皮有清热解毒作用，可治疗疮毒。

分布地及生境： 全区可见，栽培。

208 | 苦马豆
Sphaerophysa salsula (Pall.) DC.

豆科 Fabaceae (Leguminosae) >>
苦马豆属 *Sphaerophysa* DC.

别名：羊卵卵草。

形态特征：半灌木或多年生草本，高达60厘米，被或疏或密的白色丁字毛。茎直立或下部匍匐。羽状复叶有11～21小叶；小叶倒卵形或倒卵状长圆形，上面几无毛，下面被白色丁字毛。总状花序长于叶，有6～16花；花冠初时鲜红色，后变紫红色，旗瓣瓣片近圆形，反折，基部具短瓣柄，翼瓣长约1.2厘米，基部具微弯的短柄，龙骨瓣与翼瓣近等长。荚果椭圆形或卵圆形。花期5～8月，果期6～9月。

用途：植株作绿肥及骆驼、山羊与绵羊的饲料；地上部分含球豆碱；入药可用于产后出血、子宫松弛及降低血压等；亦可代替麦角。

分布地及生境：见于上盐湾镇等地，生于山坡、路边、林缘。

209 | 披针叶野决明
Thermopsis lanceolata R. Br.

豆科 Fabaceae (Leguminosae) >>
野决明属 *Thermopsis* R. Br.

别名： 披针叶黄华、野决明、黄花苦豆子。

形态特征： 多年生草本，高12～40厘米。茎直立具沟棱，被黄白色贴伏或伸展柔毛。3小叶；小叶狭长圆形、倒披针形。总状花序顶生，具花2～6轮，排列疏松；花冠黄色，旗瓣近圆形，先端微凹，基部渐狭成瓣柄，瓣柄长7～8毫米，翼瓣长2.4～2.7厘米，先端有4～4.3毫米长的狭窄头，龙骨瓣长2～2.5厘米，宽为翼瓣的1.5～2倍。荚果线形，先端具尖喙，被细柔毛，黄褐色。花期5～7月，果期6～10月。

用途： 植株有毒，少量供药用，有祛痰止咳功效。

分布地及生境： 见于红石桥乡、黑龙潭，生于山坡、草原沙丘、河岸。

210 | 白车轴草
Trifolium repens L.

豆科 Fabaceae (Leguminosae) >>
车轴草属 *Trifolium* L.

别名： 白三叶、三叶草。

形态特征： 多年生草本，高10～30厘米，全株无毛。茎匍匐蔓生，上部稍上升，节上生根。掌状三出复叶；小叶倒卵形或近圆形。花序球形，顶生，径1.5～4厘米，具20～50密集的花；花序梗甚长，比叶柄长近1倍；花梗比花萼稍长或等长，开花立即下垂；花萼钟形，具10条脉纹，萼齿5，披针形，稍不等长，短于萼筒，萼喉开张，无毛；花冠白、乳黄或淡红色，具香气，旗瓣椭圆形，比翼瓣和龙骨瓣长近1倍，龙骨瓣稍短于翼瓣。荚果长圆形。花果期5～10月。

用途： 优良牧草，可作为绿肥、堤岸防护草种、草坪装饰以及蜜源和药材等用。

分布地及生境： 见于河滨公园，栽培。

211 | 山野豌豆
Vicia amoena Fisch. ex DC.

豆科 Fabaceae (Leguminosae) >>
野豌豆属 *Vicia* L.

别名：大巢菜、野豌豆。

形态特征：多年生草本，高0.3～1米，全株疏被柔毛，稀近无毛。茎具棱，多分枝，斜升或攀援。偶数羽状复叶长5～12厘米，几无柄，卷须有2～3分支；小叶4～7对，互生或近对生，革质，椭圆形或卵状披针形。总状花序通常长于叶；具10～30朵密生的花；花冠红紫、蓝紫或蓝色；花萼斜钟状，萼齿近三角形，上萼齿明显短于下萼齿；旗瓣倒卵圆形，瓣柄较宽，翼瓣与旗瓣近等长，瓣片斜倒卵形，龙骨瓣短于翼瓣。荚果长圆形，长1.8～2.8厘米，两端渐尖，无毛。花期4～6月，果期7～10月。

用途：本种为优良牧草；民间药用称透骨草，有去湿，清热解毒之效，为疮洗剂。

分布地及生境：见于麻黄梁镇，生于沟边草丛。

212 | 大花野豌豆
Vicia bungei Ohwi

豆科 Fabaceae (Leguminosae) >>
野豌豆属 *Vicia* L.

别名：三齿萼野豌豆、三齿野豌豆。

形态特征：一或二年生缠绕或匍匐草本，高15～50厘米。茎有棱，多分枝，近无毛。偶数羽状复叶，卷须，分枝；小叶3～5对，长圆形或窄卵状长圆形。总状花序长于叶或与叶近等长，具2～5花；萼钟形，被疏柔毛，萼齿披针形；花冠红紫或金蓝紫色，旗瓣倒卵状披针形，先端微缺，翼瓣短于旗瓣，龙骨瓣短于翼瓣；子房柄细长，沿腹缝线被金色绢毛。荚果扁长圆形，长2.5～3.5厘米。花期4～5月，果期6～7月。

用途：优质牧草。

分布地及生境：见于麻黄梁镇，生于路边草丛。

213 | 广布野豌豆
Vicia cracca L.

豆科 Fabaceae （Leguminosae）>>
野豌豆属 *Vicia* L.

别名： 草藤、细叶野豌豆。

形态特征： 多年生草本，高0.4～1.5米。茎攀援或蔓生，有棱，被柔毛。偶数羽状复叶，叶轴顶端卷须2～3分支；小叶5～12对，互生，线形、长圆形或线状披针形。总状花序与叶轴近等长。花10～40密集；花萼钟状，萼齿5；花冠紫、蓝紫或紫红色，旗瓣长圆形，中部两侧缢缩呈提琴形，瓣柄与瓣片近等长，翼瓣与旗瓣近等长，明显长于龙骨瓣。荚果长圆形或长圆菱形。花果期5～9月。

用途： 水土保持绿肥作物；嫩时为牛羊等牲畜喜食饲料；花期早春为蜜源植物之一。

分布地及生境： 见于红石桥乡，生于山坡、林缘、河边草丛。

214 | 酢浆草
Oxalis corniculata L.

酢浆草科 Oxalidaceae>>
酢浆草属 *Oxalis* L.

别名： 酸三叶、酸味草。

形态特征： 多年生草本。全株疏生伏毛。根茎稍肥厚。茎细弱，多分枝，直立或匍匐，匍匐茎节上生根。三出掌状复叶，叶基生或茎上互生。花单生或伞形状花序腋生，总花梗淡红色，花瓣5，黄色，长圆状倒卵形。蒴果长圆柱形，褐色或红棕色，具横向肋状网纹。花期5～9月，果期6～10月。

用途： 全株入药，有利湿、清热、消肿、安神之效；又可作农业杀虫剂。

分布地及生境： 见于河滨公园，生于路边、田边、林下阴湿处。

215 | **牻牛儿苗**
Erodium stephanianum Willd.

牻牛儿苗科 Geraniaceae>>

牻牛儿苗属 *Erodium* L'Hér. ex Aiton

别名： 太阳花、老鸦嘴。

形态特征： 多年生草本，高达50厘米。茎多数，仰卧或蔓生，被柔毛。叶对生，二回羽状深裂，小裂片卵状条形，全缘或疏生齿，上面疏被伏毛，下面被柔毛，沿脉毛被较密。伞形花序具2～5花，腋生，花序梗被开展长柔毛和倒向短柔毛；萼片长圆状卵形，长6～8毫米，先端具长芒，被长糙毛；花瓣紫红色，倒卵形，先端圆或微凹。蒴果长约4厘米，密被糙毛。花期6～8月，果期8～9月。

用途： 全草供药用，有祛风除湿和清热解毒之功效。

分布地及生境： 全区可见，生长于干山坡、农田边、沙质河滩地和草原凹地。

216 | 鼠掌老鹳草

Geranium sibiricum L.

牻牛儿苗科 Geraniaceae>>
老鹳草属 *Geranium* L.

别名： 老鹳草。

形态特征： 多年生草本，高达70厘米。具直根。茎仰卧或近直立，疏被倒向柔毛。叶对生，肾状五角形，基部宽心形，掌状5深裂，裂片倒卵形至长椭圆形，先端锐尖。花序梗粗，腋生，多具1花；萼片卵状椭圆形或卵状披针形，花瓣倒卵形，白或淡紫红色，先端微凹或缺刻。蒴果疏被柔毛，果柄下垂。花期6～7月，果期8～9月。

用途： 全草入药。

分布地及生境： 见于麻黄梁镇、古塔镇、青云镇、李家梁水库、河滨公园，生于林缘、河谷草甸。

217 | 野亚麻
Linum stelleroides Planch.

亚麻科 Linaceae>>
亚麻属 *Linum* L.

形态特征：一年生或二年生草本，高达90厘米。茎直立，基部木质化。叶互生，线形、线状披针形或窄倒披针形，长1~4厘米，宽1~4毫米，先端钝、尖或渐尖，基部渐窄，两面无毛，基脉三出。单花或多花组成聚伞花序，淡红色、淡紫色或蓝紫色。蒴果球形或扁球形，径3~5毫米，有5纵沟，室间开裂。花期6~9月，果期8~10月。

用途：茎皮纤维可作人造棉、麻布和造纸原料。

分布地及生境：见于麻黄梁镇，生于山坡、路旁和荒地。

218 | 蒺藜
Tribulus terrestris L.

别名： 刺蒺藜。

形态特征： 一年生草本。茎平卧。偶数羽状复叶；小叶对生；枝长20～60厘米，偶数羽状复叶；小叶对生，3～8对，矩圆形或斜短圆形。花腋生，花梗短于叶，花黄色；萼片5，宿存；花瓣5。果有分果瓣5，硬，长4～6毫米，无毛或被毛，中部边缘有锐刺2枚，下部常有小锐刺2枚，其余部位常有小瘤体。花期5～8月，果期6～9月。

用途： 果实入药，有平肝散风、行血解郁的功效。

分布地及生境： 见于风沙草滩地区，生于沙地、荒地、山坡。

219 | 臭椿
Ailanthus altissima (Mill.) Swingle

苦木科 Simaroubaceae>>
臭椿属 *Ailanthus* Desf.

别名：樗、藻树。

形态特征：落叶乔木，高达20余米。嫩枝被黄或黄褐色柔毛，后脱落。奇数羽状复叶，长40～60厘米，叶柄长7～13厘米；小叶13～27，对生或近对生，纸质，卵状披针形。圆锥花序长达30厘米，花淡绿色，花瓣5。翅果长椭圆形，长3～4.5厘米。花期4～5月，果期8～10月。

用途：可作石灰岩地区的造林树种，也可作园林风景树和行道树；树皮、根皮、果实均可入药，有清热利湿、收敛止痢等效；种子含油量35%。

分布地及生境：全区可见。

220 | 远志
Polygala tenuifolia Willd.

别名：细叶远志、扁豆根。

形态特征：多年生草本，高达50厘米。茎被柔毛。叶纸质，线形或线状披针形，长1～3厘米，宽0.5～3毫米，先端渐尖，基部楔形，无毛或极疏被微柔毛，近无柄。扁侧状顶生总状花序，长5～7厘米，少花；花瓣紫色，基部合生，侧瓣斜长圆形，基部内侧被柔毛，龙骨瓣稍长，具流苏状附属物。果球形，径4毫米，具窄翅，无缘毛。花果期5～9月。

用途：本种根皮入药，主治神经衰弱、心悸、健忘、失眠、梦遗、咳嗽多痰、支气管炎、腹泻、膀胱炎、痈疽疮肿，并有强壮、刺激子宫收缩等作用。

分布地及生境：全区可见，生于草原、山坡草地。

221 | 铁苋菜
Acalypha australis L.

大戟科 Euphorbiaceae>>
铁苋菜属 *Acalypha* L.

形态特征： 一年生草本。茎直立，多分枝，有棱，无毛。叶互生，卵状菱形或卵状披针形，边缘有钝齿，顶端渐尖，基部楔形，叶脉基部三出叶柄长。花单性，雌雄同株，无花帽，穗状花序，腋生。果小，蒴果钝三棱形，淡褐色，表面有毛。种子黑色。花期5～7月，果期7～8月。

用途： 全株入药，有清热解毒、利尿消肿之效。

分布地及生境： 见于沙地森林公园，生于路边荒地、空旷草地。

222 | 乳浆大戟
Euphorbia esula L.

大戟科 Euphorbiaceae>>
大戟属 *Euphorbia* L.

别名： 华北大戟、猫儿眼、狭叶大戟。

形态特征： 多年生草本。根圆柱状。茎高达60厘米，不育枝常发自基部。叶线形或卵形。花序单生于二歧分枝顶端，无梗；总苞钟状，高约3毫米，边缘5裂，裂片半圆形至三角形，边缘及内侧被毛，腺体4，新月形，两端具角，角长而尖或短钝，褐色。蒴果三棱状球形，长5～6毫米，具3纵沟，花柱宿存。花果期4～10月。

用途： 种子含油量达30%，工业用；全草入药，具拔毒止痒之效。

分布地及生境： 全区可见，生于路旁、杂草丛、山坡、林下、河沟边、荒山、沙丘及草地。

223 | 地锦草
Euphorbia humifusa Willd.

大戟科 Euphorbiaceae>>
大戟属 *Euphorbia* L.

别名： 血见愁草、红丝草。

形态特征： 一年生草本。茎匍匐，自基部以上多分枝，基部常红色或淡红色。叶对生，矩圆形或椭圆形。花序单生于叶腋，基部具1～3毫米的短柄；总苞陀螺状；雄花数枚，近与总苞边缘等长；雌花1枚，子房柄伸出至总苞边缘。蒴果三棱状卵球形，花柱宿存。花果期5～10月。

用途： 全草入药，有清热解毒、利尿、通乳、止血及杀虫作用。

分布地及生境： 见于巴拉素镇、古塔镇、小壕兔乡，生于原野荒地、路旁、田间、沙丘、山坡。

224 | 斑地锦
Euphorbia maculata L.

形态特征：一年生草本。茎纤细，常呈匍匐状，自基部极多分枝，长可达10～20厘米，被稀疏柔毛。叶对生，椭圆形，边缘有细锯齿，两面常被稀疏柔毛，常带紫色斑点。花序单生或数个簇生于叶腋，具短柄；腺体4，被白色附属物；雄花少数，雌花1枚，子房柄极短，花柱3，分离，柱头2裂。蒴果卵状三棱形。种子长卵状四棱形，暗红色。花果期6～11月。

用途：止血，清湿热，通乳，治黄疸、泄泻、疳积、血痢、尿血、血崩、外伤出血、乳汁不多、痈肿疮毒。

分布地及生境：见于河滨公园，生于平原或路旁。

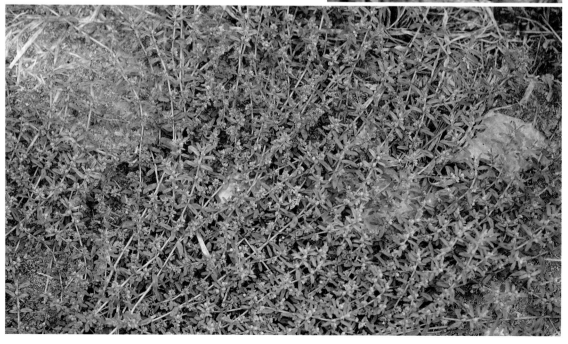

225 | 银边翠
Euphorbia marginata Pursh.

大戟科 Euphorbiaceae>>
大戟属 *Euphorbia* L.

别名： 高山积雪、象牙白。

形态特征： 一年生草本。根纤细，极多分枝。茎基部极多分枝，高达80厘米，常无毛。叶互生，椭圆形。花序单生苞叶内或数个聚伞状着生，基部具柄，密被柔毛；总苞钟状，被柔毛，边缘5裂，裂片三角形或圆形，边缘与内侧均被柔毛，腺体4，半圆形，边缘具宽大白色附属物；雄花多数；雌花1枚。蒴果近球形，径约5.5毫米，柄长3～7毫米，被柔毛。花果期6～9月。

用途： 公园及庭园栽培观赏。

分布地及生境： 见于黑龙潭，栽培。

226 | 一叶萩
Flueggea suffruticosa (Pall.) Baill.

大戟科 Euphorbiaceae>>
白饭树属 *Flueggea* Willd.

别名： 叶底珠。

形态特征： 灌木，高达3米。叶纸质，椭圆形或长椭圆形，长1.5～8厘米，全缘或间有不整齐波状齿或细齿，下面淡绿色，侧脉5～8对，两面凸起，叶柄长2～8毫米，托叶卵状披针形，宿存。花簇生叶腋；雄花3～18朵簇生；萼片5；雄蕊5；花盘腺体5；雌花花梗长0.2～1.5厘米；萼片5；花盘盘状，全缘或近全缘。蒴果三棱状扁球形，径约5毫米，熟时淡红褐色，有网纹，3片裂，具宿存萼片。花期3～8月，果期6～11月。

用途： 花和叶供药用，对中枢神经系统有兴奋作用，可治面部神经麻痹、小儿麻痹后遗症、神经衰弱、嗜睡症等；根皮煮水，外洗可治牛、马虱子为害。

分布地及生境： 见于沙地植物园，栽培，生于山坡灌丛中或山沟、路边。

227 | 地构叶

Speranskia tuberculata (Bunge) Baill.

大戟科 Euphorbiaceae>>
地构叶属 *Speranskia* Baill.

别名： 珍珠透骨草。

形态特征： 草本，高达50厘米。叶披针形或卵状披针形。花序长6～15厘米，上部具雄花20～30朵，下部雌花6～10朵；雄花2～4朵聚生苞腋，花梗长约1毫米；花萼裂片卵形，长约1.5厘米，疏被长柔毛；花瓣倒心形，具爪，长约0.5毫米；雄蕊8～15；雌花1～2朵生于苞腋；花梗长约1毫米；花萼裂片卵状披针形，长约1.5毫米，疏被长柔毛；花瓣较短。蒴果扁球形，具瘤状突起；果柄长达5毫米，常下弯。花果期5～9月。

用途： 全草入药，有活血止痛、通经活络之效。

分布地及生境： 见于鱼河林场，生于山坡草丛或灌丛。

228 | 黄杨
Buxus sinica (Rehd. et Wils.) Cheng

黄杨科 Buxaceae>>
黄杨属 *Buxus* L.

别名：瓜子黄杨。

形态特征：灌木或小乔木，高1～6米。枝圆柱形，有纵棱，灰白色；小枝四棱形，全面被短柔毛或外方相对两侧面无毛。叶革质，阔椭圆形、阔倒卵形、卵状椭圆形或长圆形。花序腋生，头状，花密集；雄花约10朵，无花梗，外萼片卵状椭圆形，内萼片近圆形；雌花萼片长3毫米，子房较花柱稍长，无毛，花柱粗扁，柱头倒心形，下延达花柱中部。蒴果近球形。花期3月，果期5～6月。

分布地及生境：见于卧云山，栽培，生于林下、溪边。

229 | 黄栌
Cotinus coggygria Scop.

漆树科 Anacardiaceae>>
黄栌属 *Cotinus* Mill.

别名： 红叶。

形态特征： 灌木，高3～5米。叶柄可达3.5厘米；叶片宽椭圆形到倒卵形。圆锥花序；花杂性，花梗长7～10毫米，花萼无毛，裂片卵状三角形；花瓣卵形或卵状披针形，无毛；雄蕊5，花药卵形，与花丝等长，花盘5裂，紫褐色；子房近球形，花柱3，分离，不等长。果肾形，无毛。花期2～8月，果期5～11月。

用途： 木材黄色，古代作黄色染料；树皮和叶可提栲胶；叶含芳香油，为调香原料；嫩芽可炸食；叶秋季变红，美观。

分布地及生境： 见于卧云山，栽培，生于向阳山坡。

230 | 火炬树
Rhus typhina L.

漆树科 Anacardiaceae>>
盐肤木属 *Rhus* L.

形态特征： 落叶灌木或小乔木，高4～8米，树形不整齐。小枝粗壮，红褐色，密生绒毛。叶轴无翅；小叶19～23，长椭圆状披针形，长5～12厘米，先端长渐尖，有锐锯齿。雌雄异株，圆锥花序长10～20厘米，直立，密生绒毛；花白色。核果深红色，密被毛，密集成火炬形。花期6～7月，果期9～10月。

用途： 秋叶红艳，果序红色而且形似火炬，冬季在树上宿存可用于园林中丛植以赏红叶和红果。

分布地及生境： 全区可见，栽培。

231 | 冬青卫矛

Euonymus japonicus Thunb.

卫矛科 Celastraceae>>
卫矛属 *Euonymus* L.

别名： 大叶黄杨。

形态特征： 落叶灌木，高可达3米。枝斜生，具2～4纵裂的木栓质翅，小枝绿色，有时无翅，小枝四棱形。叶对生，叶片倒卵形至椭圆形，两头尖，很少钝圆，边缘有细尖锯齿，早春初发时及初秋霜后变紫红色。花黄绿色，常3朵集成聚伞花序。花盘肥大，方形。蒴果棕紫色，深裂成4裂片。种子褐色，有橘红色的假种皮。花期5～6月，果期9～10月。

用途： 树皮、根、叶可提取硬橡胶。

分布地及生境： 见于卧云山，栽培。

232 | 元宝槭
Acer truncatum Bunge

槭树科 Aceraceae>>
槭属 *Acer* L.

别名：元宝枫、平基槭、华北五角枫。

形态特征：落叶乔木，高达10米。树皮灰褐色或深褐色，深纵裂。小枝无毛，当年生枝绿色，多年生枝灰褐色，具圆形皮孔。单叶，5深裂，裂片三角状卵形，基部平截，稀微心形，全缘，幼叶下面脉腋具簇生毛，基脉5，掌状。伞房花序顶生；雄花与两性花同株；花瓣5，黄或白色，矩圆状倒卵形。小坚果果核扁平，脉纹明显，基部平截或稍圆，翅矩圆形，常与果核近等长，两翅成钝角。花期4月，果期8月。

用途：很好的庭园树和行道树；种子含油丰富，可作工业原料；木材细密可制造各种特殊用具，并可作建筑材料。

分布地及生境：见于城区，栽培。

233 | 栾树
Koelreuteria paniculata Laxm.

无患子科 Sapindaceae>>
栾属 *Koelreuteria* Laxm.

别名：灯笼树、木栾。

形态特征：落叶乔木或灌木。树皮厚，灰褐至灰黑色，老时纵裂。一回或不完全二回或偶为二回羽状复叶，小叶7～18，卵形、宽卵形或卵状披针形。聚伞圆锥花序长达40厘米，密被微柔毛，分枝长而广展；花淡黄色，稍芳香；花梗长2.5～5毫米；花瓣4，花时反折，线状长圆形，瓣爪长1～2.5毫米，被长柔毛，瓣片基部的鳞片初黄色，花时橙红色，被疣状皱曲毛。蒴果圆锥形，具3棱。花期6～8月，果期9～10月。

用途：常栽培作庭园观赏树；木材黄白色，易加工，可制家具；叶可作蓝色染料，花供药用，亦可作黄色染料。

分布地及生境：见于卧云山，栽培。

234 | 文冠果
Xanthoceras sorbifolium Bunge

无患子科 Sapindaceae>>
文冠果属 *Xanthoceras* Bunge

别名： 文冠树、木瓜。

形态特征： 落叶灌木或小乔木，高2～5米。小枝粗壮，褐红色。小叶4～8对，膜质或纸质，披针形或近卵形，两侧稍不对称。花序先叶抽出或与叶同时抽出，两性花的花序顶生，雄花序腋生，直立，总花梗短，基部常有残存芽鳞；萼片长6～7毫米，两面被灰色绒毛；花瓣白色，基部紫红色或黄色，有清晰的脉纹，爪之两侧有须毛；花盘的角状附属体橙黄色。蒴果长达6厘米。花期春季，果期秋初。

用途： 种子可食，风味似板栗；是很有发展前途的木本油料植物。

分布地及生境： 见于麻黄梁镇、黑龙潭、卧云山，生于丘陵山坡。

235 | 柳叶鼠李
Rhamnus erythroxylum Pallas

鼠李科 Rhamnaceae>>
鼠李属 *Rhamnus* L.

别名： 狭叶鼠李、黑格铃。

形态特征： 灌木，稀乔木，高3～5米。幼枝红褐色或红紫色，顶端具针刺。叶纸质，互生或在短枝上簇生，线形或线状披针形，边缘有疏细锯齿。花单性，雌雄异株，黄绿色，4基数，有花瓣；花梗长约5毫米，无毛；雄花簇生于短枝端，宽钟状；萼片三角形，与萼筒等长；雌花萼片狭披针形，长约为萼筒的2倍。核果球形，熟时黑色。花期5月，果期6～7月。

用途： 民间开水沏当茶饮。

分布地及生境： 见于红石桥乡乐沙戏水，生于荒坡、灌丛。

236 | 酸枣

Ziziphus jujuba var. *spinosa* (Bunge) Hu ex H.F.Chow.

鼠李科 Rhamnaceae>>
枣属 *Ziziphus* Mill.

别名： 棘、圪针。

形态特征： 落叶灌木或小乔木。小枝呈之字形弯曲，紫褐色。托叶刺有两种，一种直伸，长达3厘米；另一种常弯曲，叶互生，叶片椭圆形至卵状、披针形，边缘有细锯齿，基部三出脉。花黄绿色，2～3朵簇生于叶腋。核果小，熟时红褐色，近球形或长圆形，味酸，核两端钝。花期4～5月，果期8～9月。

用途： 酸枣的种子酸枣仁入药，有镇定安神之功效，主治神经衰弱、失眠等症；果实肉薄，但含有丰富的维生素C，可生食或制作果酱；重要蜜源植物之一。

分布地及生境： 全区可见，生于向阳山坡、丘陵。

237 | 枣
Ziziphus jujuba Mill.

鼠李科 Rhamnaceae>>
枣属 *Ziziphus* Mill.

别名： 大枣、红枣。

形态特征： 落叶小乔木，稀灌木，高达10余米。有长枝，短枝和无芽小枝（即新枝）比长枝光滑，紫红色或灰褐色，呈之字形曲折。叶纸质，卵形，卵状椭圆形，或卵状矩圆形。花黄绿色，两性，5基数，无毛，具短总花梗，单生或2~8个密集成腋生聚伞花序；花梗长2~3毫米；萼片卵状三角形；花瓣倒卵圆形，基部有爪，与雄蕊等长。核果矩圆形或长卵圆形，成熟时红色，后变红紫色。花期5~7月，果期8~9月。

用途： 可鲜食，常可以制成蜜枣、红枣、熏枣、黑枣、酒枣及牙枣等蜜饯和果脯，还可以做枣泥、枣面、枣酒、枣醋等，为食品工业原料；枣又供药用，有养胃、健脾、益血、滋补、强身之效，枣仁和根均可入药，枣仁可以安神，为重要药品之一；是良好的蜜源植物。

分布地及生境： 见于青云镇、鱼河镇等东南部山区，栽培。

238 | 乌头叶蛇葡萄
Ampelopsis aconitifolia Bge.

葡萄科 Vitaceae>>
蛇葡萄属 *Ampelopsis* Michx.

别名：草白蔹、蛇葡萄。

形态特征：木质藤本。小枝有纵棱纹，被疏柔毛；卷须2～3叉分枝。掌状5小叶；小叶3～5羽裂或呈粗锯齿状，披针形或菱状披针形。伞房状复二歧聚伞花序，疏散，花序梗长1.5～4厘米；花萼碟形，波状浅裂或近全缘；花瓣宽卵形；花盘发达，边缘波状；子房下部与花盘合生，花柱钻形。果近球形。花期5～6月，果期8～9月。

用途：根可入药，有活血散瘀、消炎解痛功效。

分布地及生境：见于红石峡，生于沟边、沙坡灌丛。

239 | 掌裂蛇葡萄

Ampelopsis delavayana var. *glabra* (Diels & Gilg) C. L. Li

葡萄科 Vitaceae>>
蛇葡萄属 *Ampelopsis* Michx.

形态特征： 木质藤本。小枝圆柱形，卷须2～3叉分枝。叶为3～5小叶，中央小叶披针形或椭圆披针形，侧生小叶卵椭圆形或卵披针形，基部不对称，近截形，中央小叶有柄或无柄，侧生小叶无柄；小叶大多不分裂，边缘锯齿通常较深而粗，或混生有浅裂叶者，光滑无毛或叶下面微被柔毛。多歧聚伞花序与叶对生，萼碟形，边缘呈波状浅裂，花瓣5，雄蕊5。果实近球形，有种子2～3颗。花期5～6月，果期7～9月。

分布地及生境： 见于黑龙潭、元大滩村，生于山谷林中、山坡灌丛或林中。

240 | 葎叶蛇葡萄
Ampelopsis humulifolia Bge.

葡萄科 Vitaceae>>
蛇葡萄属 *Ampelopsis* Michx.

别名： 律叶蛇葡萄、葎叶白蔹。

形态特征： 木质藤本。小枝圆柱形，有纵棱纹；卷须2叉分枝。单叶，3～5浅裂或中裂，裂片宽阔，心状五角形或肾状五角形。多歧聚伞花序与叶对生；花序梗长3～6厘米，无毛或被稀疏无毛；花梗长2～3毫米，伏生短柔毛；花蕾卵圆形，高1.5～2毫米，顶端圆形；萼碟形，边缘呈波状，外面无毛；花瓣5，卵椭圆形。果近球形。花期5～7月，果期5～9月。

用途： 根皮入药，能消炎解毒、活血散瘀、祛风除湿。

分布地及生境： 见于卧云山，生于灌丛林缘、沟边。

241 | 五叶地锦
Parthenocissus quinquefolia (L.) Planch.

葡萄科 Vitaceae>>
地锦属 *Parthenocissus* Planch.

别名： 美国地锦、五叶爬山虎。

形态特征： 木质藤本。小枝无毛。嫩芽为红或淡红色；卷须总状5～9分枝，嫩时顶端尖细而卷曲，遇附着物时扩大为吸盘。5小叶掌状复叶，小叶倒卵圆形、倒卵状椭圆形或外侧小叶椭圆形，先端短尾尖，基部楔形或宽楔形，有粗锯齿，两面无毛或下面脉上微被疏柔毛。圆锥状多歧聚伞花序假顶生，序轴明显；花萼碟形，边缘全缘，无毛；花瓣长椭圆形。果球形。花期6～7月，果期8～10月。

用途： 优良的城市垂直绿化植物树种。

分布地及生境： 见于沙地森林公园，栽培。

242 | 地锦
Parthenocissus tricuspidata (Siebold & Zucc.) Planch.

葡萄科 Vitaceae>>
地锦属 *Parthenocissus* Planch.

别名： 爬山虎、爬墙虎。

形态特征： 木质落叶大藤本。小枝无毛或嫩时被极稀疏柔毛，老枝无木栓翅。单叶，倒卵圆形，通常3裂，幼苗或下部枝上叶较小，基部心形，有粗锯齿，两面无毛或下面脉上有短柔毛。花序生短枝上，基部分枝，形成多歧聚伞花序，序轴不明显；花萼碟形，边缘全缘或呈波状，无毛；花瓣长椭圆形。果球形，成熟时蓝色。花期5～8月，果期9～10月。

用途： 绿化植物，枝叶茂密，分枝多而斜展；根入药，能祛瘀消肿。

分布地及生境： 见于黑龙潭，栽培，生于山坡崖壁。

243 | 葡萄
Vitis vinifera L.

葡萄科 Vitaceae>>
葡萄属 *Vitis* L.

形态特征：木质藤本。小枝无毛或被稀疏柔毛；卷须二叉分枝。叶宽卵圆形，3～5浅裂或中裂。圆锥花序密集或疏散，多花，与叶对生，基部分枝发达，长10～20厘米，花序梗长2～4厘米，几无毛或疏生蛛丝状绒毛；花蕾倒卵圆形，高2～3毫米，顶端近圆形；萼浅碟形，边缘呈波状，外面无毛；花瓣5，呈帽状黏合脱落。果球形或椭圆形。花期4～5月，果期8～9月。

用途：著名水果，生食或制葡萄干，并酿酒，酿酒后的酒脚可提酒食酸；根和藤药用能止呕、安胎。

分布地及生境：全区可见，栽培。

244 | 苘麻
Abutilon theophrasti Medik.

锦葵科 Malvaceae>>
苘麻属 *Abutilon* Mill.

别名：青麻。

形态特征：一年生亚灌木状草本，高达1～2米。茎枝被柔毛。叶互生，圆心形，长5～10厘米，先端长渐尖，基部心形，边缘具细圆锯齿，两面均密被星状柔毛；叶柄长3～12厘米，被星状细柔毛；托叶早落。花单生于叶腋，花梗长1～13厘米，被柔毛，近顶端具节；花萼杯状，密被短绒毛，裂片5，卵形，长约6毫米；花黄色，花瓣倒卵形，长约1厘米。

用途：本种的茎皮纤维色白，具光泽，可编织麻袋、搓绳索、编麻鞋等纺织材料；种子含油量约15％～16％，供制皂、油漆和工业用润滑油；种子作药用称"冬葵子"，为润滑性利尿剂，并有通乳汁、消乳腺炎、顺产等功效；全草也作药用。

分布地及生境：见于红石桥乡，生于路边荒地。

245 | 蜀葵
Alcea rosea L.

锦葵科 Malvaceae>>
蜀葵属 *Atchaea* L.

别名：棋盘花、一丈红。

形态特征：多年生草本。茎直立挺拔，丛生，不分枝，全体被星状毛和刚毛。叶大，粗糙而皱，叶片近圆心形或长圆形。花单生或近簇生于叶腋，有时成总状花序排列，花色艳丽，有粉红、红紫、墨紫、白、黄、水红、乳黄、复色等，单瓣或重瓣。果实为蒴果，扁圆形。种子肾形。花果期7～8月。

用途：全草入药，有清热止血、消肿解毒之功，治吐血、血崩等症；茎皮含纤维可代麻用。

分布地及生境：全区可见，栽培。

246 | 木槿
Hibiscus syriacus L.

锦葵科 Malvaceae>>
木槿属 *Hibiscus* L.

形态特征： 落叶灌木或小乔木。小枝幼时密被黄色星状绒毛，后脱落。叶菱形至三角状卵形，叶缘缺刻状。花单生于枝端叶腋间，被星状短绒毛，通常有红紫各色，少有白色及重瓣。花钟形，淡紫色，花瓣倒卵形，外面疏被纤毛和星状长柔毛。蒴果长圆形，密被黄色星状绒毛。种子肾形。花果期7～9月。

用途： 主供园林观赏用，或作绿篱材料；茎皮富含纤维，作造纸原料；入药治疗皮肤癣疮。

分布地及生境： 见于黑龙潭，栽培。

247 野西瓜苗
Hibiscus trionum L.

锦葵科 Malvaceae>>
木槿属 *Hibiscus* L.

别名： 小秋葵、灯笼花、香铃草。

形态特征： 一年生草本。常横卧，具白粗毛。茎梢柔软，直立或稍卧生。叶互生，基部叶近圆形，边缘具齿裂。花单生于叶腋；花萼5裂，膜质。蒴果圆球形，有长毛。种子成熟后黑褐色，粗糙而无毛。花期6～7月。

用途： 全草和果实、种子作药用，治烫伤、烧伤、急性关节炎等。

分布地及生境： 全区可见，生于平原、山野、丘陵或田埂。

248 | 锦葵
Malva cathayensis M. G. Gilbert, Y. Tang & Dorr

锦葵科 Malvaceae>>
锦葵属 *Malva* L.

别名： 小钱花、钱葵、荆葵。

形态特征： 二年生或多年生草本。茎较高大，高40～80厘米，直立多分枝。叶肾形，叶脉掌状，叶柄上稍有硬毛。花大，花簇生于叶腋，花冠紫红色，亦有白色，具深紫色纹，花瓣端浅凹。花期5～10月，果期8～11月。

用途： 花供园林观赏，地植或盆栽均宜；其花白色的常入药。

分布地及生境： 见于黑龙潭，栽培。

249 | 宽苞水柏枝
Myricaria bracteata Royle

柽柳科 Tamaricaceae>>
水柏枝属 *Myricaria* Desv.

别名： 水柽柳、河柏。

形态特征： 灌木。多分枝，老枝灰褐色或紫褐色，多年生枝红棕色或黄绿色，有光泽和条纹。叶密生于当年生绿色小枝上，卵形、卵状披针形、线状披针形或狭长圆形，先端钝或锐尖。总状花序顶生于当年生枝条上，密集呈穗状，苞片通常宽卵形或椭圆形，有时呈菱形，粉红色、淡红色或淡紫色。蒴果狭圆锥形。花期6～7月，果期8～9月。

用途： 升阳发散，解毒透疹。

分布地及生境： 见于安崖镇，生于河谷砂砾质河滩。

250 | 柽柳
Tamarix chinensis Lour.

柽柳科 Tamaricaceae>>
柽柳属 *Tamarix* L.

别名： 红筋条、观音柳、三春柳。

形态特征： 灌木或乔木。树干和老枝栗红色，枝直立，幼枝及嫩枝质硬直伸而不下垂。叶灰蓝绿色，木质化生长枝上基部的叶阔卵形。总状花序，侧生，着花较密；花瓣5，倒卵状长圆形，淡紫红色，顶端向外反折。花期5～9月。

用途： 嫩枝、叶入药，能疏风解表、透疹、解毒利尿、祛风湿等；枝条柔韧，可编筐篓；可作为庭院观赏植物。

分布地及生境： 见于上盐湾镇、古塔镇、黑龙潭等地，生于盐碱土上。

251 | 裂叶堇菜
Viola dissecta Ledeb.

堇菜科 Violaceae>>
堇菜属 *Viola* L.

别名：疗毒草、深裂叶堇菜。

形态特征：多年生草本，无地上茎。根茎粗短，生数条黄白色较粗的须状根。叶基生，具长柄，叶片圆肾形，掌状3～5全裂，裂片再羽状深裂，终裂片线形。花淡紫色，具紫色条纹；萼片5，宿存；花瓣5，多不等大。蒴果成熟后裂成3瓣。花期4～6月，果期7～9月。

用途：可清热解毒、消肿，主治无名肿毒、疮疖、麻疹热毒。

分布地及生境：见于黑龙潭、卧云山、元大滩村，生于山坡草地、灌丛下及田边、路旁。

252 | 紫花地丁
Viola philippica Cav.

董菜科 Violaceae>>
董菜属 *Viola* L.

别名： 光瓣董菜、紫花董菜。

形态特征： 多年生草本，高7～14厘米。无地上茎，地下茎很短，主根较粗，根白色至黄褐色。叶基生，舌形，长圆形或圆状披针形，先端钝，叶基截形或楔形，叶缘具圆齿，叶柄具狭翅，托叶膜质，离生部分线状披针形。萼片卵状披针形，花瓣紫革色或紫色，矩细管状，直或稍上弯。花、果期4～8月。

用途： 全草供药用，能清热解毒、凉血消肿；嫩叶可作野菜；可作早春观赏花卉。

分布地及生境： 见于黑龙潭，生于田间、荒地。

253 | 早开堇菜
Viola prionantha Bunge

堇菜科 Violaceae>>
堇菜属 *Viola* L.

别名：犁头草。

形态特征：多年生草本。根细长或稍粗，黄白色，有时近于横生。叶基生，叶片长圆状卵形或卵形；初出叶少，后出叶长；叶基部钝圆形，叶缘具钝锯齿；托叶基部和叶柄合生，叶柄上部具翅。花梗超出叶；萼片5，基部有附属物，有小齿。花瓣5；子房无毛，花柱基部微曲。蒴果，椭圆形至长圆形，无毛。花果期4～8月。

用途：全草供药用，可清热解毒、除脓消炎；捣烂外敷可排脓、消炎、生肌；本种花较大，色艳丽，早春4月上旬开始开花，中旬进入盛花期，是一种美丽的早春观赏植物。

分布地及生境：见于河滨公园，生于山坡草地、沟边、路旁。

254 | 草瑞香
Diarthron linifolium Turcz.

瑞香科 Thymelaeaceae>>
草瑞香属 *Diarthron* Turcz.

别名: 栗麻。

形态特征: 一年生草本。茎直立。叶疏生,近无柄,条形或条状披针形,全缘。花小,成顶生总状花序;花被筒状,长约4~5毫米,下部绿色,上部暗红色,顶端4裂。果实卵状,黑色,有光泽,为残存的花被筒包围。花期7~8月。

分布地及生境: 见于鱼河林场、麻黄梁地质公园,生于沙质荒地。

255 | 狼毒

Stellera chamaejasme L.

瑞香科 Thymelaeaceae>>

狼毒属 *Stellera* L.

别名： 馒头花、燕子花、拔萝卜、断肠草、火柴头花、狗蹄子花、瑞香狼毒。

形态特征： 多年生草本。根圆柱形。茎丛生，平滑无毛，下部几木质，褐色或淡红色。单叶互生，较密；狭卵形至线形，全缘，两面无毛；老时略带革质；叶柄极短。头状花序顶生，花多数，萼常呈花冠状，白色或黄色，带紫红色，萼筒呈细管状。果卵形，为花被管基部所包。花期5～6月。

用途： 根有毒，可入中药，有祛痰、止痛等作用。

分布地及生境： 见于马合镇，生于林缘、草坡。

256 | 河朔荛花
Wikstroemia chamaedaphne Meisn.

瑞香科 Thymelaeaceae>>
荛花属 *Wikstroemia* Endl.

别名：羊厌厌、闹羊花。

形态特征：落叶小灌木，有毒。分枝多而纤细，无毛，老枝棕黄色，嫩枝绿色，易折断，断面可见白色绵状纤维。单叶对生，叶柄短；叶片披针形，光滑无毛，全缘。顶生伞形花序；花被筒状，黄色。花期6～8月。

用途：花、叶、籽和根皮都可药用，治疗水肿胀满、痰饮咳喘、急慢性肝炎、精神分裂症、癫痫，并用于人工引产；其纤维又可供造纸用。

分布地及生境：全区可见，生于山坡、路旁。

257 | 沙枣
Elaeagnus angustifolia L.

胡颓子科 Elaeagnaceae>>
胡颓子属 *Elaeagnus* L.

别名： 桂香柳、银柳、十里香。

形态特征： 落叶乔木，高5～10米，无刺或具刺。幼枝密被银白色鳞片，老枝鳞片脱落，红棕色，光亮。叶矩圆状披针形，全缘，背面灰白色，密被白色鳞片。花银白色，芳香，常1～3花簇生新枝。果实椭圆形，粉红色，果肉乳白色，粉质。花期5～6月，果期9月。

用途： 果肉含有糖、淀粉、蛋白质、脂肪和维生素，可以生食或熟食；叶干燥后研碎加水服，对肺炎、气短有效。

分布地及生境： 见于卧云山，栽培。

258 翅果油树
Elaeagnus mollis Diels

胡颓子科 Elaeagnaceae>>
胡颓子属 *Elaeagnus* L.

别名：泽绿蛋。

形态特征：落叶直立乔木或灌木，高2～10米。幼枝灰绿色，密被灰绿色星状绒毛和鳞片，老枝绒毛和鳞片脱落，栗褐色或灰黑色。叶纸质，稀膜质，卵形或卵状椭圆形，顶端钝尖，基部钝形或圆形，上面深绿色；散生少数星状柔毛，下面灰绿色，密被淡灰白色星状绒毛，侧脉6～10对，上面凹下，下面凸起。花1～5朵簇生幼枝叶腋，有香气，无花瓣，萼筒钟形，花淡黄绿色，雄蕊4。核果干棉质，近圆形或阔椭圆形，具明显的8条翅状纵棱脊。花期4～5月，果期8～9月。

用途：种子含油脂，种仁含粗脂肪46.6%～51.4%，出油率可达30%～35%，榨出的油可作食用和药用，亦可作肥料，能使小麦增产；木材可作农具、家具和薪柴；是很好的水土保持树种，也可作庭院绿化树。

分布地及生境：见于黑龙潭，生于山坡、沟谷地潮湿处。

259 | 沙棘

Hippophae rhamnoides L.

胡颓子科 Elaeagnaceae>>
沙棘属 *Hippophae* L.

别名：醋柳、黑刺、酸刺。

形态特征：落叶灌木或乔木。具刺，新枝密被银白色而带褐色鳞片或有时具白色星状毛，老枝灰黑色，粗糙。单叶通常近对生，狭披针形或长圆状披针形，正面绿色，初被白色盾形毛或星状毛，背面银白色或淡白色。短总状花序生于枝条基部，花小，淡黄色，单性，雌雄异株，间有杂性。浆果球形或卵形，橙黄色或橘红色。花期4～5月，果期9～10月。

用途：沙棘果实入药具有止咳化痰、健胃消食、活血散瘀之功效。

分布地及生境：全区可见，生于干涸河床、山坡、沙质土壤。

260 | 千屈菜
Lythrum salicaria L.

别名：水柳。

形态特征：多年生湿地草本。根茎横卧于地下，粗壮。茎直立，多分枝。叶对生或三叶轮生，披针形或阔披针形，略抱茎。花组成小聚伞花序，簇生；苞片阔披针形，花冠红紫色或淡紫色，花柱长短不一。蒴果扁圆形。花期7～9月，果期9～10月。

用途：全株可入药，可治痢疾、肠炎、便血；外用治外伤出血；常栽培于水边或作盆栽，供观赏。

分布地及生境：见于河滨公园、中营盘水库、刀兔海则，生于河岸、湖畔、溪沟边和潮湿草地。

261 | 柳叶菜
Epilobium hirsutum L.

柳叶菜科 Onagraceae>>
柳叶菜属 *Epilobium* L.

别名： 鸡脚参、水朝阳花。

形态特征： 多年生草本，高40～100厘米。茎直立，上部分枝，密生白色长柔毛及短腺毛。茎下部叶对生，上部叶互生，无柄，叶片长圆形至椭圆状披针形，两面均被长柔毛，边缘具细锯齿。花单生于叶腋；花瓣先端凹缺成2裂，淡紫红色。蒴果圆柱形。种子长圆状椭圆形，先端有一簇白色种缨。花期6～8月，果期7～9月。

用途： 全草入药，有收敛止血功效。

分布地及生境： 见于红石桥乡、中营水库等地，生于水边向阳湿处、荒坡、路旁。

262 | 沼生柳叶菜
Epilobium palustre L.

柳叶菜科 Onagraceae>>
柳叶菜属 *Epilobium* L.

别名： 沼泽柳叶菜、水湿柳叶菜。

形态特征： 多年生草本。茎上部被曲柔毛。花两性，单生于上部叶腋，粉红色，花萼裂片4，外疏被短柔毛；花瓣4，倒卵形，先端凹缺。蒴果圆柱形，被曲柔毛，种子顶端有1簇白色种缨。花期6～8月，果期7～9月。

用途： 全草入药，清热，疏风，镇咳，止泻，主治风热咳嗽、声嘶,、咽喉肿痛、支气管炎、高热下泻。

分布地及生境： 见于刀兔海则，生于湖塘、沼泽、河谷、溪沟旁。

263 | 小花柳叶菜
Epilobium parviflorum Schreb.

柳叶菜科 Onagraceae>>
柳叶菜属 *Epilobium* L.

形态特征： 多年生草本。直立，在上部常分枝，周围混生长柔毛与短的腺毛，下部被伸展的灰色长柔毛。叶对生，茎上部互生，狭披针形或长圆状披针形。总状花序直立；苞片叶状。花直立，花蕾长圆状倒卵球形，密被直立短腺毛；花瓣粉红色至鲜玫瑰紫红色。蒴果。花期6～9月，果期7～10月。

用途： 提取物有很好的抗菌、抗炎、抗氧化和抗微生物活性，对膀胱和尿道有保健作用。

分布地及生境： 见于魏家峁村、刀兔海则，生于湖泊湿润地、向阳荒坡、草地。

264 | 穗状狐尾藻
Myriophyllum spicatum L.

小二仙草科 Haloragidaceae>>
狐尾藻属 *Myriophyllum* L.

别名: 狐尾藻。

形态特征: 水生草本。根状茎生于泥中,节部生长不定根。茎圆柱形,直立,常分枝。叶常4片轮生,无柄,丝状全裂。穗状花序生于水面之上,雌雄同株顶生或腋生,雄花生于花序上部,雌花生于花序下部。果球形。花期7~8月。

用途: 全草入药,清凉,解毒,止痢,治慢性下痢;夏季生长旺盛,一年四季可采,可为养猪、养鱼、养鸭的饲料。

分布地及生境: 见于小纪汗乡等地,生于池塘、河沟。

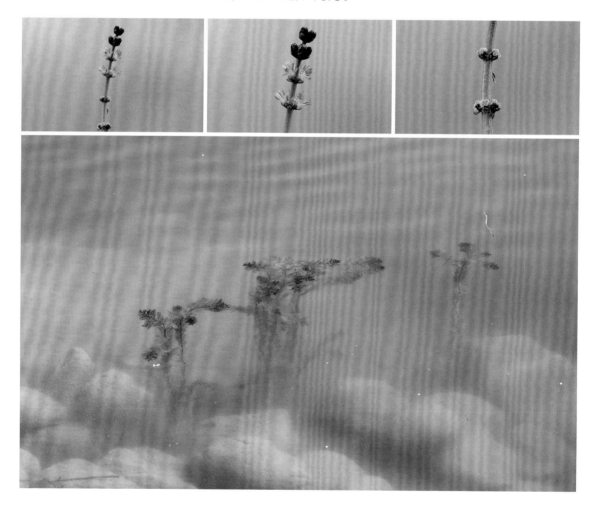

265 | 狐尾藻
Myriophyllum verticillatum L.

小二仙草科 Haloragidaceae>>
狐尾藻属 *Myriophyllum* L.

别名：轮叶狐尾藻。

形态特征：多年生水生草本。根状茎生于泥中。茎柔软，有分枝。叶通常4～5片轮生，线状全裂。花单生于水上叶的叶腋，1轮4朵，雌雄异花同株，上为雄花，下为雌花。花果期7～9月。

用途：一年四季可采收，可为养猪、养鱼、养鸭的饲料。

分布地及生境：见于小纪汗乡，生于池塘、河沟、沼泽。

266 | 杉叶藻
Hippuris vulgaris L.

形态特征： 多年生水生草本，全株光滑无毛。茎直立，常带紫红色，高8～150厘米，有匍匐白色或棕色肉质根茎，节上生多数纤细棕色须根，生于泥中。叶条形，轮生，两型，无柄；叶线状披针形，全缘，茎中部叶最长，向上或向下渐短。花细小，两性，稀单性，无梗，单生叶腋。萼与子房大部分合生成卵状椭圆形，萼全缘，常带紫色。雄蕊1着生于子房上。果为小坚果状，卵状椭圆形。花期4～9月，果期5～10月。

用途： 作猪、禽类及草食性鱼类的饲料。

分布地及生境： 见于小纪汗乡，生于池沼、湖泊、溪流浅水处。

267 | 柴胡（北柴胡）
Bupleurum chinense DC.

伞形科 Apiaceae （Umbelliferae）>>
柴胡属 *Bupleurum* L.

别名： 竹叶柴胡。

形态特征： 多年生草本，高40～85厘米。主根较粗大，坚硬。茎单一或数茎丛生，上部多回分枝，微作之字形曲折。叶互生；基生叶倒披针形或狭椭圆形，先端渐尖，基部收缩成柄；茎生叶长圆状披针形，有平行脉7～9，下面常有白霜。复伞形花序多分枝，梗细，常水平伸出，形成疏松的圆锥状；总苞片2～3，或无，狭披针形；伞辐3～8，纤细，不等长；小总苞片5～7，披针形；花瓣鲜黄色。双悬果广椭圆形。花期7～9月，果期9～11月。

用途： 根可用作解热药镇痛剂；茎叶可作饲料。

分布地及生境： 见于上盐湾镇，生于沙质草原、阳坡疏林下。

268 | 狭叶柴胡（红柴胡）
Bupleurum scorzonerifolium Willd.

伞形科 Apiaceae (Umbelliferae) >>
柴胡属 *Bupleurum* L.

别名： 香柴胡、软柴胡。

形态特征： 多年生草本，高30～60厘米。茎上部有多回分枝，略呈之字形弯曲，并成圆锥状。叶细线形，基生叶下部略收缩成叶柄，其他均无柄，顶端长渐尖，基部稍变窄抱茎，常对折或内卷，3～5脉，向叶背凸出。伞形花序自叶腋间抽出，形成较疏松的圆锥花序；伞辐 (3) 4～6 (8)，长1～2厘米，很细，弧形弯曲；总苞片1～3，极细小，针形，1～3脉；小伞形花序直径4～6毫米，小总苞片5，紧贴小伞，线状披针形，细而尖锐；花瓣黄色。双悬果椭圆形，深褐色。花期7～8月，果期8～9月。

用途： 根入药。

分布地及生境： 见于清泉镇，生于向阳山坡上。

269 | 银州柴胡

Bupleurum yinchowense Shan et Y. Li

伞形科 Apiaceae (Umbelliferae) >>

柴胡属 *Bupleurum* L.

别名： 红软柴胡、软柴胡。

形态特征： 多年生草本，高25～50厘米。主根极发达。茎纤细，略呈之字形弯曲或不明显，有细纵槽纹。叶小，薄纸质；基生叶常早落，倒披针形，有小突尖头，中部以下收缩成长柄；中部茎生叶倒披针形，有小硬尖头。复伞形花序小而多，花序梗纤细；总苞片无或1～2，针形，顶端尖锐，1～3脉；伞辐 (3) 4～6 (9)，极细；花很小；花瓣黄色。果广卵形，深褐色。花期7～8月，果期8～9月。

用途： 根作药用。

分布地及生境： 见于红石桥乡、黑龙潭，生长于干燥山坡、多沙地带。

270 | 田葛缕子
Carum buriaticum Turcz.

伞形科 Apiaceae (Umbelliferae) >>
葛缕子属 *Carum* L.

别名: 丝叶葛缕子。

形态特征: 多年生草本,高50~80厘米。茎通常单生,自茎中、下部以上分枝。基生叶及茎下部叶有柄,叶片轮廓长圆状卵形或披针形,三至四回羽状分裂,末回裂片线形;茎上部叶通常二回羽状分裂,末回裂片细线形。总苞片2~4,线形或线状披针形;伞辐10~15条;小总苞片5~8,披针形;小伞形花序有花10~30,无萼齿;花瓣白色。双悬果长卵形,长3~4毫米,宽1.5~2毫米,每棱槽内油管1,合生面油管2。花果期5~10月。

用途: 作牛、羊、猪饲料,可以青饲,也可青贮或调制干草。

分布地及生境: 见于清水河大峡谷,生于田边、路旁、林下及山地草丛中。

271 | 毒芹
Cicuta virosa L.

伞形科 Apiaceae (Umbelliferae) >>
毒芹属 *Cicuta* L.

别名： 野芹菜花、钩吻叶芹。

形态特征： 多年生粗壮草本，高50～130厘米，全株无毛。肉质须根多数，根状茎有节，内有横隔膜。茎单生，直立，节间中空。叶片轮廓呈三角形或三角状披针形，二至三回羽状分裂；最下部的一对羽片3裂至羽裂，表面绿色，背面淡绿色；末回裂片狭披针形，边缘疏生锯齿。复伞形花序顶生或腋生；总苞片通常无或有一线形的苞片；伞辐6～25；小伞形花序有花15～35；萼齿明显，卵状三角形；花瓣白色，倒卵形或近圆形。双悬果，近球形。花果期7～9月。

用途： 根茎入药，外用拔毒、祛痰；全草有大毒，含毒芹毒素，人畜误食可中毒致死。

分布地及生境： 见于中营盘水库，生于林下湿地或水沟边。

272 | 硬阿魏
Ferula bungeana Kitag.

伞形科 Apiaceae (Umbelliferae) >>
阿魏属 *Ferula* L.

别名：沙茴香、沙椒、伪防风、沙前胡。

形态特征：多年生草本，高30~75厘米。茎细，单一，从下部向上分枝成伞房状，二至三回分枝。叶片轮廓为广卵形至三角形，二至三回羽状全裂，末回裂片长椭圆形或广椭圆形，再羽状深裂，小裂片楔形至倒卵形，常3裂，顶端具细尖，被密集的短柔毛，灰蓝色。复伞形花序生于茎、枝和小枝顶端，总苞片缺或有1~3片，锥形；伞辐4~15，开展，不等长；花瓣黄色，椭圆形或广椭圆形。果实椭圆形。花果期6~9月。

用途：根供药用，可清热解毒、消肿、止痛、养阴清肺、除虚热、祛痰止咳；全草可祛风湿，可治风湿性关节炎。

分布地及生境：见于鱼河镇、古塔镇、红石桥等地，生长于沙丘、沙地、路边以及砾石质山坡上。

273 | 水芹
Oenanthe javanica (Bl.) DC.

伞形科 Apiaceae (Umbelliferae) >>
水芹属 *Oenanthe* L.

别名：水芹菜、野芹菜。

形态特征：多年生草本，高15～80厘米。茎直立或基部匍匐。叶片轮廓三角形，一至二回羽状分裂，末回裂片卵形至菱状披针形，长2～5厘米，宽1～2厘米，边缘有牙齿或圆齿状锯齿；叶柄长7～15厘米。复伞形花序顶生，花序梗长2～16厘米；无总苞；伞辐6～16；小总苞片2～8，线形，长约2～4毫米；小伞形花序有花20余朵；花瓣白色，倒卵形。双悬果椭圆形或近圆锥形，长2.5～3毫米。花期7～8月，果期8～9月。

用途：茎叶可作蔬菜食用；全草民间也作药用，有降低血压的功效。

分布地及生境：生于红石桥乡、岔河则乡等地，生于浅水处、池沼、水沟旁。

274 | 前胡
Peucedanum praeruptorum Dunn

伞形科 Apiaceae （Umbelliferae）>>
前胡属 *Peucedanum* L.

别名： 白花前胡、官前胡。

形态特征： 多年生草本，高0.6～1米。茎圆柱形，上部分枝多有短毛，髓部充实。叶片轮廓宽卵形或三角状卵形，三出式二至三回分裂，第一回羽片具柄，末回裂片菱状倒卵形，先端渐尖，基部楔形至截形，边缘具不整齐的3～4粗或圆锯齿。复伞形花序多数，顶生或侧生，伞形花序直径3.5～9厘米；花序梗上端多短毛；总苞片无或1至数片，线形；伞辐6～15；花瓣卵形，白色；萼齿不显著。果实卵圆形，棕色。花期8～9月，果期10～11月。

用途： 根供药用，为常用中药。

分布地及生境： 见于安崖镇，生于山坡林缘、路旁。

275 | 防风

Saposhnikovia divaricata (Turcz.) Schischk.

伞形科 Apiaceae (Umbelliferae) >>
防风属 *Saposhnikovia* Schischk.

别名：北防风、关防风。

形态特征：多年生草本，高30～80厘米。茎单生，自基部分枝较多，斜上升，与主茎近于等长，有细棱。基生叶丛生，叶片卵形或长圆形，二回或近于三回羽状分裂，末回裂片狭楔形。复伞形花序多数，生于茎和分枝；伞辐5～7；小伞形花序有花4～10；无总苞片；小总苞片4～6，线形或披针形，先端长，长约3毫米，萼齿短三角形；花瓣倒卵形，白色，无毛，先端微凹，具内折小舌片。双悬果狭圆形或椭圆形。花期8～9月，果期9～10月。

用途：根供药用，有发汗、祛痰、祛风、发表、镇痛的功效，用于治感冒、头痛、周身关节痛、神经痛等症。

分布地及生境：见于卧云山，生长于草原、丘陵、多砾石山坡。

276 | 泽芹

Sium suave Walt.

伞形科 Apiaceae （Umbelliferae） >>
泽芹属 *Sium* L.

别名： 山藁本。

形态特征： 多年生草本，高60～120厘米。茎直立，粗大，有条纹，中空，通常在近基部的节上生根。叶片轮廓呈长圆形至卵形，一回羽状分裂，有羽片3～9对，羽片无柄，疏离，披针形至线形，基部圆楔形，先端尖；上部的茎生叶较小，有3～5对羽片。复伞形花序顶生和侧生，总苞片6～10，披针形或线形，尖锐，反折；小总苞片线状披针形，尖锐，全缘；伞辐10～20，细长；花白色。双悬果近球形或宽椭圆形。花果期7～9月。

用途： 全草药用，可散风寒、止头疼及降血压。

分布地及生境： 见于中营盘水库，生于沼泽、湿草甸、水边较潮湿处。

277 | 红瑞木
Cornus alba L.

山茱萸科 Cornaceae>>
山茱萸属 *Cornus* L.

别名：凉子木、红瑞山茱萸。

形态特征：灌木，高达3米。树皮紫红色。冬芽卵状披针形，被灰白色或淡褐色短柔毛。叶对生，纸质，椭圆形，稀卵圆形，先端突尖，基部楔形或阔楔形，边缘全缘或波状反卷，上面暗绿色，下面粉绿色，被白色贴生短柔毛。伞房状聚伞花序顶生，较密，宽3厘米，被白色短柔毛；总花梗圆柱形，长1.1～2.2厘米，被淡白色短柔毛；花小，白色或淡黄白色；花瓣4，卵状椭圆形；雄蕊4，着生于花盘外侧。核果长圆形，微扁。花期6～7月，果期8～10月。

用途：种子可供工业用；栽培作庭园观赏植物。

分布地及生境：见于卧云山，栽培，生于杂木林或针阔叶混交林中。

278 | 大苞点地梅
Androsace maxima L.

报春花科 Primulaceae>>
点地梅属 *Androsace* L.

形态特征： 一年生草本。叶片狭倒卵形、椭圆形或倒披针形，先端锐尖或稍钝，基部渐狭。花葶2～4自叶丛中抽出，被白色卷曲柔毛和短腺毛；伞形花序多花，被小柔毛和腺毛；苞片大，椭圆形或倒卵状长圆形，先端钝或微尖，长5～7毫米，宽1～2.5毫米；花萼杯状，长3～4毫米，被稀疏柔毛和短腺毛；裂片三角状披针形，先端渐尖，质地稍厚，老时黄褐色；花冠白色或淡粉红色。蒴果近球形。花期6～7月，果期8月。

用途： 作为疏林或低矮草坪中的点缀。

分布地及生境： 见于上盐湾镇，生于山坡砾石地、固定沙地及丘间低地。

279 | 点地梅
Androsace umbellata (Lour.) Merr.

报春花科 Primulaceae>>
点地梅属 *Androsace* L.

别名： 喉咙草、先牛桃、白花草、佛顶珠。

形态特征： 一年生或二年生草本。叶全部基生，叶片近圆形或卵圆形，先端钝圆，基部浅心形至近圆形，边缘具三角状钝牙齿，两面均被贴伏的短柔毛。花葶通常数枚自叶丛中抽出，被白色短柔毛。伞形花序4～15花；苞片卵形至披针形，长3.5～4毫米；花萼杯状，密被短柔毛，分裂近达基部，裂片菱状卵圆形，具3～6纵脉，果期增大，呈星状展开；花冠白色，喉部黄色。蒴果近球形。花期2～4月，果期5～6月。

用途： 民间用全草治扁桃腺炎、咽喉炎、口腔炎和跌打损伤。

分布地及生境： 见于河滨公园，生于林缘、草地和疏林下。

280 | 海乳草
Glaux maritima L.

报春花科 Primulaceae>>
海乳草属 *Glaux* L.

别名：西尚。

形态特征：多年生草本。茎高3～25厘米，直立或下部匍匐。叶近于无柄，交互对生或有时互生，先端钝或稍锐尖，基部楔形，全缘。花单生于茎中上部叶腋；花梗长可达1.5毫米，有时极短，不明显；花萼白色或淡红色，宽钟状，5裂，裂片卵形至矩圆状卵形；无花冠；雄蕊5，稍短于花萼；子房球形。蒴果卵状球形。花期6月，果期7～8月。

用途：是牲畜采食的主要牧草之一。

分布地及生境：见于麻黄梁镇、上盐湾镇、河口水库，生于河漫滩盐碱地和沼泽草甸中。

281 | 狼尾花
Lysimachia barystachys Bunge

报春花科 Primulaceae>>
珍珠菜属 *Lysimachia* L.

别名： 虎尾草。

形态特征： 多年生草本。具横走的根茎，全株密被卷曲柔毛。茎直立，高30～100厘米。叶互生或近对生，长圆状披针形、倒披针形至线形，先端钝或锐尖，基部楔形，近于无柄。总状花序顶生，花密集，常转向一侧，长4～6厘米，后渐伸长；花萼裂片长圆形，周边膜质，顶端圆形，略呈啮蚀状；花冠白色，长7～10毫米，裂片舌状狭长圆形，先端钝或微凹，常有暗紫色短腺条；雄蕊内藏，花丝有腺毛。蒴果球形。花期5～8月，果期8～10月。

用途： 全草可入药，治疮疖、刀伤。

分布地及生境： 见于沙地森林公园，生于山坡路旁灌丛间。

282 | 二色补血草
Limonium bicolor (Bunge) Kuntze

白花丹科 Plumbaginaceae>>
补血草属 *Limonium* Mill.

别名：矶松、苍蝇花、血见愁。

形态特征：多年生草本，高20～50厘米，全株（除萼外）无毛。叶基生，长3～15厘米，宽0.5～3厘米，先端通常圆或钝，基部渐狭成平扁的柄。花序圆锥状；花序轴单生，或2～5枚各由不同的叶丛中生出；穗状花序有柄至无柄，排列在花序分枝的上部至顶端，由3～5（9）个小穗组成；小穗含2～3（5）花；外苞长圆状宽卵形；萼漏斗状，全部或下半部沿脉密被长毛；花冠黄色。花期5～7月，果期6～8月。

用途：全草药用，有收敛、止血、利水的作用。

分布地及生境：见于鱼河镇、镇川镇，生于山坡下部、丘陵沙地。

283 | 雪柳

Fontanesia phillyreoides subsp. *fortunei* (Carriere) Yalti.

木犀科 Oleaceae>>
雪柳 *Fontanesia* Labill.

别名： 五谷树、过街柳。

形态特征： 落叶灌木或小乔木，高达8米。树皮灰褐色。枝灰白色，圆柱形，小枝淡黄色或淡绿色，四棱形或具棱角，无毛。单叶对生，叶片纸质，披针形、卵状披针形或狭卵形，先端锐尖至渐尖，基部楔形，全缘，两面无毛；叶柄长1～3毫米。圆锥花序顶生或腋生，腋生花序较短；花两性或杂性同株；花白绿色，有香味，长约3毫米。小坚果，具翅，卵圆形，扁平。花期5～6月，果期8～9月。

用途： 嫩叶可代茶；根可治脚气；枝条可编筐；茎皮可制人造棉；亦栽培作绿篱。

分布地及生境： 见于卧云山，栽培，生于水沟、溪边或林中。

284 | 连翘
Forsythia suspensa (Thunb.) Vahl

木犀科 Oleaceae>>
连翘属 *Forsythia* Vahl

别名： 黄花杆、黄寿丹。

形态特征： 落叶灌木。枝开展或下垂，节间中空，节部具实心髓。叶通常为单叶，或3裂至三出复叶，叶片卵形、宽卵形或椭圆状卵形至椭圆形，先端锐尖，基部圆形、宽楔形至楔形，叶缘除基部外具锐锯齿或粗锯齿。花通常单生或2至数朵着生于叶腋，先于叶开放；花萼绿色，裂片长圆形或长圆状椭圆形，边缘具睫毛；花冠黄色，裂片倒卵状长圆形或长圆形。蒴果卵球形、卵状椭圆形或长椭圆形，先端喙状渐尖，表面疏生皮孔。花期3～4月，果期7～9月。

用途： 早春开花，多作庭院观赏植物；果实入药，有清热消肿之效；种子油可制香皂及化妆品。

分布地及生境： 见于城区，栽培。

285 | 水蜡
Ligustrum obtusifolium Sieb. & Zucc.

木犀科 Oleaceae>>
女贞属 *Ligustrum* L.

形态特征：落叶灌木，高2～3米。树皮暗灰色。叶片纸质，披针状长椭圆形、长椭圆形、长圆形或倒卵状长椭圆形，先端钝或锐尖，基部楔形或宽楔形，两面无毛。圆锥花序着生于小枝顶端；花序轴、花梗、花萼均被微柔毛或短柔毛；花萼截形或萼齿呈浅三角形，花冠筒比裂片长；花药和花冠裂片近等长。核果近球形或宽椭圆形。花期5～6月，果期8～10月。

用途：作造型树或绿篱使用。

分布地及生境：见于沙地植物园、三岔湾村，栽培。

286 | 紫丁香
Syringa oblata Lindl.

木犀科 Oleaceae>>
丁香属 *Syringa* L.

别名： 华北紫丁香、紫丁白、丁香。

形态特征： 灌木或小乔木，高可达5米。小枝无毛。单叶对生，叶片革质或厚纸质，卵圆形至肾形，宽常大于长，先端渐尖，基部心形或截形至宽楔形；叶柄长1～3厘米。圆锥花序直立，由侧芽抽生，近球形或长圆形，长4～16（～20）厘米，宽3～7（～10）厘米；花冠紫色，长1.1～2厘米，花冠管圆柱形，长0.8～1.7厘米；花药黄色，位于距花冠管喉部0～4毫米处。蒴果长1～1.5（～2）厘米，倒卵状椭圆形、卵形至长椭圆形，先端长渐尖，光滑。花期4～5月，果期6～10月。

用途： 庭园栽培；花可提制芳香油；嫩叶可代茶。

分布地及生境： 见于城区，栽培，生于山坡丛林、山沟溪边、山谷路旁。

287 | 巧玲花
Syringa pubescens Turcz.

木犀科 Oleaceae>>
丁香属 *Syringa* L.

别名： 毛叶丁香、小叶丁香、雀舌花。

形态特征： 落叶灌木，高1～4米。树皮灰褐色。叶片卵形、椭圆状卵形、菱状卵形或卵圆形，先端锐尖至渐尖或钝，基部宽楔形至圆形，叶缘具睫毛，上面深绿色，下面淡绿色。圆锥花序，直立，长3～7厘米；花淡紫色，有香气，萼具柔毛或近光滑；花冠管细长，约1～1.5厘米，具向外开展的狭裂片。蒴果，长约1厘米，有瘤。花期5～6月，果期6～8月。

用途： 树皮有清热、镇咳、利水的药用价值；花芬芳袭人，为著名的观赏花木之一。

分布地及生境： 见于卧云山，栽培，生于山坡、山谷灌丛中或河边沟旁。

288 | 红丁香
Syringa villosa Vahl

木犀科 Oleaceae>>
丁香属 *Syringa* L.

别名： 香多罗、沙树。

形态特征： 灌木，高达4米。枝直立，粗壮，灰褐色，具皮孔。叶片卵形，椭圆状卵形、宽椭圆形至倒卵状长椭圆形，先端锐尖或短渐尖，基部楔形或宽楔形至近圆形，上面深绿色，无毛，下面粉绿色，贴生疏柔毛或仅沿叶脉被须状柔毛或柔毛，稀无毛。圆锥花序顶生，通常密集，长达8～20厘米，有短柔毛；花紫红色至近白色，有短梗；萼疏生，有短柔毛或无毛；花冠管长1.2厘米，裂片开展。蒴果光滑，长1～1.5厘米。花期5～6月，果期8～9月。

用途： 作庭院绿化树种；蜜源植物。

分布地及生境： 见于沙地森林公园、季鸾公园，栽培，生于山坡灌丛。

289 | 互叶醉鱼草
Buddleja alternifolia Maxim.

马钱科 Loganiaceae>>
醉鱼草属 *Buddleja* L.

别名： 白芨、白积梢、白箕梢。

形态特征： 落叶灌木，高1～4米。枝开展，细弱，多呈弧形弯曲。单叶互生，狭披针形，长2～8厘米，宽5～15毫米，顶端急尖或钝圆，基部楔形，通常全缘或有波状齿，上面深绿色，幼时被灰白色星状短绒毛，老渐近无毛，下面密被灰白色星状短绒毛。花多朵组成簇生状或圆锥状聚伞花序，花序较短，密集，常生于二年生的枝条上；花芳香，花萼具4棱，密生灰白色绒毛；花冠紫蓝色或紫红色，花冠筒长7～8毫米，顶端4裂，雄蕊4，无花丝。蒴果椭圆状；种子多数，狭长圆形，有短翅。花期5～7月，果期7～10月。

用途： 可供观赏；花含芳香油，可试提浸膏。

分布地及生境： 见于河滨公园、沙地植物园、沙地森林公园，生于灌木丛中。

290 | 百金花

Centaurium pulchellum var. *altaicum* (Grisebach) Kitagawa & H. Hara

龙胆科 Gentianaceae>>
百金花属 *Centaurium* Hill

别名： 东北埃蕾、麦氏埃蕾。

形态特征： 一年生草本，高6～25厘米，全枝无毛。茎直立，具4条纵陵。有分枝，叶对生，椭圆形至披针形，先端锐尖，全缘，三出脉，无柄。二歧式聚伞花序；花白色或淡红色；花萼管状，具5狭条形的裂片；花冠近高脚碟状，管部长约8毫米，具5个矩圆形的裂片，裂片长约4毫米；雄蕊5，着生于花冠喉部，花药矩圆形，开裂后螺旋状卷旋。蒴果狭矩圆形。种子近球形。花果期7～9月。

用途： 带花全草药用，可治肝炎、胆囊炎、扁桃体发炎及牙痛。

分布地及生境： 见于小纪汗乡、河滨公园，生于潮湿的田野、草地、水边。

291 | 鳞叶龙胆

Gentiana squarrosa Ledeb.

龙胆科 Gentianaceae>>
龙胆属 *Gentiana* L.

别名： 龙胆、石龙胆、小龙胆。

形态特征： 一年生草本，高3～15厘米，全体被短腺毛。茎细弱，自基部起多分枝。叶对生，无柄，边缘厚，软骨质，具细毛，顶端反卷；下部叶较大，圆形，有不明显的三出脉；上部叶小，匙形。花单生于枝顶，几无埂；花萼倒锥状筒形；花冠蓝色或淡紫色，筒状漏斗形，长7～10毫米，裂片卵状三角形，长1.5～2毫米，先端钝。蒴果外露，倒卵状矩圆形，二裂，具长柄。种子多数，椭圆形或矩圆形。花果期5～8月。

用途： 全草入药，有清热利湿、解毒消痈之功效。

分布地及生境： 见于河滨公园，生于草地、河滩、荒地、路边。

292 | 北方獐牙菜

Swertia diluta (Turcz.) Benth. & Hook. f.

龙胆科 Gentianaceae>>
獐牙菜属 *Swertia* L.

别名： 当药、獐牙菜、北方獐牙菜。

形态特征： 一年生草本，高20～70厘米。根黄色。茎直立，四棱形，棱上具窄翅，基部直径2～4毫米，多分枝，枝细瘦，斜升。叶对生，具单脉，线状披针形至线形，长10～45毫米，宽1.5～9毫米。花序顶生及腋生，成复总状聚伞花序；花梗直立，四棱形；花5数；花萼绿色，常与花冠等长，裂片线形，先端锐尖，背面中脉明显；花冠浅蓝色，裂片椭圆状披针形，基部有2个腺窝，腺窝窄矩圆形，沟状，周缘具长柔毛状流苏。蒴果卵形。种子卵圆形，表面具小瘤状突起。花果期8～10月。

用途： 全草治黄疸型肝炎，清热健胃，利湿。

分布地及生境： 见于黑龙潭，生于阴湿山坡、山坡林下。

293 | 荇菜
Nymphoides peltata (S. G. Gmelin) Kuntze

睡菜科 Menyanthaceae>>
荇菜属 *Nymphoides* Symp

别名：莕菜、凫葵、水荷叶。

形态特征：多年生水生植物。茎圆柱形，多分枝，沉水中，具不定根。叶漂浮，圆形或卵圆形，基部深心形，全缘，具不明显的掌状脉，上表面光绿色，背面带紫红色；上部叶对生，其他叶互生，叶柄基部膨大，抱茎。花成束，腋生；花梗圆柱形，稍不等长，较叶为长；萼片5，近分离，卵状披针形；花冠辐形，黄色，茎2～3厘米，五裂，裂片边缘成须状，花冠裂片中间有一明显的皱痕，裂片口两侧有毛，裂片基部各有一丛毛，具有5枚腺体；雄蕊5，雌蕊柱头二裂。蒴果椭圆形。种子边缘有刚毛。花果期7～9月。

用途：一种良好的水生青绿饲料；全草均可入药，能清热利尿、消肿解毒；也可作绿肥使用。

分布地及生境：见于中营盘水库、李家梁水库，生于池沼、湖泊、沟渠等平稳水域。

294 | 罗布麻
Apocynum venetum L.

夹竹桃科 Apocynaceae>>
罗布麻属 *Apocynum* L.

别名： 茶叶花、红肚拉角、红麻、红花草、泽漆麻。

形态特征： 直立半灌木，高1.5～3米，具乳汁。枝条对生或互生，光滑无毛，紫红色或淡红色。叶对生，叶片椭圆状披针形至卵圆状长圆形，叶缘具细牙齿，两面无毛。聚伞花序顶生，苞片披针形，长约4毫米；花萼5深裂；花冠圆筒状钟形，紫红色或粉红色，两面密被颗粒状突起；雄蕊5；子房由2枚离生心皮所组成。蓇葖果双生，下垂，箸状圆筒形。种子具毛。花期4～9月，果期7～12月。

用途： 茎皮纤维供纺织等用；嫩叶蒸炒揉制后当茶叶饮用，有清凉去火、防止头晕和强心的功用；根部含有生物碱可供药用；花多，美丽且芳香，亦是一种良好的蜜源植物。

分布地及生境： 见于卧云山，生于盐碱荒地、沙漠边缘或戈壁荒滩上。

295 | 鹅绒藤
Cynanchum chinense R. Br.

萝藦科 Asclepiadaceae>>
鹅绒藤属 *Cynanchum* L.

别名：组子花。

形态特征：缠绕草本。含白色乳汁，全株被短柔毛。叶对生，薄纸质，宽三角状心形，顶端锐尖，基部心形，叶面深绿色，叶背苍白色，两面均被短柔毛。伞形聚伞花序腋生，两歧，着花约20朵；花萼外面被柔毛；花冠白色，裂片长圆状披针形。蓇葖双生或仅有1个发育，细圆柱状，向端部渐尖。花期6～8月，果期8～10月。

用途：全株可作祛风剂；根入药可治小儿积食；乳汁可治疣赘。

分布地及生境：全区可见，生于向阳山坡、灌木丛中或路旁、河畔、田埂边。

296 | 华北白前
Cynanchum mongolicum (Maxim.) Hemsl.

萝藦科 Asclepiadaceae>>
鹅绒藤属 *Cynanchum* L.

别名：牛心卜、牛心朴子、老鸹头、老瓜头。

形态特征：多年生草本，高达50厘米，全株无毛。根须状。茎多数丛生，光滑直立，淡紫色或绿色，含白色乳汁。叶革质，对生，狭椭圆形，顶端渐尖或急尖，全缘。伞形聚伞花序腋生；花萼5深裂，两面无毛，裂片长圆状三角形；花冠紫红色或暗紫色，裂片长圆形；副花冠5深裂，裂片盾状。蓇葖果双生，长圆状披针形。种子长扁圆形；具种毛。花期6～8月，果期7～9月。

用途：有一定的固沙作用；可作土农药，杀地下害虫如蝼蛄、蛴螬等效果显著，用浸出液可防治菜青虫、蚜虫；全草可药用，外用治各种关节炎疼痛。

分布地及生境：全区可见，生于沙丘、草原、荒山坡。

297 | 地梢瓜

Cynanchum thesioides (Freyn) K. Schum.

萝藦科 Asclepiadaceae>>
鹅绒藤属 *Cynanchum* L.

别名： 细叶白前、女青、地梢花。

形态特征： 多年生直立或半直立草本，高15～30厘米。茎细弱，自基部多分枝，具柔毛。单叶对生，线形，长3～5厘米，宽2～5毫米，叶背中脉隆起。伞形聚伞花序腋生，有花3～8朵；花萼绿色，外面被毛；花冠绿白色，直径约3毫米；副花冠杯状，裂片三角状披针形，渐尖，高过药隔的膜片。蓇葖果，纺锤形，先端渐尖，中部膨大，长5～6厘米，直径1.5～2.5厘米。种子卵形，暗褐色，长8毫米；顶端有白色绢毛。花期5～8月，果期8～10月。

用途： 全株含橡胶1.5%、树脂3.6%，可作工业原料；幼果可食；全草及果可入药，能清热降火、生津止渴、消炎止痛。

分布地及生境： 全区可见，生于山坡、沙丘荒地、田边等处。

298 | 萝藦
Metaplexis japonica (Thunb.) Makino

萝藦科 Asclepiadaceae>>
萝藦属 *Metaplexis* R. Br.

别名： 老鸹瓢。

形态特征： 多年生草质藤本，具乳汁。茎圆柱状。叶对生，卵状心形，长5～12厘米，宽4～7厘米，全缘，顶端短渐尖，基部心形，上面绿色，下面粉绿色，两面无毛；叶柄长3～6厘米，顶端有腺体。总状聚伞花序，腋生或腋外生，有花多朵；萼5深裂，裂片狭披针形，绿色，有缘毛；花冠钟状，白色带淡紫红色斑纹，花冠裂片披针形，张开，顶端反折内面被柔毛；副花冠环状，着生于合蕊冠上，5浅裂，裂片兜状；雄蕊合生成圆锥状，包在雌蕊周围；花药顶端具白色膜片；花粉块卵圆形，下垂；子房上位，心皮2，离生，花柱合生并延伸至花药之外，柱头顶端2裂。蓇葖果，双生，纺锤形。种子扁平，卵形，顶端具白毛。花期7～8月，果期9～12月。

用途： 全草及果实可药用，有补益精气、通乳、解毒的作用；茎皮纤维可造人造棉。

分布地及生境： 见于沙地森林公园，生于林边荒地、灌木丛中。

299 | 杠柳

Periploca sepium Bunge

萝藦科 Asclepiadaceae>>
杠柳属 *Periploca* L.

别名： 北五加皮、羊秃梢、羊角桃。

形态特征： 落叶木质藤本。具乳汁，除花外，全株无毛。叶对生，披针形或长圆状披针形，长3～10厘米，宽1.5～2.5厘米，先端渐尖，基部楔形，全缘。聚伞花序腋生，有花数朵；花萼5裂，裂片卵圆形，长约3毫米，顶端钝，花萼内面基部共有腺体10枚；花冠紫红色，辐射状，裂片长圆状披针形，中间加厚呈纺锤形，反折，内面被长柔毛，外面无毛；副花冠环状，10裂，其中5裂片延伸成丝状向里弯曲。蓇葖2，圆柱状，长7～12厘米，直径约5毫米，无毛，具有纵条纹。种子长圆形，黑褐色，顶端具白色绢质种毛；种毛长3厘米。花期5～6月，果期7～9月。

用途： 根皮、茎皮可药用，有祛风湿、壮筋骨等作用。

分布地及生境： 全区可见，生于平原及低山丘的林缘、沟坡、沙质地。

300 | 打碗花
Calystegia hederacea Wall.

旋花科 Convolvulaceae>>
打碗花属 *Calystegia* R. Br.

别名： 小旋花、狗儿秧、兔耳草。

形态特征： 一年生缠绕或平卧草本，植株无毛。茎具细棱，常自基部分枝。叶互生，三角状卵形、戟形或箭形，侧裂片近三角形，中裂片长圆状披针形，先端渐尖，叶基微心形，全缘。花单生于叶腋，花柄长于叶柄；苞片2，宽卵形；花冠漏斗状，淡紫色或淡粉红色，雄蕊5；子房无毛，柱头2裂；蒴果卵球形。花期5~7月，果期8~10月。

用途： 根药用，能健胃、消食、通便及治妇女月经不调。

分布地及生境： 全区可见，生于农田、荒地、路旁。

301 | 田旋花

Convolvulus arvensis L.

旋花科 Convolvulaceae>>
旋花属 *Convolvulus* L.

别名： 白花藤、扶秧苗、箭叶旋花。

形态特征： 多年生草本。植株无毛，根状茎横走，地上茎平卧或缠绕。单叶互生，叶卵状长圆形至披针形，先端钝或具小短尖头，基部大多戟形，间有箭形及心形，全缘或3裂，叶柄较叶片短。花常单生于叶腋，有时2~3朵至多朵；苞片2，线形，远离萼片；萼片5，光滑或被疏毛，卵圆形，边缘膜质；花冠宽漏斗形，粉红色或白色，5浅裂；雄蕊5，具小鳞毛；子房有毛，2室，每室2胚珠，柱头2，线形。蒴果，卵状球形或圆锥形。花期6~8月，果期7~9月。

用途： 全草入药，有调经活血、祛风、止痒、止痛功效。

分布地及生境： 全区可见，生于耕地及荒坡草地上。

302 | 菟丝子
Cuscuta chinensis Lam.

旋花科 Convolvulaceae>>
打碗花属 *Calystegia* R. Br.

别名： 无根草、黄丝、豆寄生、豆阎王。

形态特征： 一年生寄生草本。茎缠绕，黄色，纤细，直径约1毫米，无叶。花多数，簇生，花梗粗壮；苞片和小苞片小，鳞片状；小苞片花萼杯状，5裂；花冠白色，壶状或钟状，顶端5裂，裂片向外反曲；雄蕊5；子房近球形，2室；花柱2，柱头球形。蒴果球形。花期7～8月，果期8～9月。

用途： 种子可入药，具有补肝肾、益精壮阳和止泻的功能。

分布地及生境： 全区可见，寄生于草本植物上。

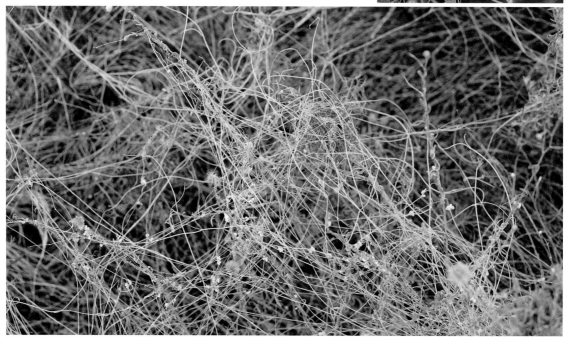

303 | 圆叶牵牛
Ipomoea purpurea (L.) Roth

旋花科 Convolvulaceae>>
番薯属 *Ipomoea* L.

别名：喇叭花、牵牛花、紫花牵牛。

形态特征：一年生缠绕草本。茎上被倒向的短柔毛杂有倒向或开展的长硬毛。叶为圆心形，全缘；叶柄长5～9厘米。花腋生、单生或数朵组成伞形聚伞花序；苞片线形；萼片5，长椭圆形，长1～1.4厘米；花冠漏斗状，直径为4～5厘米，紫红色、红色或白色，花冠筒近白色雄蕊5，不等长；柱头3裂。蒴果，近球形，无毛。花期6～9月，果期9～10月。

用途：在园林中多作为垂直绿化的良好材料；种子入药，有祛痰、杀虫、泻下、利尿之效。

分布地及生境：见于赵家峁村，栽培，生于田边、路边、宅旁。

304 | 狭苞斑种草

Bothriospermum kusnezowii Bge.

紫草科 Boraginaceae>>
斑种草属 *Bothriospermum* Bunge

形态特征： 一年生草本，株高15～40厘米，植株被硬毛。茎数条丛生。基生叶莲座状，倒披针形或匙形，先端钝，基部渐狭成柄，边缘有波状小齿，两面疏生硬毛及伏毛，茎生叶无柄，长圆形或线状倒披针形。花序狭长，长5～20厘米，具苞片；苞片线形或线状披针形，密生硬毛及伏毛；花萼5裂，裂片狭披针形，被糙毛；花冠淡蓝色、蓝色或紫色，直径约5毫米，喉部有5个鳞片状附属物；雄蕊5，内藏；子房4裂，花柱内藏。小坚果4，肾形。花果期5～7月。

分布地及生境： 见于卧云山、黑龙潭，生于山坡道旁、干旱农田及荒地。

305 | 大果琉璃草

Cynoglossum divaricatum Steph. ex Lehm.

紫草科 Boraginaceae>>
琉璃草属 *Cynoglossum* L.

别名： 展枝倒提壶、大赖毛子。

形态特征： 多年生草本，高30～60厘米，全体被贴伏短柔毛。茎直立，中空，具肋棱，上部多分枝。基生叶和茎下部叶长圆状披针形或披针形，灰绿色，上下面均密生贴伏的短柔毛；茎中部及上部叶无柄，被灰色短柔毛。花序顶生及腋生，花稀疏，集为疏松的圆锥状花序；苞片狭披针形或线形；花梗细弱，花后伸长，密被贴伏柔毛；花萼5裂，外面密生短柔毛，裂片卵形或卵状披针形；花冠蓝紫色或紫红色，5裂，裂片卵圆形，喉部有5个梯形附属物。雄蕊5，内藏；子房4深裂。小坚果4，扁卵形，密生锚状刺。花期6～7月，果期8～9月。

用途： 根入药，可清热解毒，主治扁桃体炎及疮疖痈肿。

分布地及生境： 见于红石桥乡，生于干旱山坡、草地、沙丘、石滩及路边。

306 | 异刺鹤虱
Lappula heteracantha (Ledeb.) Gurke

紫草科 Boraginaceae>>
鹤虱属 *Lappula* Moench

别名： 东北鹤虱。

形态特征： 一年生草本。茎直立，高30～50厘米，全株被刚毛。基生叶常呈莲座状，长圆形，长2～7厘米，宽3～8毫米，全缘，先端钝，基部渐狭成叶柄，两面被具基盘的灰色糙毛；茎生叶线形至狭倒披针形。花序在果期伸长可达14厘米，苞片线形；花梗短；花萼5深裂至基部，裂片线形；花冠5裂，淡蓝色，钟状，喉部具5个梯形附属物。小坚果4，长卵形，边缘具2行锚状刺，内行刺黄色，长1.5～2毫米，基部扩展相互连合成狭翅，外行刺比内行刺短，通常生于小坚果腹面的中下部，小坚果腹面具疣状突起。花果期5～8月。

用途： 果实入药，能消炎杀虫；种子可榨油。

分布地及生境： 见于沙地植物园、黑龙潭，生于草地或山坡。

307 | 鹤虱

Lappula myosotis Moench

紫草科 Boraginaceae>>
鹤虱属 *Lappula* Moench

别名： 赖毛子、驴然然、蓝花蒿。

形态特征： 一年生草本。茎直立，高15～40厘米，植株被毛，常多分枝。单叶，基生叶匙形，全缘，先端钝，基部渐狭成长柄，两面密被有白色基盘的长糙毛；茎生叶互生，倒披针形或披针形。总状花序顶生，花序在花期短，果期伸长；苞片线形，较果实稍长；花萼5深裂，几达基部；花冠淡蓝色，漏斗状至钟状，喉部附属物梯形；雄蕊5，内藏；子房4深裂，柱头扁球形。小坚果4，卵形；背面通常有颗粒状疣突；边缘有2行近等长的锚状刺，内行刺长1.5～2毫米，基部不连合，外行刺较内行刺稍短或近等长，通常直立，腹面通常具棘状突起或有小疣状突起。花果期5～8月。

用途： 果实药用，有消炎杀虫之功效；种子可榨油。

分布地及生境： 见于鱼河镇、上盐湾镇，生于草地、山坡。

308 | 卵盘鹤虱

Lappula redowskii (Hornem.) Greene

紫草科 Boraginaceae>>
鹤虱属 *Lappula* Moench

别名：中间鹤虱、蒙古鹤虱。

形态特征：一年生草本。茎高10～35厘米，直立，通常单生，密被灰色糙毛。茎生叶较密，宽线形或狭披针形，扁平或沿中肋纵向对褶，长2～5厘米，宽2～4毫米。总状花序顶生，长约5～15厘米；苞片下部者叶状，上部者渐小，呈线形，比果实稍长；花梗直立；花萼5深裂，裂片线形；花冠蓝紫色至淡蓝色，钟状；雄蕊5；子房4深裂。小坚果4瓣，宽卵形，边缘具1行锚状刺。花果期5～8月。

用途：果实可代鹤虱入药。

分布地及生境：见于小纪汗乡，生于荒地、田间、草原。

309 | 湿地勿忘草

Myosotis caespitosa Schultz

紫草科 Boraginaceae>>
勿忘草属 *Myosotis* L.

形态特征：多年生草本，高12～32厘米，全体疏生糙伏毛。茎下部叶具柄，叶片长圆形至倒披针形，全缘；茎中部以上叶无柄，叶片倒披针形或线状披针形。总状花序长达10厘米；花萼5裂近中部，裂片三角形；花冠淡蓝色，裂片5喉部黄色，有5个附属物。雄蕊5；子房4裂，柱头扁球形。小坚果卵形。花果期5～8月。

用途：低等牧草。

分布地及生境：见于红石桥乡、李家梁水库，生于水边湿地、山坡湿润地。

310 | 紫筒草
Stenosolenium saxatiles (Pall.) Turcz.

紫草科 Boraginaceae>>
紫筒草属 *Stenosolenium* Turcz.

别名：狭管紫草、伏地蜈蚣草、白毛草、紫根根。

形态特征：多年生草本。根细长，紫红色。高10～25厘米，全体密被粗硬毛。茎通常数条，较开展。基生叶和下部叶为倒披针形，近基部为披针形，两面密生硬毛，无柄。总状花序顶生，密生硬毛；苞片叶状；花具长约1毫米的短花梗；花萼5深裂，裂片钻形；花冠蓝紫色、紫色或白色，外面有稀疏短伏毛，裂片5。子房4深裂，柱头2。小坚果4，三角状卵形，着生面在基部，具短柄。花果期5～9月。

用途：全草或根入中药，具有祛风除湿的功效。

分布地及生境：见于三岔湾村、卧云山、黑龙潭，生于低山丘陵、草地、路旁、田边。

311 | 砂引草
Tournefortia sibirica L.

紫草科 Boraginaceae>>
紫丹属 *Tournefortia* L.

别名： 紫丹。

形态特征： 多年生草本。具细长的根状茎，高10～30厘米，常从基部分枝，密生糙伏毛或白色长柔毛。单叶互生，叶披针形或长圆状披针形，中脉明显，上面凹陷，下面突起，侧脉不明显，无柄或近无柄。花成伞房状聚伞花序，顶生，基部具条形苞片1片；花萼5深裂，裂片披针形，密被白色柔毛；花冠黄白色，漏斗状，5裂，裂片卵圆形，外被柔毛；雄蕊5，内藏，着生在花冠筒中部；子房4室，不4深裂，每室具1胚珠；柱头2浅裂。果为长圆状球形，被密生的短柔毛。花期5～6月，果期7～8月。

用途： 低等牧草；花可提取香精；植株有固沙作用。

分布地及生境： 见于小纪汗乡，生于沙质土壤上。

312 | 附地菜

Trigonotis peduncularis (Triranus) Bentham ex Baker & S. Moore

别名： 鸡肠草、地胡椒、黄瓜香。

形态特征： 一年生草本。茎通常从基部分枝，高5～25厘米，被短糙伏毛。基生叶和茎下部叶倒卵状椭圆形或匙形，两面被糙伏毛。花序长达16厘米，仅在基部有2～4个苞片；花萼裂片5，卵形，先端急尖；花冠蓝色筒部甚短，檐部直径1.5～2.5毫米，裂片5，倒卵形，先端圆钝，喉部黄色，具5个鳞片状附属物；雄蕊5，内藏；子房4裂。小坚果4，四面体形。花期5～6月，果期7～8月。

用途： 嫩叶可供食用；全草入药，具有清热、消炎和止痛的功能；花美观可用以点缀花园。

分布地及生境： 见于三岔湾村，生于草地、林缘、田间及荒地。

313 | 钝萼附地菜

Trigonotis peduncularis var. *amblyosepala* (Nakai & Kitagawa) W. T. Wang

紫草科 Boraginaceae>>
附地菜属 *Trigonotis* Steven

形态特征： 一年生草本。茎1至数条，直立或斜升，高7～40厘米，基部多分枝，被短伏毛。基生叶密集铺散，有长柄，叶片通常匙形或狭椭圆形；茎下部叶似基生叶，基部楔形，两面被短伏毛，有短柄；茎上部叶较短而狭，几无柄。花序长达20厘米，仅基部具数个叶状苞片；花梗细弱，平伸或斜上；花萼5深裂，裂片倒卵状长圆形或狭匙形，先端圆钝；花冠蓝色，筒长约1.5毫米，檐部直径3.5～4毫米，裂片宽倒卵形，喉部黄色，具5个鳞片状附属物；雄蕊5，内藏；子房4裂。小坚果4，卵状四面体形。花期5～6月，果期6～9月。

用途： 全草可入中药，具有清热、消炎、止痛、止痢的功能。

分布地及生境： 见于三岔湾村，生于草地、林缘、灌丛或田间、荒野。

314 | 蒙古莸
Caryopteris mongholica Bunge

马鞭草科 Verbenaceae>>
莸属 *Caryopteris* Bunge

别名： 白沙蒿、兰花茶、吃不饱草、饿死鬼。

形态特征： 落叶小灌木，高30～150厘米。全株被灰白色绒毛，有香气。茎丛生，四棱形，老枝灰褐色，有纵裂纹；幼枝常为紫褐色。单叶对生；叶片厚纸质，线状披针形或线状长圆形，全缘，表面深绿色，稍被细毛，背面密生灰白色绒毛；叶柄长约3毫米。聚伞花顶生或序腋生；花萼5深裂，钟状；花冠蓝紫色，外面被短毛，5裂，下唇中裂片较长大，边缘流苏状，花冠管内喉部有细长柔毛；雄蕊4枚，与花柱均伸出花冠管外；子房长圆形，柱头2裂。蒴果椭圆状球形，果瓣具翅。花期6～8月，果期9～10月。

用途： 固沙保土植物；花和叶可提芳香油，又可庭园栽培供观赏；全草药用，具有消食理气、祛风湿、活血止痛的功效；煮水当茶喝可治腹胀、消化不良。

分布地及生境： 全区可见，生于干旱坡地，沙丘、干旱碱质土壤上。

315 | 荆条
Vitex negundo var. *heterophylla* (Franch.) Rehd.

马鞭草科 Verbenaceae>>
牡荆属 *Vitex* L.

别名： 荆棵、黄荆条。

形态特征： 落叶灌木，小枝四棱。掌状复叶对生，小叶通常5，椭圆状卵形，小叶片边缘有缺刻状锯齿，浅裂以至深裂，背面灰白色，被柔毛。圆锥花序顶生，长10～20厘米；花萼钟状，具5齿裂，宿存；花冠蓝紫色或淡紫色，二唇形；雄蕊4，2强；雄蕊和花柱稍外伸。核果球形。花期6～8月，果期7～10月。

用途： 茎皮可造纸及制人造棉；茎、叶、种子、根可入药；开花时为优良的蜜源植物，也可栽培作为观赏植物。

分布地及生境： 见于黑龙潭，生于山坡、路旁。

316 | 香青兰
Dracocephalum moldavica L.

唇形科 Lamiaceae (Labiatae) >>
青兰属 *Dracocephalum* L.

别名： 青兰、野青兰、青蓝、山薄荷。

形态特征： 一年生草本，高20～40厘米，植株被倒向的小毛。基生叶卵圆状三角形，先端圆钝，基部心形，具疏圆齿及长柄；下部茎生叶与基生叶近似，叶片披针形至线状披针形，两面只在脉上疏被小毛及黄色小腺点，边缘具三角形牙齿或疏锯齿。轮伞花序生于茎或分枝上部，通常具4花；苞片长圆形，每侧具2～3小齿。花萼15脉，上唇3裂，下唇2裂，裂片先端均成刺状尖；花冠淡蓝紫色，长1.5～2.5厘米，上唇短舟形，先端微凹，下唇3裂，中裂片扁，2裂，具深紫色斑点侧裂片平截。雄蕊4，微伸出。小坚果，长圆形，光滑。花期7～8月，果期8～9月。

用途： 全株含芳香油。

分布地及生境： 全区可见，生于干燥山地、山谷。

317 | 夏至草
Lagopsis supina (Steph. ex Willd.) Ik.-Gal. ex Knorr.

唇形科 Lamiaceae（Labiatae）>>
夏至草属 *Lagopsis* Bunge

别名： 小益母草、夏枯草、白花夏至草。

形态特征： 多年生草本。株高10～40厘米，茎四棱形，密被微柔毛，常在基部分枝。叶轮廓为圆形，3深裂，通常基部越冬叶远较宽大，叶片两面均绿色，上面疏生微柔毛，下面沿脉上被长柔毛。轮伞花序疏花，小苞片弯曲，刺状，密被微柔毛。花萼管状钟形，外密被微柔毛，具5脉，齿5，三角形，先端具刺尖；花冠白色，稍伸出于萼筒，长约6毫米，外面密被长柔毛，二唇形，上唇直伸，比下唇长，长圆形，全缘，下唇斜展，3浅裂，中裂片扁圆形，2侧裂片椭圆形。雄蕊4，不伸出，后对较短；花柱先端2浅裂，与雄蕊等长；花盘平顶。小坚果，长卵状三棱形，褐色，有鳞秕。花期3～5月，果期5～6月。

用途： 全草入药，具有养血调经的功效。

分布地及生境： 见于三岔湾村，生于路旁、荒地上。

318 | 益母草
Leonurus japonicus Houtt.

唇形科 Lamiaceae (Labiatae) >>
益母草属 *Leonurus* L.

别名： 异叶益母草、茺蔚、益母蒿、坤草。

形态特征： 一年生或二年生草本，株高30～120厘米。茎直立，四棱，通常分枝，被倒向短柔毛。茎下部叶轮廓为卵形，掌状3裂，裂片上再分裂。中部叶3全裂，裂片长圆状菱形，又羽状分裂，裂片宽线形。轮伞花序腋生，具8～15花；苞片刺状，向上伸出。花萼管状钟形，具5刺状齿，前2齿较长，靠合；花冠粉红至淡紫红色，长1～1.2厘米，二唇形，上唇长圆形，下唇3裂，中裂片倒心形，上下唇几等长。雄蕊4。小坚果长圆状三棱形。花期通常在6～9月，果期9～10月。

用途： 全草入药，具有调经活血、祛瘀生肌、清热利尿的作用。

分布地及生境： 见于河滨公园，生于路边、林下、林缘。

319 | 细叶益母草
Leonurus sibiricus L.

唇形科 Lamiaceae (Labiatae) >>
益母草属 *Leonurus* L.

别名： 四美草、风葫芦草、龙串彩。

形态特征： 一年生或二年生草本，株高20～80厘米。茎直立，钝四棱形，单一，或多数从植株基部发出，常不分枝。茎最下部的叶早落，中部的叶轮廓为卵形，基部宽楔形，掌状3全裂，裂片呈狭长圆状菱形，其上再羽状分裂成3裂的线状小裂片。轮伞花序腋生，多花，小苞片刺状，向下反折，比萼筒短；花萼管状钟形，具5条脉，萼齿5，前2齿靠合；花冠粉红至紫红色，冠檐二唇形，上唇长圆形，下唇外面疏被长柔毛，下唇比上唇短；雄蕊4。小坚果，长圆状三棱形。花期7～9月，果期9～10月。

用途： 作益母草入药，具有活血、祛瘀、调经、消水的作用。

分布地及生境： 见于巴拉素镇，生于固定沙丘、沙质草地。

320 | 地笋
Lycopus lucidus Turcz. ex Benth.

唇形科 Lamiaceae (Labiatae) >>
地笋属 *Lycopus* L.

别名： 泽兰、地瓜儿苗、地藕。

形态特征： 多年生草本，株高50～150厘米。地上茎直立，四棱形，通常不分枝；根茎横走，具节，节上密生须根，先端肥大呈圆柱形。叶对生，长圆状披针形，先端渐尖，基部渐狭，边缘具锐尖粗牙齿状锯齿，两面或上面具光泽，亮绿色。轮伞花序具花多数；花萼钟形，具5萼齿；花冠二唇形，白色或淡红色，上唇近圆形，下唇3裂，中裂片较大。小坚果倒卵圆状三棱形。花期6～9月，果期8～11月。

用途： 肥大根茎可供食用；全草为妇科良药，具有活血痛经、利尿等功效。

分布地及生境： 见于红石桥乡、三岔湾村，生于沼泽地、水边、沟边。

321 | 薄荷
Mentha canadensis L.

唇形科 Lamiaceae (Labiatae) >>
薄荷属 *Mentha* L.

别名： 野薄荷、香薷草、鱼香草。

形态特征： 多年生草本，株高30～100厘米。茎直立，稀平卧，具槽，上部被倒向微柔毛。下部仅沿棱上被微柔毛，多分枝。单叶对生，叶片长圆状披针形、披针形、椭圆形，长3～7厘米，宽0.8～3厘米，先端锐尖，基部楔形至近圆形，叶缘在基部以上具锐锯齿，两面沿脉密生微毛或具腺点。轮伞花序腋生，花萼管状钟形，萼齿5，狭三角状钻形，先端尖；花冠淡紫色，长4毫米，外被微毛，冠檐4裂，上裂片先端2裂，较大，其余3裂片近等大，长圆形，先端钝。雄蕊4，前对较长，均伸出于花冠之外。花柱先端具相等的2裂。小坚果长圆形，黄褐色。花期7～9月，果期8～10月。

用途： 幼嫩茎尖可作菜食；全草可入药，治感冒发热喉痛、头痛、目赤痛、皮肤风疹瘙痒、麻疹不透等症；全株为提取薄荷油、薄荷脑原料。

分布地及生境： 全区可见，生于水边潮湿处。

322 | 脓疮草

Panzerina lanata var. *alaschanica* (Kuprian.) H. W. Li

唇形科 Lamiaceae (Labiatae) >>
脓疮草属 *Panzerina* Sojze

别名： 野芝麻、白龙串彩、白龙穿彩。

形态特征： 多年生草本，株高30～50厘米，全体密被白色短绒毛。茎四棱形，单叶对生，叶轮廓为宽卵圆形，茎生叶掌状5裂，裂片常达基部，狭楔形，小裂片线状披针形；两面被毛，具柄。轮伞花序腋生，具多花；小苞片钻形；花萼管状钟形，萼齿5；花冠二唇形，淡黄或白色，上唇直伸，盔状，长圆形，下唇直伸，浅3裂，具红色条纹；雄蕊4。小坚果卵圆状三棱形，具疣点。花期5～6月，果期7～9月。

用途： 全草入药，用以治疗疮；茎叶可提取芳香油。

分布地及生境： 见于马合镇、补浪河乡、小纪汗乡，生于沙地上。

323 | 串铃草
Phlomis mongolica Turcz.

唇形科 Lamiaceae (Labiatae) >>
糙苏属 *Phlomis* L.

别名：野洋芋、毛尖茶、蒙古糙苏。

形态特征：多年生草本，株高40～70厘米。根木质，粗厚，须根常作块根状增粗。茎不分枝或具少数分枝，被具节疏柔毛或平展具节刚毛，节上较密。基生叶卵状三角形至三角状披针形，先端钝，基部心形，边缘为圆齿状，茎生叶同形，通常较小叶片两面被毛。轮伞花序，具多花；花萼管状，萼齿5，顶端有刺尖头；花冠紫色，稀白色，二唇形，上唇边缘流苏状，下唇中裂片宽倒卵形，顶端微凹。雄蕊4，内藏。小坚果顶端被毛。花期5～9月，果期在7月以后。

用途：本种为有毒植物；根药用，可清热、消肿；花美丽，又可供观赏。

分布地及生境：见于清泉镇，生于山坡草地。

324 | 黄芩
Scutellaria baicalensis Georgi

唇形科 Lamiaceae (Labiatae) >>
黄芩属 *Scutellaria* L.

别名：山茶根、香水水草、黄筋子。

形态特征：多年生草本，株高20～80厘米。根状茎肥厚，粗达2厘米。茎四棱形，丛生。叶对生，披针形至线状披针形，先端钝，基部圆，全缘，两面无毛或疏被微柔毛，下面密被凹腺点。总状花序顶生，长7～15厘米；花萼长4毫米，密被微柔毛，具缘毛，盾片高1.5毫米；花冠二唇形，紫色、紫红色至蓝紫色，筒近基部明显膝曲，下唇中裂片三角状卵圆形。小坚果黑褐色，卵球形。花果期7～9月。

用途：低等牧草，幼嫩时牲口采食。根药用，具清热燥湿、止血及安胎功效；根亦可作蓝靛色染料。叶可代茶。

分布地及生境：见于黑龙潭，栽培，生于山坡、林缘、路旁。

325 | 盔状黄芩
Scutellaria galericulata L.

唇形科 Lamiaceae (Labiatae) >>
黄芩属 *Scutellaria* L.

形态特征： 多年生草本。茎直立，高10～40厘米，锐四棱形，中部以上多分枝，下部常无叶，背面密被短柔毛。叶片长圆状披针形，先端锐尖，基部浅心形，边缘具圆齿状锯齿，上面疏被短柔毛，下面密被短柔毛，上面凹陷下面明显隆起。花单生于茎中部以上叶腋内，一侧向；花萼开花时长约3.5毫米，外密被白色短柔毛，盾片着生在萼筒中部稍下方；花冠二唇形，紫色、紫蓝至蓝色，外被具腺短柔毛；上唇半圆形，下唇中裂片三角状卵圆形；雄蕊4。小坚果三棱状卵圆形，黄色，具小瘤突。花期6～7月，果期7～8月。

用途： 全草药用，可治疟疾、出血；民间可用作染料。

分布地及生境： 见于红石桥乡，生于水边冲积地。

326 | 狭叶黄芩
Scutellaria regeliana Nakai

唇形科 Lamiaceae（Labiatae）>>
黄芩属 *Scutellaria* L.

形态特征：多年生草本。茎直立，高26～30厘米，四棱形，一般不分枝。叶片披针形或三角状披针形，先端钝，基部不明显浅心形或近截形，边缘全缘但稍内卷，上面密被微糙毛，下面密被微柔毛。花单生于茎中部以上的叶腋内，偏向一侧；花萼开花时长4毫米，外面密被短柔毛，盾片很小；花冠二唇形，紫色，上唇盔状，下唇近扁圆形；雄蕊4。小坚果黄褐色，卵球形，具瘤状突起，腹面基部具脐突起。花期6～7月，果期7～9月。

分布地及生境：见于小纪汗乡，生于河岸或沼泽地。

327 | 并头黄芩
Scutellaria scordifolia Fisch. ex Schrank

唇形科 Lamiaceae (Labiatae) >>
黄芩属 *Scutellaria* L.

别名： 头巾草、山麻子、并头草。

形态特征： 多年生草本。茎直立，高12～36厘米，四棱形。叶对生，叶片三角状卵形或披针形，边缘大多具浅锐牙齿，上面绿色，无毛，下面较淡，具多数凹点，沿中脉及侧脉疏被小柔毛。花单生于茎上部的叶腋内，偏向一侧；花梗长2～4毫米，被短柔毛，近基部有一对长约1毫米的针状小苞片；花萼被短柔毛及缘毛；花冠二唇形，蓝紫色，长约2厘米；雄蕊4，内藏。子房4裂，裂片等大。小坚果黑色，椭圆形，具瘤。花期6～8月，果期8～9月。

用途： 全草药用，具有清热解毒、利尿、治肝炎等功效；叶可代茶用。

分布地及生境： 见于沙地森林公园，生于沙地上。

328 | 毛水苏
Stachys baicalensis Fisch. ex Benth.

唇形科 Lamiaceae (Labiatae) >>
水苏属 *Stachys* L.

别名： 水苏草、好姆亨。

形态特征： 多年生草本，植株被毛，高50～100厘米。茎直立，单一，或在上部具分枝，四棱形，具槽。叶长圆状披针形至披针形，长4～11厘米，宽0.7～1.5厘米，先端稍锐尖，基部圆形，边缘具圆齿状锯齿，两面贴生刚毛；叶柄短或近于无柄。轮伞花序通常具6花，多数组成顶生穗状花序；花梗极短，被刚毛；花萼钟形，10脉，明显，齿5；花冠淡紫至紫色，二唇形，上唇直伸，卵圆形，下唇轮廓为卵圆形，3裂，中裂片近圆形；雄蕊4，均延伸至上唇片之下。小坚果棕褐色，卵珠状，无毛。花期7～8月，果期8～9月。

用途： 全草药用，祛风、解毒、止血。

分布地及生境： 见于红石桥乡，生于水边湿草地及河岸上。

329 | 甘露子
Stachys sieboldii Miq.

唇形科 Lamiaceae (Labiatae) >>
水苏属 *Stachys* L.

别名：地蚕、宝塔菜、草石蚕。

形态特征：多年生草本，高30～120厘米。根状茎白色，节上生有密集的须根，顶端肥大呈念珠状或螺蛳形块茎。地上茎直立或基部倾斜，单一或分枝，四棱形，在棱及节上密被倒生或稍开展的硬毛。叶卵圆形或长椭圆状卵圆形，边缘有规则的圆齿状锯齿，内面被或疏或密的贴生硬毛。轮伞花序通常6花，多数远离组成长5～15厘米顶生穗状花序；小苞片线形，被微柔毛；花萼狭钟形，外被具腺柔毛，内面无毛，10脉，齿5，三角形，先端具刺尖头，微反折；花冠粉红至紫红色，冠筒筒状，内面在下部1/3被微柔毛毛环，冠檐二唇形，上唇直伸而略反折，下唇3裂，中裂片近圆形。花期7～8月，果期9月。

用途：地下肥大块茎供食用，宜作酱菜或泡菜，全草药用，祛风热、利湿、活血、散瘀。

分布地及生境：见于中营盘村，栽培。

330 | 百里香
Thymus mongolicus (Ronniger) Ronniger

唇形科 Lamiaceae (Labiatae) >>

百里香属 *Thymus* L.

别名：地椒、地椒叶、地角花、干里香。

形态特征：半灌木。植株具浓香气。茎多数，匍匐或上升；不育枝从茎的末端或基部生出，匍匐或上升，被短柔毛；花枝高2~10厘米，在花序下密被向下曲或稍平展的疏柔毛，具叶2~4对。叶对生，卵圆形或椭圆形，长4~10毫米，全缘，两面被金黄色腺点。花序头状；花萼管状钟形或狭钟形，长4~4.5毫米；花冠紫红、紫或淡紫、粉红色，长6.5~8毫米，二唇形。小坚果扁圆形，光滑。花果期6~9月。

用途：全草入药，可治感冒、咳嗽、头痛、消化不良、高血压等；也可提取芳香油。

分布地及生境：见于卧云山，栽培，生于山地、沟谷、路旁和杂草丛中。

331 | 曼陀罗
Datura stramonium L.

茄科 Solanaceae>>
曼陀罗属 *Datura* L.

别名： 野麻子、洋金花、土木特张姑。

形态特征： 一年生草本，有时为亚灌木。株高0.5～1.5米。叶宽卵形，顶端渐尖，基部为不对称的楔形，叶缘具不规则的波状浅裂；叶柄长3～5厘米。花单生于枝杈间或叶腋，直立，有短梗；花萼筒状，筒部具5棱角；花冠漏斗状，下半部带绿色，上部白色或淡紫色，5浅裂；雄蕊5，不伸出花冠；子房卵形，不完全4室。蒴果，直立，卵状，表面具坚硬的针刺，稀为无针刺，成熟时为规则的4瓣裂。花期6～10月，果期7～11月。

用途： 叶、花、种子可入药，具有镇痉、镇静、镇痛、麻醉的功能；种子油可制肥皂和掺和油漆用。

分布地及生境： 全区可见，生于住宅旁、路边或荒草地上。

332 | 天仙子
Hyoscyamus niger L.

茄科 Solanaceae>>
天仙子属 *Hyoscyamus* L.

别名： 莨菪、牙痛草、牙痛子。

形态特征： 一年生或二年生草本，植株高达1米，全株被黏性腺毛。根较粗壮，肉质而后变纤维质。一年生的茎极短，自根茎发出莲座状叶丛，基生叶卵状披针形或长圆形，长可达30厘米，宽达10厘米，叶缘有粗牙齿或羽状浅裂；茎生叶卵形或三角状卵形，无叶柄而基部半抱茎或宽楔形，叶缘羽状浅裂或深裂，两面除生黏性腺毛外，沿叶脉并生有柔毛。花单生于叶腋，在茎上端则单生于苞状叶腋内而聚集成蝎尾式总状花序。花萼筒状钟形，5浅裂，裂片大小不等，果时增大成壶状；花冠钟状，5浅裂，黄色，脉纹紫堇色；雄蕊5，稍伸出花冠。蒴果，包藏于宿存的花萼内，长卵圆状。花果期6～8月。

用途： 根、叶、种子药用，具有镇痉镇痛之效，可作镇咳药及麻醉剂；种子油可制肥皂。

分布地及生境： 见于班禅寺，生于山坡、路旁、住宅区及河岸沙地。

333 | 黄花烟草
Nicotiana rustica L.

茄科 Solanaceae>>
烟草属 *Nicotiana* L.

别名： 小花烟、旱烟、山菸。

形态特征： 一年生草本，高40～60厘米，有时达120厘米，茎直立，粗壮，被腺毛，分枝较细弱。单叶互生，被腺毛，叶片卵形、长圆形、心脏形，有时长圆状披针形，长10～30厘米，叶柄常短于叶片之半，无翅。花序圆锥状顶生，疏散或紧缩；花梗长3～7毫米。花萼杯状，裂片宽三角形，1枚显著长；花冠黄绿色，裂片短，宽而钝；雄蕊4枚较长，1枚明显短。蒴果，长圆状卵形或近球形，长约10～16毫米。花期7～8月，果期8～9月。

用途： 烟草工业的原料，主要用作旱烟；全株也作农药杀虫剂。

分布地及生境： 见于古塔镇，栽培。

334 | 龙葵
Solanum nigrum L.

茄科 Solanaceae) >
茄属 *Solanum* L.

别名： 山辣椒、野葡萄。

形态特征： 一年生直立草本，株高达1米，植株近无毛或被微柔毛。叶卵形，长2.5～10厘米，宽1.5～5.5厘米，全缘或有不规则的波状粗齿，两面光滑或被稀疏短柔毛，叶柄长约1～2厘米。蝎尾状花序，腋外生，由3～10朵花组成，总花梗长约1～2.5厘米，花柄长约5毫米；花萼浅杯状，直径约1.5～2毫米；花冠白色，辐状，筒部隐于萼内，5深裂，裂片卵圆形；雄蕊5；子房卵形，直径约0.5毫米，柱头小，头状。浆果，球形，直径约8毫米，熟时黑色。花期7～9月，果期8～10月。

用途： 全株入药，具有散瘀消肿、清热解毒的功能。

分布地及生境： 见于鱼河镇、古塔镇、岔河则乡、李家梁水库，生于田边、荒地及村庄附近。

335 | 青杞
Solanum septemlobum Bunge

茄科 Solanaceae>>
茄属 *Solanum* L.

别名： 红葵、野茄子、野狗杞、裂叶龙葵。

形态特征： 多年生直立草本或灌木状。茎具棱角，无刺，被白色弯曲的短柔毛至近无毛。叶互生，卵形，长3～7厘米，宽2～5厘米，5～7羽状深裂，裂片宽披针形或披针形，两面均疏被短柔毛；叶柄长约1～2厘米，被短柔毛。二歧聚伞花序，顶生或腋外生，花序梗长约1～2.5厘米；花萼小，杯状，外面被疏柔毛，5裂，裂片三角形；花冠青紫色，裂片椭圆形；雄蕊5；花药的顶孔向内；子房卵形，柱头头状。浆果，近球形，熟时红色，直径约8毫米。花期7～8月，果期8～10月。

用途： 全草有毒，含生物碱；全草可药用，能清热解毒，治咽喉肿痛。

分布地及生境： 见于卧云山、沙地植物园，生于向阳山坡。

336 | 马铃薯
Solanum tuberosum L.

茄科 Solanaceae>>
茄属 *Solanum* L.

别名： 土豆、洋芋、山药豆、山蔓、蔓蔓。

形态特征： 一年生草本，高30～80厘米。块茎扁球状或椭圆状。叶为奇数不相等的羽状复叶，小叶常大小相间，长10～20厘米；小叶6～8对，卵形至长圆形，全缘，两面均被白色疏柔毛。伞房花序顶生，后侧生，花白色或蓝紫色；花萼钟状，5裂；花冠辐状，5浅裂。浆果，圆球形，光滑。花期7～8月，果期8～9月。

用途： 块茎含丰富的淀粉，可供食用，并为淀粉工业的主要原料；刚抽出的芽条及果实中有丰富的龙葵碱，为提取龙葵碱的原料。

分布地及生境： 全区可见，栽培。

337 | 蒙古芯芭
Cymbaria mongolica Maxim.

玄参科 Scrophulariaceae>>
芯巴属 Cymbaria L.

别名：光药大黄花。

形态特征：多年生草本，株高5～20厘米。根茎节间短，节上对生膜质鳞片。茎丛生，基部常有宿存的隔年枯茎，被鳞片所覆盖，老时木质化，密被细短柔毛。叶无柄，对生，或在茎上部近于互生，被短柔毛，基部叶长圆状披针形，向上渐成线状披针形。花少数，腋生于叶腋中，每茎1～4朵；小苞片2枚，全缘或有1～2枚小齿；萼齿5枚有时6枚，基部狭三角形；花冠黄色，二唇形，上唇略作盔状，裂片向前而外侧反卷，下唇三裂，开展；雄蕊4枚，二强，花药外露；子房长圆形，花柱细长，与上唇近于等长。蒴果革质，长卵圆形，室背开裂。花期4～8月，果期7～8月。

用途：药用，可祛风除湿、清热利尿、凉血止血。

分布地及生境：见于镇川镇，生于山坡、草地。

338 | 柳穿鱼

Linaria vulgaris subsp. *chinensis* (Bunge ex Debeaux) D. Y. Hong

玄参科 Scrophulariaceae>>
柳穿鱼属 *Linaria* Mill.

形态特征：多年生草本，株高20～50厘米。茎直立，常在上部分枝，无毛。叶多互生，线形或披针状线形，长2～8厘米，宽约5毫米，常单脉，少3脉，全缘，无毛。总状花序顶生，花序轴及花梗无毛或有少数短腺毛；花萼5深裂，裂片披针形，长约4毫米；花冠黄色，除去距长10～15毫米，距长8～10毫米，上唇长于下唇。蒴果，卵球状。种子盘状，边缘有宽翅，成熟时中央常有瘤状突起。花期6～9月，果期8～10月。

用途：全草可入药，可治风湿性心脏病。

分布地及生境：见于元大滩森林公园，生于林下、路边、田边草地中或多沙的草原。

339 | 疗齿草

Odontites vulgaris Moench

玄参科 Scrophulariaceae>>
疗齿草属 *Odontites* Ludw.

别名：齿叶草。

形态特征：一年生草本，株高20～50厘米，全株被贴伏而倒生的白色细硬毛。茎上部分枝，四棱形。叶对生，有时上部的互生；叶片披针形至条状披针形，长1～4.5厘米，宽0.3～1厘米，边缘疏生锯齿。总状花序顶生；苞片叶状，花梗极短；花萼钟状，4等裂，萼片狭三角形，被毛；花冠紫红色、紫色或淡红色；雄蕊4，二强，花药箭形，带橙红色，药室下边延成短芒。蒴果，长圆形。种子椭圆形，有数条纵的狭翅。花期7～8月，果期8～9月。

用途：药用，可治湿热所致的多种病症。

分布地及生境：见于小纪汗乡，生于湿草地。

340 | 毛泡桐
Paulownia tomentosa (Thunb.) Steud.

玄参科 Scrophulariaceae>>
泡桐属 *Paulownia* Siebold & Zucc.

别名： 紫花泡桐。

形态特征： 落叶乔木，植株高可达20米。树冠宽大伞形，树皮褐灰色，小枝有明显皮孔，幼时常具黏质短腺毛。叶卵状心形，长达40厘米，全缘或波状浅裂，上面毛稀疏，下面毛密或较疏；叶柄长3～15厘米，被黏质短腺毛。圆锥花序金字塔形或狭圆锥形，长20～40厘米；小聚伞花序的总花梗长1～2厘米，具花3～5朵；花萼浅钟形，外面绒毛不脱落，5深裂；花冠紫色，漏斗状钟形，长5～7.5厘米，在离管基部约5毫米处弓曲，向上突然膨大，外面有腺毛，内面几无毛，檐部二唇形。雄蕊4，二强；子房卵圆形，有腺毛。蒴果，卵圆形，幼时密被黏质腺毛，宿萼不反卷。花期4～5月，果期8～9月。

用途： 城镇绿化及营造防护林的优良树种；用于制作胶合板、乐器、模型等。

分布地及生境： 见于黑龙潭，栽培。

341 | 地黄
Rehmannia glutinosa (Gaert.) Libosch. ex Fisch. et Mey.

玄参科 Scrophulariaceae>>
地黄属 *Rehmannia* Libosch. ex Fisch. & C. A. Mey

别名：生地、怀庆地黄。

形态特征：多年生草本。全体密被灰白色或淡褐色长柔毛及腺毛。根状茎肉质肥厚，鲜时黄色。茎高15～30厘米，紫红色。叶通常基生，倒卵形至长椭圆形，边缘具不规则圆齿或钝锯齿以至牙齿，基部渐狭成柄；叶面有皱纹，上面绿色，下面通常淡紫色，被白色长柔毛及腺毛。总状花序顶生，密被腺毛，花梗长1～3毫米；花萼钟状，5裂，裂片三角形；花冠筒状而微弯，外面紫红色，内面黄紫色，下部渐狭，顶部二唇形，上唇2裂反折，下唇3裂直伸；雄蕊4；子房卵形，柱头2裂。蒴果，卵球形。花果期4～7月。

用途：根茎药用，具清热、生津、凉血、滋阴补肾、补血调经的功效。

分布地及生境：全区可见，生于沙质壤土、山坡、路旁。

342 | 北水苦荬
Veronica anagallis-aquatica L.

玄参科 Scrophulariaceae>>
婆婆纳属 *Veronica* L.

别名：仙桃草。

形态特征：多年生草本，株高10～100厘米，通常全体无毛。叶对生，无柄，上部的半抱茎，多为椭圆形或长卵形，少为卵状矩圆形，更少为披针形，长2～10厘米，全缘或有疏而小的锯齿。总状花序腋生，比叶长，多花；花梗与苞片近等长，上升，与花序轴成锐角，果期弯曲向上，使蒴果靠近花序轴；花萼4深裂，裂片卵状披针形，急尖，长约3毫米；花冠浅蓝色，淡紫色或白色，直径4～5毫米，筒部极短，裂片宽卵形。蒴果卵圆形。花期4～9月，果期7～8月。

用途：嫩苗可蔬食；全草入药，有止血、止疼、活血消肿、清热利尿、降血压的功能。

分布地及生境：见于李家梁水库、中营盘水库、刀兔海则，生于水边湿地、沼泽。

343 | 阿拉伯婆婆纳
Veronica persica Poir.

玄参科 Scrophulariaceae>>
婆婆纳属 *Veronica* L.

别名： 波斯婆婆纳、肾子草。

形态特征： 草本，高10～50厘米。叶2～4对，卵形或圆形，基部浅心形，边缘具钝齿，两面疏生柔毛。总状花序很长，苞片互生，与叶同形近等大，花梗比苞片长；花萼花期长仅3～5毫米，花萼果期增大，裂片卵状披针形；花冠蓝色、紫色或蓝紫色，裂片卵形至圆形，喉部疏被毛；雄蕊短于花冠。蒴果，肾形，被腺毛，成熟后几乎无毛，网脉明显。花期3～5月。

用途： 药用；绿化。

分布地及生境： 见于沙地森林公园，生于路边、草地。

344 | 厚萼凌霄
Campsis radicans (L.) Seem.

紫葳科 Bignoniaceae>>
凌霄属 *Campsis* Lour.

别名： 美国凌霄、杜凌霄。

形态特征： 藤本，常借气生根攀附于其他物体上，长达10米。奇数羽状复叶，对生，小叶9～13枚，椭圆形至卵状椭圆形，顶端尾状渐尖，基部楔形，边缘具齿，上面深绿色，下面淡绿色，至少沿中肋被短柔毛。花萼钟状，长约2厘米，口部直径约1厘米，5浅裂至萼筒的1/3处，裂片齿卵状三角形，外向微卷，无凸起的纵肋。花冠筒细长，漏斗状，橙红色至鲜红色。蒴果，长圆柱形，顶端具喙尖，沿缝线具龙骨状突起。花期6～8月，果期7～9月。

用途： 栽培作观赏植物；花可代凌霄花入药，有通经活血、祛风功效。

分布地及生境： 见于黑龙潭，栽培。

345 | 梓树
Catalpa ovata G. Don

紫葳科 Bignoniaceae>>
梓属 *Catalpa* Scop.

别名： 梓、楸、花楸、水桐。

形态特征： 落叶乔木，株高达6～10米，嫩枝无毛或具稀疏柔毛。单叶，对生，有时为3叶轮生，叶为阔卵形，先端常具3～5浅裂，叶基微心形，全缘。顶生圆锥花序；花序梗微被疏毛，长12～25厘米；花萼5裂；花冠黄白色，二唇形，内具黄色条纹及紫色斑点，长约2.5厘米；能育雄蕊2，退化雄蕊3；子房卵形，花柱丝形，柱头2裂。蒴果，线形，下垂。种子长椭圆形，两端具有平展的长毛。花期6～7月，果期7～9月。

用途： 可作庭园绿化树或行道树；嫩叶可食用或作饲料；叶或树皮可作农药，可杀稻螟、稻飞虱；种子可入药，作利尿剂。

分布地及生境： 见于黑龙潭，栽培。

346 | 黄金树

Catalpa speciosa (Warder ex Barney) Engelm.

紫葳科 Bignoniaceae>>
梓属 *Catalpa* Scop.

别名： 白花梓树。

形态特征： 乔木，株高达6～30米。单叶，对生，叶片为宽卵形或卵状长圆形，长15～30厘米，宽11～20厘米，顶端渐尖，基部截形至心形，全缘，表面近无毛，背面密生弯柔毛，基出三条脉；叶柄长10～15厘米。圆锥花序顶生，有少数花，长约15厘米；苞片2，线形。花萼2裂；花冠白色，二唇形，喉部有2黄色条纹及紫色细斑点；能育雄蕊2；子房2室。蒴果，长圆柱形，通常不超过40厘米。种子椭圆形，两端有极细的白色丝状毛。花期6～8月，果期7～9月。

用途： 常作为庭园和路旁的绿化树种；木材亦可应用。

分布地及生境： 见于卧云山，栽培。

347 | 角蒿
Incarvillea sinensis Lam.

紫葳科 Bignoniaceae>>
角蒿属 *Incarvillea* Juss.

别名：羊角蒿、羊角草、大一枝蒿。

形态特征：一年生草本。茎直立，高达80厘米，具细条纹，植株被微柔毛。分枝上的叶为互生，，基部的叶常为对生，叶为二至三回羽状深裂或全裂，羽片4～7对，末回裂片线状披针形，具细齿或全缘。顶生总状花序，疏散，长达20厘米；花梗长1～5毫米；小苞片绿色，线形；花萼钟状，5裂，被毛；花冠淡玫瑰色或粉红色，二唇形，基部收缩成细筒，花冠裂片圆形；雄蕊4，二强。蒴果淡绿色，细圆柱形。花期5～9月，果期10～11月。

用途：全草入药，具有祛风湿和活血止痛的功能。

分布地及生境：全区可见，生于山坡、田野、沙地。

348 | 列当
Orobanche coerulescens Steph.

列当科 Orobanchaceae>>
列当属 *Orobanche* L.

别名： 草苁蓉、独根草、兔子拐棍、沙棒槌。

形态特征： 一年生寄生草本，株高达35厘米，全株密被蛛丝状长绵毛。茎直立，黄褐色，不分枝，圆柱形，基部常稍膨大。叶鳞片状，互生，有时为卵状披针形，长8～15毫米，黄褐色。穗状花序，顶生；苞片卵状披针形；花萼2深裂达近基部；花冠二唇形，蓝紫色或淡紫色，上唇宽，顶端微凹，下唇3裂，裂片近圆形；雄蕊4枚，二强，着生于花冠筒中部；侧膜胎座，花柱长，柱头常2浅裂。蒴果，卵状椭圆形。花期6～8月，果期8～9月。

用途： 全草药用，具有补肾助阳、强筋骨、润肠之效，主治阳痿、腰酸腿软、神经官能症及小儿腹泻等；外用可消肿。

分布地及生境： 见于风沙草滩地区，生于沙丘、山坡。

349 | 黄花列当
Orobanche pycnostachya Hance

列当科 Orobanchaceae>>
列当属 *Orobanche* L.

形态特征： 一年生寄生草本，株高10～35厘米，全株密被腺毛。茎直立，黄褐色，常不分枝，圆柱形，基部常稍膨大。叶鳞片状，互生，有卵状披针形。穗状花序顶生，密生腺毛；苞片卵状披针形；花萼2深裂达近基部；花冠二唇形，淡黄色，有时为白色，上唇2裂，裂片短；下唇3裂，裂片不等大；雄蕊4，二强；子房长圆形，花柱细长。蒴果，长圆形。花期6～8月，果期7～9月。

用途： 全草皆可入药，具有补肾助阳、强筋骨的功效。

分布地及生境： 见于沙地森林公园；生于沙丘、山坡。

350 | 茜草
Rubia cordifolia L.

茜草科 Rubiaceae>>
茜草属 *Rubia* L.

别名： 驴燃烧、血见愁。

形态特征： 多年生攀援草本。根紫红色或橙红色。茎四棱，蔓生，多分枝。茎棱、叶柄、叶缘和下面中脉上都有倒刺。叶通常4叶轮生，披针形或长圆状披针形，顶端渐尖，基部心形，叶脉5，弧状；聚伞花序成圆锥状，顶生和腋生；花小，具短梗；花冠淡黄色，干时淡褐色，辐状，5裂；雄蕊5，子房无毛。浆果，球形，成熟时红色。花期6～9月，果期9～10月。

用途： 根可作红色染料；又可药用，有通经活血、化瘀生津的功效。

分布地及生境： 全区可见，生于疏林下、林缘、灌丛或草地上。

351 | 狸藻
Utricularia vulgaris L.

狸藻科 Lentibulariaceae>>
狸藻属 *Utricularia* L.

别名：闸草。

形态特征：多年生水生食虫草本。茎多分枝，长达60厘米。叶互生，裂片轮廓呈卵形、椭圆形或长圆状披针形，先羽状深裂，后二至四回二歧状深裂；末回裂片毛发状，边缘具刺状齿。成顶生的总状花序；花冠二唇形；黄色；雄蕊2；花序直立，中部以上具3～10朵疏离的花；苞片与鳞片同形，基部着生，宽卵形、圆形或长圆形，顶端急尖、圆形或2～3浅裂，基部耳状，膜质；无小苞片；花萼2裂达基部。蒴果，球形。花期6～8月，果期7～9月。

用途：可观赏用；可入药，全草治内脏出血和慢性支气管炎。

分布地及生境：见于小纪汗乡敖包村，生于湖泊、池塘、沼泽中。

352 | 车前
Plantago asiatica L.

别名： 车轮草、猪耳草、牛耳朵草。

形态特征： 多年生湿地草本。具须根。叶基生呈莲座状；叶片薄纸质或纸质，宽卵形至宽椭圆形，两面疏生短柔毛。花密生呈穗状花序；苞片狭卵状三角形或三角状披针形；花具短梗；花冠淡绿色，无毛，裂片狭三角形，先端渐尖或急尖，具明显的中脉，于花后反折。蒴果，纺锤状卵形、卵球形或圆锥状卵形。花期4～8月，果期6～9月。

用途： 幼苗可食；叶可入药，具有利尿、清热的功效。

分布地及生境： 全区可见，生于草地、沟边、河岸湿地、田边、路旁。

353 | 平车前
Plantago depressa Willd.

车前科 Plantaginaceae>>
车前属 *Plantago* L.

别名： 车前草、车串串。

形态特征： 一年生或二年生草本。具主根。叶基生，长卵状披针形；无毛或有毛；叶片纸质，椭圆形、椭圆状披针形或卵状披针形，先端急尖或微钝，基部宽楔形至狭楔形；纵脉3～7条。穗状花序，直立，细圆柱状，上部密集，基部常间断；苞片三角状卵形，内凹，无毛，边缘常紫色；花萼无毛，4裂；花冠白色。蒴果，卵状椭圆形至圆锥状卵形。花期5～7月，果期7～9月。

用途： 幼苗可食；种子和全草入药，具有清热、利尿、凉血、祛痰的功效。

分布地及生境： 全区可见，生于草地、河滩、沟边、草甸、田间及路旁。

354 | 大车前
Plantago major L.

车前科 Plantaginaceae>>
车前属 *Plantago* L.

别名： 大猪耳朵草。

形态特征： 二年生或多年生湿地草本。须根多数。根状茎粗壮。叶基生，呈莲座状；叶片草质、薄纸质或纸质，宽卵形至宽椭圆形，先端钝圆，脉3～7条。穗状花序；花小，两性，密生；苞片宽卵状三角形；萼片先端圆形，无毛或疏生短缘毛，边缘膜质；花冠白色。蒴果，近球形、卵球形或宽椭圆球形。花期6～8月，果期7～9月。

用途： 全草入药，有利尿作用；种子具有镇咳、祛痰、止泻的功效。

分布地及生境： 全区可见，生于水边草甸、河滩、沟边、沼泽地。

355 | **石沙参**
Adenophora polyantha Nakai

桔梗科 Campanulaceae>>
沙参属 *Adenophora* Fisch.

形态特征： 多年生草本，株高20～80厘米，无毛。具白色乳汁。根近似胡萝卜形。基生叶早枯，心状肾形；茎生叶卵形或披针形，稀披针状线形，边缘疏生尖锯齿或刺状齿，无柄。花序常不分枝而成假总状花序，或有短分枝而组成窄圆锥花序；花梗短，长不及1厘米；花萼被毛，萼筒倒圆锥状，裂片窄三角状披针形长3.5～6毫米；花冠紫或深蓝色，钟状。蒴果，卵状椭圆形。花期7～9月，果期8～10月。

用途： 药用，有养阴清肺、祛痰止咳的作用。

分布地及生境： 见于黑龙潭，生于阳坡开旷草地。

356 | 桔梗

Platycodon grandiflorus (Jacq.) A. DC.

桔梗科 Cucurbitaceae>>
桔梗属 *Platycodon* A. DC.

别名：铃铛花、包袱花、僧帽草。

形态特征：多年生草本，具白色乳汁。根粗壮，长圆柱形，表皮黄褐色。茎直立，高0.2～1.2米，单一或分枝。叶卵形或卵状披针形，基部宽楔形或圆钝，先端急尖，上面无毛而绿色，下面常无毛而有白粉。花单朵顶生，或数朵集成假总状花序，或有花序分枝而集成圆锥花序；花萼钟状，无毛，5裂；花冠漏斗状钟形，蓝或紫色，5裂；雄蕊5，离生。蒴果，球状、球状倒圆锥形或倒卵圆形。花期7～9月，果期8～10月。

用途：根药用，含桔梗皂甙，有止咳、祛痰、消炎（治肋膜炎）等功效。

分布地及生境：见于沙地植物园，栽培。

357 | 锦带花
Weigela florida (Bunge) A. DC.

锦带花科 Caprifoliaceae>>
锦带花属 Weigela Thunb.

别名：旱锦带花、海仙、锦带。

形态特征：落叶灌木，株高达1～3米。当年生枝绿色，被短柔毛；小枝细，紫红色，光滑具微棱。叶矩圆形、椭圆形至倒卵状椭圆形，顶端渐尖，基部阔楔形至圆形，边缘有锯齿，叶柄短。花冠漏斗状钟形，外面粉红色，里面灰白色，裂片5，雄蕊5，柱头扁平2裂。果实长1.5～2.5厘米，顶有短柄状喙，疏生柔毛。花期4～6月，果期9～10月。

用途：适宜庭院墙隅、湖畔群植；也可在树丛林缘作篱笆、丛植配植；是良好的抗污染树种。

分布地及生境：见于季弯公园，栽培。

358 | 忍冬
Lonicera japonica Thunb.

别名：金银花、鸳鸯藤。

形态特征：木质藤本。幼枝密生柔毛和腺毛。叶卵形至矩圆状卵形，上面深绿色，下面淡绿色，幼时两面被毛。花成对生于叶腋；苞片叶状，边缘具纤毛；萼筒无毛，5裂；花冠二唇形，先白色，后变黄色，具芳香；上唇具4裂片，直立，下唇反转；雄蕊5，与花柱等长于花冠。浆果，球形，黑色。花期4～6月（秋季亦常开花），果熟期10～11月。

用途：花可入药、作茶饮，有清热、抗病毒的作用，花可提取芳香油；茎皮可作纤维。

分布地及生境：见于卧云山，栽培，生于山坡灌丛、疏林中。

359 | 蓝叶忍冬
Lonicera korolkowii Stapf

忍冬科 Caprifoliaceae>>
忍冬属 *Lonicera* L.

形态特征：落叶灌木，高可达3米。茎直立丛生，枝条紧密，皮光滑无毛，常紫红色，单叶对生，叶片卵形或椭圆形，近革质，蓝绿色。花粉红色，对生于叶腋处，有芳香。浆果，红色。花期4～5月，果期9～10月。

用途：蓝叶忍冬常植于庭院、小区作观赏，其叶、花、果均具观赏价值，常植于庭院 、公园等地，亦可做绿篱栽植。

分布地及生境：见于沙地植物园、栽培。原产土耳其。

360 | 金银忍冬
Lonicera maackii (Rupr.) Maxim.

忍冬科 Caprifoliaceae>>
忍冬属 *Lonicera* L.

别名：金银木、王八骨头。

形态特征：落叶灌木，株高达5米。幼枝具微毛，小枝中空。叶卵状椭圆形至卵状披针形，两面脉上被毛。总花柄短于叶柄，具腺毛；相邻两花的萼筒分离；花冠先白后变成黄色，芳香，二唇形；雄蕊5。浆果，红色，直径5~6毫米。种子具蜂窝状微小浅凹点。花期5~6月，果熟期8~10月。

用途：茎皮可制人造棉；花可提取芳香油；种子榨成的油可制肥皂。

分布地及生境：见于季鸾公园，栽培。

361 | 蝟实
Kolkwitzia amabilis Graebn.

北极花科 Linnaeaceae>>
猬实属 *Kolkwitzia* Graebn.

别名： 猬实、美人木。

形态特征： 落叶灌木，株高达3米。幼枝红褐色，被短柔毛及糙毛，老枝皮成条状剥落。叶椭圆形至卵状椭圆形，长3~8厘米，顶端尖或渐尖，基部圆或阔楔形，近全缘。圆锥状聚伞花序；具长1~1.5厘米的总花梗，花梗几不存在；苞片披针形；萼筒外面密生长刚毛，长0.5厘米，有短柔毛；花冠钟状，淡红色。果实为两个合生，密被黄色刺刚毛。花期5~6月，果熟期8~9月。

用途： 宜露地丛植，亦可盆栽或作切花。

分布地及生境： 见于卧云山，栽培，生于山坡、路边和灌丛中。

362 | 异叶败酱
Patrinia heterophylla Bunge

败酱科 Valerianaceae>>
败酱属 *Patrinia* Juss.

别名： 墓头回、摆子草、追风箭。

形态特征： 多年生草本，株高30～60厘米。茎分枝少，有毛。基生叶缘有齿，柄长；茎生叶对生，下部叶常2～3对，羽状裂，顶端裂片较侧裂片稍大或近等大；中部叶1～2对羽状裂，顶端裂片最大，卵形、卵状披针形或近菱形；上部叶较窄，近无柄。花成密聚伞花序再排成伞房花序，花序梗有苞片，花萼不明显；花冠黄色，直径5～6毫米，花冠筒内有白毛，裂片比筒短；雄蕊4，稍伸出花冠筒；子房下位，花柱上部稍弯曲。瘦果，长圆柱形或倒卵球形，翅状苞片长圆形或宽椭圆形，长达12毫米。花期7～9月，果期8～10月。

用途： 根及全草入药，能清热燥湿、止血、止带、截疟。

分布地及生境： 见于镇川镇、麻黄梁镇，生于山地岩缝中、草丛中、路边、沙质坡或土坡上。

363 | 牛蒡
Arctium lappa L.

菊科 Asteraceae (Compositae) >>
牛蒡属 *Arctium* L.

别名： 大力子、恶实、母猪耳朵。

形态特征： 二年生草本，株高达2米。茎粗壮，带紫色，有微毛，上部多分枝。基生叶丛生，茎生叶互生，与基生叶近同形，叶宽卵形或心形，上部绿色无毛，背面生有灰白色绒毛，边全缘、波状。叶柄长，粗壮。花头状花序排成伞房或圆锥状伞房花序，花序梗粗；总苞球形，径1.5～2厘米；小花紫红色，花冠外面无腺点。瘦果，倒长卵圆形或偏斜倒长卵圆形。花果期6～9月。

用途： 瘦果入药，能散风热、利咽、透疹、消肿解毒；根、茎、叶也可入药，有利尿之效。

分布地及生境： 见于红石桥乡乐沙戏水，生于林缘、河边潮湿地、村庄路旁或荒地。

364 | 碱蒿
Artemisia anethifolia Web. ex Stechm.

菊科 Asteraceae (Compositae) >>
蒿属 *Artemisia* L.

别名：盐蒿、大莳萝蒿。

形态特征：一、二年生草本。植株有浓烈的香气。茎单生，高20～50厘米，具纵棱。中部叶卵一至二回羽状全裂。头状花序半球形或宽卵形，具短梗，基部有小苞叶，在分枝上排成穗状花序式的总状花序，并在茎上组成疏散、开展的圆锥花序；总苞片3～4层，外层、中层总苞片椭圆形或披针形，背面微有白色短柔毛或近无毛，有绿色中肋，边缘膜质，内层总苞片卵形，近膜质；花冠管状。瘦果，椭圆形或倒卵形。花期8～9月，果期9～10月。

用途：民间采基生叶作中药；牧区作牲畜饲料。

分布地及生境：见于河口水库，生于碱性滩地、盐渍化草原。

365 | 莳萝蒿

Artemisia anethoides Mattf.

菊科 Asteraceae (Compositae) >>
蒿属 *Artemisia* L.

别名： 小碱蒿、伪茵陈。

形态特征： 一、二年生草本。主根单一。茎、枝均被灰白色柔毛。叶两面密被白色绒毛，中部叶宽卵形或卵形，二至三回羽状全裂；头状花序近球形，多数，具短梗，下垂，排成复总状花序或穗状总状花序，并在茎上组成开展圆锥花序；总苞片背面密被白色柔毛。瘦果，倒卵形。花果期6～10月。

用途： 含挥发油，作香料用；也含牲畜食用的粗蛋白、纤维素，牧区作牲畜的饲料。

分布地及生境： 全区可见，生于山坡、湖边沙地、荒地、路旁、盐碱地。

366 | 黄花蒿
Artemisia annua L.

菊科 Asteraceae （Compositae） >>
蒿属 *Artemisia* L.

别名：青蒿、臭蒿、黄蒿。

形态特征：一年生草本，高50～150厘米。整株黄绿色。茎单生，具纵沟棱，直立，多分枝。中部叶卵形二至三回羽状深裂，正面绿色，背面淡绿色，无毛，具腺点。头状花序球形，多数，有短梗，基部有线形小苞叶，在分枝上排成总状或复总状花序，在茎上组成开展的尖塔形圆锥花序；花筒状黄色；总苞片背面无毛。瘦果，椭圆状卵圆形，稍扁。花期8～9月，果期9～10月。

用途：青时全草入药，能解暑、退虚热，早春可以泡酒，气味浓香。

分布地及生境：全区可见，生于路旁、荒地、山坡、林缘。

367 | 艾
Artemisia argyi Lévl. et Van.

菊科 Asteraceae (Compositae) >>
蒿属 *Artemisia* L.

别名： 白艾、艾蒿。

形态特征： 多年生草本，株高60～120厘米。植株灰白色。有浓香。根状茎细长，横走，具匍枝。茎紫褐色，密被灰白色蛛丝桩毛。叶互生；上面被灰白色柔毛，兼有白色腺点与小凹点，下面密被白色蛛丝状线毛；中部叶卵形、三角状卵形或近菱形，一至二回羽状深裂或全裂，侧裂2对，裂片卵形、卵状披针形或披针形。头状花序长圆状钟形，下垂，总苞片背面密被灰白色蛛丝状绵毛，边缘膜质，花带紫褐色。瘦果，长卵圆形或长圆形。花果期8～10月。

用途： 叶入药，能散寒止痛、温经、止血；是艾灸的良好材料；制成艾绳点燃能驱蚊虫。

分布地及生境： 全区可见，生于荒地、路旁、河边及山坡。

368 | 白莎蒿
Artemisia blepharolepis Bge.

菊科 Asteraceae (Compositae) >>
蒿属 *Artemisia* L.

别名： 糜蒿、狼蒿、白里蒿。

形态特征： 多年生半灌木。头状花序多数，直径2~3毫米，呈复总状花序排列，有短梗及条形苞叶；总苞卵形，长3毫米，总苞片3~4层，宽卵形，边缘宽膜质，花10余个，外层雌性，能育，内层两性，不育。瘦果，微细，咖啡色，外表附着一层白色胶联结构的多糖物质。花果期8~10月。

用途： 可作为饲草，可形成草丛绿篱，起到防风固沙作用；是群众良好的燃料来源。

分布地及生境： 见于补浪河，生于流动沙丘。

369 | 茵陈蒿

Artemisia capillaris Thunb.

菊科 Asteraceae (Compositae) >>
蒿属 *Artemisia* L.

别名： 绵茵陈、黄蒿。

形态特征： 多年生草本，株高40～100厘米。根纺锤状，伸长，垂直或斜伸。茎直立，具纵沟棱，有多数直立而开展的分枝。不育枝发达，先端有叶丛；当年生枝黄色或褐黄色，初时被绢状柔毛，后变无毛。叶卵圆形或卵状椭圆形，二回羽状全裂。头状花序，卵圆形，稀近球形，下垂，径1.5～2毫米，有短梗及线形小苞片；总苞片淡黄色，无毛。瘦果，长圆形或长卵圆形。花果期8～10月。

用途： 嫩苗与幼叶入药，能清热、利湿、祛黄；幼嫩枝、叶可作菜蔬或酿制茵陈酒；鲜或干草作家畜饲料。

分布地及生境： 全区可见，生于湿润沙地、路旁。

370 | 冷蒿
Artemisia frigida Willd.

菊科 Asteraceae （Compositae） >>
蒿属 *Artemisia* L.

别名： 小白蒿、兔毛蒿。

形态特征： 多年生草本。茎下部叶与营养枝叶长圆形或倒卵状长圆形，长0.8～1.5厘米，二至三回羽状全裂，每侧裂片2～4，小裂片线状披针形或披针形，叶柄长0.5～2厘米；中部叶长圆形或倒卵状长圆形，长0.5～0.7厘米，一至二回羽状全裂，每侧裂片3～4，中部与上半部侧裂片常3～5全裂，小裂片长椭圆状披针形、披针形或线状披针形，长2～3毫米，基部裂片半抱茎，成假托叶状，无柄；上部叶与苞片叶羽状全裂或3～5全裂。头状花序半球形、球形或卵球形，径2.5～4毫米，排成总状或总状圆锥花序；总苞片边缘膜质，花序托有白色托毛；雌花8～13，两性花20～30，花冠檐部黄色。瘦果，长圆形或椭圆状倒卵圆形。花果期8～10月。

用途： 全草入药，有止痛、消炎、镇咳作用，还作"茵陈"的代用品；在牧区为牲畜营养价值良好的饲料。

分布地及生境： 见于金鸡滩镇，生于砾质旷地、固定沙丘。

371 | 华北米蒿
Artemisia giraldii Pamp.

菊科 Asteraceae（Compositae）>>
蒿属 *Artemisia* L.

别名： 茭蒿、狼尾巴蒿、吉氏蒿。

形态特征： 多年生草本，株高30～80厘米。茎直立，通常单一，密被长柔毛。叶上面疏被灰白或淡灰色柔毛，下面密被灰白色微蛛丝状柔毛；茎中部叶椭圆形，指状3深裂，裂片线形或线状披针形。头状花序宽卵圆形、近球形或长圆形，径1.5～2毫米，有小苞叶，排成穗状总状花序或复总状花序，在茎上组成开展圆锥花序；总苞片4层，无毛。瘦果，倒卵圆形。花果期8～10月。

用途： 入药，有清热、解毒、利肺作用。

分布地及生境： 见于鱼和镇、上盐湾镇、镇川镇，生于黄土高原、山坡、丘陵、路旁、滩地。

372 | 蒙古蒿
Artemisia mongolica (Fisch. ex Bess.) Nakai

菊科 Asteraceae (Compositae) >>
蒿属 *Artemisia* L.

别名： 蒙蒿。

形态特征： 多年生草本，株高80～160厘米。近无毛。茎少数或单生，分枝多，茎、枝初密被灰白色蛛丝状柔毛。下部叶开花时枯萎，中部叶一至二回羽状深裂，侧裂片2～3对，正面近无毛，背面除中脉外有蛛丝状灰白色密毛；上部叶3裂或不裂。头状花序多数，椭圆形，直径1.5～2毫米，小苞叶线形，排成穗状花序，在茎上组成窄或中等开展圆锥花序；总苞片背面密被灰白色蛛丝状毛；花黄色。瘦果，长圆状倒卵圆形。花果期8～10月。

用途： 全草入药，可祛风散寒、散瘀消肿、理气安胎；另可提取芳香油，供化工工业用。全株作牲畜饲料，又可作纤维与造纸的原料。

分布地及生境： 全区可见，生于山坡、灌丛、河湖岸边及路旁。

373 | 黑沙蒿
Artemisia ordosica Krasch.

菊科 Asteraceae (Compositae) >>
蒿属 *Artemisia* L.

别名： 沙蒿、鄂尔多斯蒿、油蒿。

形态特征： 小灌木。茎高达1米，分枝多，茎、枝组成密丛。叶初两面微被柔毛，稍肉质；茎中部叶卵形或宽卵形，长3～7厘米，一回羽状全裂。头状花序卵圆形，径1.5～2.5毫米，有短梗及小苞叶，排成总状或复总状花序，在茎上组成圆锥花序；总苞片黄绿色，无毛；雌花10～14；两性花5～7。瘦果，倒卵圆形，果壁具细纵纹及胶质。花果期7～10月。

用途： 枝、叶入药；牧区作牲畜饲料；果壁胶质物作食品工业的黏着剂。

分布地及生境： 风沙草滩地区，生于半固定沙丘、固定沙丘。

374 | 猪毛蒿

Artemisia scoparia Waldst. & Kit.

菊科 Asteraceae (Compositae) >>
蒿属 *Artemisia* L.

别名：香蒿、小白蒿。

形态特征：一、二年生草本，株高50～90厘米。植株有浓烈的香气。单一或有分枝，有时生有密集的不育枝。叶密集，幼时密被灰色绢状长柔毛，后脱落；下部叶二至三回羽状全裂；中部叶一至二回全裂，裂片极细；上部叶3裂或不裂。头状花序小，近球形，基部有线形的小苞叶，在分枝上偏向外侧生长，并排成复总状或复穗状花序，而在茎上再组成大型、开展的圆锥花序；总苞片3～4层，外层总苞片草质、卵形，背面绿色、无毛，边缘膜质，中、内层总苞片长卵形或椭圆形，半膜质；花冠狭圆锥状或狭管状，冠檐具2裂齿，花柱线形，伸出花冠外。瘦果，长圆形，褐色。花果期7～10月。

用途：幼苗时代茵陈蒿入药，能清湿热、利胆退黄。

分布地及生境：见于黑龙潭，生于山坡、林缘、路旁。

375 | 大籽蒿

Artemisia sieversiana Ehrhart ex Willd.

菊科 Asteraceae (Compositae) >>
蒿属 *Artemisia* L.

别名：白蒿、大白蒿。

形态特征：一、二年生草本，高30～150厘米。根粗壮。具纵棱并有白色短柔毛，单生或从基部分枝。中、下部叶有长柄，叶片二至三回羽状分裂，正面灰绿色，背面密被柔毛，两面密布腺点。头状花序大，多数排成圆锥花序，总苞半球形或近球形，径3～6毫米，具短梗，稀近无梗，基部常有线形小苞叶，在分枝排成总状花序或复总状花序，并在茎上组成开展或稍窄圆锥花序；总苞片背面被灰白色微柔毛或近无毛；花序托凸起，半球形，有白色托毛；花冠黄色。瘦果，长圆形。花果期6～10月。

用途：民间入药，有消炎、清热、止血之效；牧区作牲畜饲料。

分布地及生境：全区可见，生于路旁、荒地、河漫滩、草原、山坡。

376 | 圆头蒿（白沙蒿）
Artemisia sphaerocephala Krasch.

菊科 Asteraceae（Compositae）>>
蒿属 *Artemisia* L.

别名： 籽蒿、黄毛菜籽。

形态特征： 有臭味，全株密被白色短柔毛。茎基部分枝多而长。中、下部叶长椭圆形，2回羽状全裂，侧裂片4～8对。头状花序近球形，下垂，多数组成开展圆锥花序；总苞筒状钟形。瘦果椭圆形，黑色，果壁有胶质。花果期8～10月。

用途： 牧草；枝供编筐；瘦果入药，可消炎、驱虫。

分布地及生境： 见于补浪河乡，生于流动沙丘。

377 | 白莲蒿
Artemisia stechmanniana Bess.

菊科 Asteraceae (Compositae) >>
蒿属 *Artemisia* L.

别名： 万年蒿、供蒿、铁杆蒿。

形态特征： 半灌木状草本。茎直立，多分枝。中部叶二回羽状深裂，裂片矩圆形两面被蛛丝状花，后下面近无毛而有腺点。头状花序近球形，下垂，在茎和枝端排列成复总状花序；总苞片3～4层，背面绿色，边缘膜质，无毛；花筒状，外层雌性，内层两性。瘦果狭椭圆状卵形或狭圆锥形。花果期8～10月。

用途： 药用，有清热、解毒、祛风、利湿之效；可作牧草。

分布地及生境： 见于南部山区，生于山坡、路旁、灌丛。

378 | 阿尔泰狗娃花
Aster altaicus Willd.

菊科 Asteraceae （Compositae）>>
紫菀属 *Aster* L.

别名： 阿尔泰紫菀。

形态特征： 多年生草本。茎斜升或直立，高约20～60厘米，头状花序单生于枝端，叶条状披针形或匙形，开展。瘦果扁，倒卵状矩圆形，灰绿色或浅褐色，被绢毛，上部有腺。冠毛污白色或红褐色，长4～6毫米，有不等长的微糙毛。花果期5～9月。

用途： 全株及根部入药，全草能清热降火、排脓，根能润肺止咳。

分布地及生境： 全区可见，生于草原、荒漠地、沙地及干旱山地。

379 | 全叶马兰

Aster pekinensis (Hance) F. H.

菊科 Asteraceae (Compositae) >>
紫菀属 *Aster* L.

别名：全叶鸡儿肠。

形态特征：多年生草本。植株密被灰绿色短柔毛。茎直立，高30～70厘米，中部以上有近直立的帚状分枝，下部叶在花期枯萎，中部叶多而密，条状披针形，顶端钝或渐尖，常有小尖头，基部渐狭无柄，全缘，边缘稍反卷。头状花序单生枝端且排成疏伞房状；总苞半球形，总苞片3层，覆瓦状排列，有短粗毛及腺点；舌状花1层，20余个，舌片淡紫色。瘦果倒卵形，冠毛带褐色，弱而易脱落。花期6～10月，果期7～11月。

用途：营养丰富，且饲用价值高的一种饲草。

分布地及生境：见于红石桥乡乐沙戏水，生于山坡、林缘、灌丛、路旁。

380 | 婆婆针
Bidens bipinnata L.

菊科 Asteraceae (Compositae) >>
鬼针草属 *Bidens* L.

别名： 刺针草、鬼针草。

形态特征： 一年生草本。中部和下部叶对生，二回羽状深裂，裂片顶端尖或渐尖，边缘具不规则细齿或钝齿，两面略有短毛，具长叶柄；上部叶互生，羽状分裂。头状花序直径6～10毫米；苞片条状椭圆形，先端钝，被稍密的短柔毛；舌状花黄色，通常有1～3朵，不发育。瘦果条形，具3～4棱，有短毛；顶端冠毛芒。花期8～9月。

用途： 全草入药，可清热解毒、活血散瘀。

分布地及生境： 见于河滨公园，生于路边荒地、山坡及田间。

381 | 柳叶鬼针草
Bidens cernua L.

菊科 Asteraceae (Compositae) >>
鬼针草属 *Bidens* L.

形态特征：一年生草本。陆生的茎直立，主茎明显，近圆柱形，中部以上分枝，节间较长；水生的茎根系强大，主茎不明显，自基部分枝，节间不明显。叶对生，披针形或线状披针形，顶端渐尖，基部半抱茎与对生叶基部相连，叶缘疏具锯齿，两面无毛。头状花序单枝顶生；总苞圆盘形，舌状花黄色。瘦果窄楔形，冠毛4支。花果期8～10月。

用途：全草药用，可清热解毒、散瘀消肿。

分布地及生境：见于刀兔海则，生于岸边草甸及沼泽边缘。

382 | 大狼杷草
Bidens frondosa L.

菊科 Asteraceae (Compositae) >>
鬼针草属 *Bidens* L.

别名： 接力草。

形态特征： 一年生草本。叶对生，具柄，为一回羽状复叶，小叶3～5枚，披针形。头状花序单生茎端和枝端，连同总苞苞片直径12～25毫米，高约12毫米；总苞钟状或半球形，外层苞片5～10枚，通常8枚，披针形或匙状倒披针形，叶状，边缘有缘毛，内层苞片长圆形，膜质，无舌状花或舌状花不发育，筒状花两性，冠檐5裂。瘦果扁平，狭楔形，顶端芒刺2，有倒刺毛。

用途： 全草入药，有强壮、清热解毒的功效。

分布地及生境： 见于刀兔海则，生于田野湿润处。

383 | 小花鬼针草
Bidens parviflora Willd.

别名： 粘草子、鬼针草。

形态特征： 一年生草本。叶对生，二至三回羽状分裂，裂片条形或条状披针形，宽2～4毫米，全缘或有牙齿，疏生细毛或无毛，具细叶柄。头状花序顶生，狭圆筒状，直径3～5毫米；总苞筒状，具长梗。瘦果条形，有4棱，顶端具2刺状冠毛。花果期7～10月。

用途： 全草入药，有清热解毒、活血散瘀之效。

分布地及生境： 见于麻黄梁镇，生于路边荒地、林下及水沟边。

384 | 狼杷草
Bidens tripartita L.

菊科 Asteraceae (Compositae) >>
鬼针草属 *Bidens* L.

别名： 鬼针。

形态特征： 一年生草本。茎钝四棱形或圆柱形，由基部或上部分枝，多呈暗紫色，节上易生根。叶对生，中部叶3～5羽状深裂，中裂片较大，长椭圆状披针形，边缘具锯齿，具宽翅；上部叶3深裂或不裂。头状花序单生茎枝端，直径1～3厘米，花序梗较长；总苞盘状。瘦果扁，楔形或倒卵状楔形，有倒刺毛，顶端芒刺2。花果期7～10月。

用途： 全草入药，可清热解毒。

分布地及生境： 见于刀兔海则、三岔湾村，生于路边荒野及水边湿地。

385 | 丝毛飞廉
Carduus crispus L.

菊科 Asteraceae (Compositae) >>
飞廉属 *Carduus* L.

别名：飞廉。

形态特征：二年生或多年生草本，高40～90厘米。基部及下部茎叶长椭圆形或长倒披针形，羽状浅裂半裂或深裂，边缘多刺。头状花序几无花序梗，3～5个集生或疏松排列于茎顶或枝端。总苞卵形或卵圆形，多层。小花红紫色，5深裂，裂片线形，细管部长约8毫米。瘦果长椭圆形，冠毛多层，白色，或稍带褐色，不等长，向内层渐长。花果期6～9月。

用途：幼苗可作野菜；全草药用，可散瘀止血、清热利湿。

分布地及生境：见于红石桥乡，生于山坡草地、田间、荒地河旁及林下。

386 | 野菊
Chrysanthemum indicum L.

菊科 Asteraceae (Compositae) >>
菊属 *Chrysanthemum* L.

别名：山菊花、黄菊仔、菊花脑。

形态特征：多年生草本，有特殊的香气，高30～90厘米。茎直立或铺散，上部多分枝，疏被柔毛。基生叶和下部叶于花期枯萎；中部茎叶卵形、长卵形或椭圆状卵形，羽状深裂，裂片浅裂或具锯齿，表面疏被柔毛和腺体。头状花序多数在茎枝顶端排成疏松的伞房圆锥花序或少数在茎顶排成伞房花序；总苞片约5层；舌状花黄色，雌性；筒状花两性。瘦果狭倒卵形，具5条纵棱。花期8～10月。

用途：叶、花及全草入药，可消肿解毒、疏风清热。

分布地及生境：全区可见，生于山坡草地、灌丛、河边水湿地、滨海盐渍地、田边及路旁。

387 | 刺儿菜

Cirsium arvense var. *integrifolium* C. Wimm. & Grabowski

菊科 Asteraceae (Compositae) >>
蓟属 *Cirsium* Mill.

别名：小蓟、大刺儿菜。

形态特征：多年生草本。茎直立，高30～50厘米。叶全缘或具波状缘，叶边缘具伏生的刺状牙齿，茎及叶微被蛛丝状绵毛。头状花序单或数个生枝顶；雌雄异株，雄株花序直径1.5～2厘米，雌花序直径大于2厘米，花冠紫红色。瘦果淡黄色，椭圆形或偏斜椭圆形，冠毛羽状。花果期5～9月。

用途：药用，可凉血止血、祛瘀消肿。

分布地及生境：全区可见，生于山坡、河旁或荒地、田间。

388 | 蓟
Cirsium japonicum Fisch. ex DC.

菊科 Asteraceae (Compositae) >>
蓟属 *Cirsium* Mill.

别名： 大蓟。

形态特征： 多年生草本。茎直立，有棱，具蛛丝状毛。叶互生，叶片长圆状披针形或长圆形，边缘有疏的波状缺刻，并生有锐尖的刺。下部叶缘为羽状缺刻，上部叶近全缘。头状花序直立，顶生，形成伞房花序；总苞钟状，径3厘米，总苞片约6层，覆瓦状排列，向内层渐长；花冠紫红色。花期6～7月，果期7～8月。

用途： 全草入药，可凉血止血、散瘀解毒。

分布地及生境： 见于红石桥乡，生于山坡、林缘、草地、荒地、田间、路旁或溪旁。

389 | 尖裂假还阳参
Crepidiastrum sonchifolium (Maximowicz) Pak & Kawano

菊科 Asteraceae（Compositae）>>
假还阳参属 *Crepidiastrum* Nakai

别名： 抱茎苦荬菜、苦荬菜。

形态特征： 多年生草本。茎上部分枝。基生叶长圆形，顶端急尖或钝圆，基部下延成具狭翅的叶柄，边缘具锯齿或不整齐羽状深裂；茎生叶较小，卵状长圆形，顶端尾状，基部变宽成耳状抱茎。头状花序排成伞房或伞房圆锥花序，总苞圆柱形，舌状小花黄色。瘦果黑色，纺锤形，喙细丝状，冠毛白色。果期4～7月。

用途： 全草入药，可清热解毒，有凉血、活血之功效。

分布地及生境： 见于河滨公园、黑龙潭，生于山坡或平原路旁、林下、河滩地、岩石缝。

390 | 北方还阳参
Crepis crocea (Lam.) Babcock

菊科 Asteraceae (Compositae) >>
还阳参属 *Crepis* L.

别名： 还羊参、驴打滚草、还阳参。

形态特征： 多年生草本，高8～30厘米。茎直立，不分枝或分枝。基生叶丛生，倒披针形，急尖，边缘有波状齿，或倒齿状至羽状半裂，裂片全缘，基部渐狭成具短翅的叶柄，白色或苍白色带紫色；茎上部叶条形，渐尖，无柄；最上部叶小，苞叶状。头状花序直立，头状花序较大，单生于枝端；总苞钟状，总苞片4层，全部总苞片果期绿色，不为黑绿色；舌状花黄色。瘦果纺锤形，黑褐色。冠毛白色。花果期5～7月。

用途： 全草药用，可止咳平喘、清热降火。

分布地及生境： 见于卧云山，生于路边荒地。

391 | 砂蓝刺头
Echinops gmelinii Turcz.

菊科 Asteraceae (Compositae) >>
砂蓝刺头属 *Echinops* L.

别名： 火绒草。

形态特征： 一年生草本。下部茎生叶线形或线状披针形，边缘具刺齿或三角形刺齿裂或刺状缘毛；两面绿色，疏被蛛丝状毛及腺点。复头状花序单生茎顶或枝端，直径3厘米；小头状花的外总苞为白色冠毛状刚毛，完全分离；内总苞片外部的顶端尖成芒状，上端缝状，上部边缘均有羽状睫毛；花冠筒白色，长约3毫米，裂片5，条形，淡蓝色，与筒近等长。瘦果倒圆锥形，密被淡黄棕色长直毛，遮盖冠毛。花果期6～9月。

用途： 全草可入药，安胎、止血、镇痛。

分布地及生境： 见于风沙草滩地区，生于砾石地、荒漠草原、黄土丘陵或河滩沙地。

392 | 小蓬草
Erigeron canadensis L.

菊科 Asteraceae (Compositae) >>
飞蓬属 *Erigeron* L.

别名： 飞蓬、加拿大蓬、小白酒草。

形态特征： 一年生草本。茎直立，有条纹，被疏长硬毛。叶互生，条状披针形或矩圆状条形，基部狭，边缘有长睫毛。头状花序多数，直径3～4毫米，有短梗，排列成顶生多分枝的大圆锥花序；总苞近圆柱状；总苞片2～3层，条状披针形，边缘膜质，几无毛；舌状花直立，白色微紫，条形至披针形；两性花筒状，5齿裂。瘦果线状披针形，冠毛污白色。花期5～9月。

用途： 嫩茎、叶可作猪饲料；全草入药，可消炎止血、祛风湿、治血尿。

分布地及生境： 见于河滨公园、沙地森林公园、沙地植物园，生于旷野、荒地、田边和路旁。

393 | 菊芋
Helianthus tuberosus L.

菊科 Asteraceae (Compositae) >>
向日葵属 *Helianthus* L.

别名： 鬼子姜、洋姜、羊蔓蔓。

形态特征： 多年生草本。地下茎具分叉和许多突起。茎直立，有分枝，被刚毛。下部叶卵圆形或卵状椭圆形，顶端尖，基部宽楔形下延为柄翅；上部叶长椭圆形。头状花序数个生于枝端，直径2～7厘米；总苞片披针形，开展；舌状花淡黄色，筒状花黄色。瘦果小，楔形，上端有2～4有毛的锥状扁芒。花果期8～10月。

用途： 可供食用；可制菊糖及酒精。

分布地及生境： 见于三岔湾，生于路旁荒地、沟旁。

394 | 欧亚旋覆花
Inula britannica L.

菊科 Asteraceae (Compositae) >>
旋覆花属 *Inula* L.

别名： 大花旋覆花、旋覆花。

形态特征： 多年生草本。全体被毛。茎直立，少分枝或单一，具细纵条纹。基部叶于花期枯萎，茎生叶长椭圆状披针形或披针形，两面被毛，全缘或具微齿，基部半抱茎。头状花序1～5个，生于茎端或枝端，直径2～4厘米；总苞片4～5层，外层线状披针形。瘦果圆柱形，有浅沟，被短毛。花期7～9月，果期8～10月。

用途： 花药用，可健胃、祛痰；根和叶治刀伤、疔毒。

分布地及生境： 见于小纪汗乡、红石桥乡、金鸡滩镇，生于河流沿岸、湿润草地和路旁。

395 | 蓼子朴
Inula salsoloides (Turcz.) Ostenf.

菊科 Asteraceae （Compositae） >>
旋覆花属 *Inula* L.

别名： 沙地旋覆花、黄喇嘛。

形态特征： 多年生草本。茎圆柱形，多分枝。叶披针状或长圆状线形，全缘，基部心形或有小耳，半抱茎，稍肉质。头状花序单生枝端；总苞片4~5层，干膜质，黄绿色，有睫毛；舌状花浅黄色。冠毛白色，有约70细毛。瘦果圆柱形。花果期7~9月。

用途： 花及全草可药用，治感冒头痛、浮肿、小便不利。

分布地及生境： 见于麻黄梁镇、孟家湾乡，生于干旱草原、山坡、固定沙丘、湖河沿岸冲积地。

396 | 中华苦荬菜
Ixeris chinensis (Thunb.) Nakai

菊科 Asteraceae（Compositae）>>
苦荬菜属 *Ixeris* (Cass.) Cass.

别名：山苦荬、苦菜、中华小苦荬。

形态特征：多年生草本。基生叶顶端钝或急尖或向上渐窄，基部渐狭成有翼的短或长柄，全缘。茎生叶2～4，基部扩大；全部叶两面无毛。头状花序通常在茎枝顶端排成伞房花序，含舌状小花21～25枚；总苞圆柱状；总苞片3～4层，外层及最外层宽卵形，内层长椭圆状倒披针形；舌状小花黄色。瘦果褐色，长椭圆形。冠毛白色，微糙。花果期4～7月。

用途：全草入药，治阑尾炎、肠炎、痢疾。

分布地及生境：全区可见，生于固定沙地、山坡路旁、田野、河边灌丛或岩石缝隙中。

397 | 麻花头

Klasea centauroides (L.) Cass.

菊科 Asteraceae （Compositae） >>
麻花头属 *Klasea* Cass.

形态特征：多年生草本，高30～60厘米。根状茎横走，黑褐色。茎直立，不分枝或上部少分枝，有棱。基生叶有长柄，常残存于茎基部，叶片椭圆形，羽状深裂，裂片全缘或有疏齿。头状花序数个，单生于茎及枝端，具长梗；总苞卵形，5层，外层较短，卵状三角形，锐尖，内层披针形，顶端有膜质附属物；花冠淡紫色，长约2厘米，筒部与檐部近等长。瘦果有棱，淡黄色；冠毛数层，刚毛状，不等长，淡黄色。花果期6～9月。

用途：作牧草。

分布地及生境：见于镇川镇，生于山坡林缘、草原、草甸、路旁或田间。

398 | 乳苣
Lactuca tatarica (L.) C. A. Mey.

菊科 Asteraceae （Compositae） >>
芜苣属 *Lactuca* L.

别名： 蒙山莴苣、紫花山莴苣、苦菜。

形态特征： 多年生草本，高20～70厘米。茎不分枝或上部分枝。中下部茎叶长椭圆形或线状长椭圆形或线形，基部渐狭成短柄，羽状浅裂或半裂或边缘有多数或少数大锯齿，顶端钝或急尖。头状花序组成稀疏圆锥状；总苞片3层，带紫红色，花全为舌状，两性，紫色或淡紫色。瘦果长椭圆形。冠毛2层，纤细，白色，微锯齿状，分散脱落。花果期6～9月。

用途： 作牧草；嫩时作菜蔬，苦菜拌疙瘩为榆林地方名菜；全草入药，可清热解毒、杀菌消炎。

分布地及生境： 全区可见，生于河滩、湖边、草甸、田边、固定沙丘。

399 | 火媒草
Olgaea leucophylla (Turcz.) Iljin

菊科 Asteraceae (Compositae) >>
猬菊属 *Olgaea* Iljin

别名： 鳍蓟、白山蓟。

形态特征： 多年生草本，高30～80厘米。茎直立，密被白色棉毛。叶矩圆状披针形，顶端具刺尖，基部沿茎下延，边缘具疏齿和不等长的针刺，下面密被灰白色绵毛。头状花序单生枝顶；总苞钟状；总苞片多层，具刺；花冠紫红色5裂。瘦果长椭圆形，稍压扁，具隆起的纵纹和褐色斑点；冠毛浅褐色。花期6～8月，果期7～9月。

用途： 地上部和根可药用，治外伤出血、吐血、鼻出血。

分布地及生境： 见于补浪河乡，生于半固定沙丘。

400 | 青海鳍蓟
Olgaea tangutica Iljin

菊科 Asteraceae (Compositae) >>
猬菊属 *Olgaea* Iljin

别名： 刺疙瘩。

形态特征： 多年生草本。茎多分枝，几无毛。叶近革质，基生叶宽条形；茎生叶向上渐小，基部沿茎下延成翼，羽状浅裂，裂片具不等长的刺齿，上面绿色，几无毛，下面被灰白色绒毛。头状花序单生枝端；总苞钟状，无毛；总苞片多层，条状披针形，革质，顶端针刺状，稍外反，外面被微柔毛；花冠蓝紫色。瘦果稍扁；冠毛污黄色。花果期6～9月。

分布地及生境： 见于镇川镇、清泉镇，生于山坡、山谷灌丛或草坡、荒地或农田。

401 | 毛连菜
Picris hieracioides L.

菊科 Asteraceae (Compositae) >>
毛连菜属 *Picris* L.

形态特征：二年生草本。茎直立，全株被钩状硬毛，基部通常紫红色。茎叶互生，披针形至线状披针形。头状花序在茎枝顶端排成伞房花序或伞房圆锥花序，花序梗细长。总苞圆柱状钟形；总苞片3层，外层线形，内层长，线状披针形；舌状小花黄色，雄蕊5；柱头2裂。瘦果纺锤形，具纵棱和横皱纹，无喙；冠毛1层，羽毛状，淡黄白色，易脱落。花果期6～9月。

分布地及生境：见于红石桥乡，生于山坡草地、林下、沟边。

402 | 顶羽菊

Rhaponticum repens (L.) Hidalgo

菊科 Asteraceae（Compositae）>>
漏芦属 *Rhaponticum* Vaillant

别名： 苦蒿。

形态特征： 多年生草本。茎直立，多分枝，有纵棱。叶无柄，披针形至条形，顶端锐尖，全缘或有稀锐齿或裂片，两面被灰色绒毛，有腺点。头状花序单生枝顶；总苞卵形或椭圆状卵形，苞片数层，外层宽卵形，上半部透明膜质，具柔毛，下半部绿色，质厚，内层披针形或宽披针形，密被长柔毛；花冠粉红色或淡紫色。瘦果倒长卵形，淡白色。冠毛白色，短羽毛状。花果期5～9月。

用途： 地上部分入药，可清热解毒、活血消肿。

分布地及生境： 见于卧云山，生于山坡、丘陵、平原，农田、荒地。

403 | 祁州漏芦
Rhaponticum uniflorum (L.) DC.

菊科 Asteraceae (Compositae) >>
漏芦属 *Rhaponticum* Vaillant

别名：漏芦、大脑袋花、土烟叶、大花蓟。

形态特征：多年生草本。茎直立，不分枝。基生叶及下部茎叶羽状深裂或几全裂，两面灰白色。头状花序单生茎顶；总苞半球形，大。总苞片约9层，全部苞片顶端有膜质附属物，浅褐色。全部小花两性，管状，花冠紫红色。瘦果3～4棱，楔状。冠毛褐色，多层，冠毛刚毛糙毛状。花果期4～9月。

用途：根及根状茎入药，可排脓止血、清热解毒，还能通乳、驱虫。

分布地及生境：见于黑龙潭，生于山坡丘陵地。

404 | 草地风毛菊

Saussurea amara (L.) DC.

菊科 Asteraceae (Compositae) >>
风毛菊属 *Saussurea* DC.

别名： 羊耳朵、驴耳风毛菊。

形态特征： 多年生草本。茎直立，具纵沟，被短柔毛或无，单一或分枝。基生叶和下部叶披针至椭圆状披针形，顶端尖，基部楔形，全缘或波状钝齿，两面被腺点；茎上部叶披针形或线状披针形，全缘。头状花序在茎枝顶端排成伞房状或伞房圆锥花序；花冠紫红色。瘦果长圆形。冠毛白色，2层。花果期8～10月。

用途： 中等饲用植物；全草药用，外用治颈淋巴结核、腮腺炎。

分布地及生境： 见于风沙草滩地区，生于山坡、草原、盐碱地、沙丘、湖边、水边。

405 | 风毛菊

Saussurea japonica (Thunb.) DC.

菊科 Asteraceae （Compositae） >>
鸦葱属 *Scorzonera* L.

别名：八棱麻、八楞麻、三棱草。

形态特征：二年生草本。基生叶和下部叶有长柄，矩圆形或椭圆形，羽状分裂，两面有短微毛和腺点；茎上部叶渐小，羽状分裂或全缘。头状花序排成伞房状或伞房圆锥花序；总苞窄钟状或圆柱形，直径5～8毫米，疏被蛛丝状毛，总苞片6层；小花紫色。瘦果圆柱形，深褐色。冠毛白色，外层糙毛状，内层羽毛状。

用途：药用，可祛风活络、散瘀止痛。

分布地及生境：见于麻黄梁镇、小纪汗乡、红石桥乡、沙地森林公园，生于山坡、沟谷、林下、路旁。

406 | 倒羽叶风毛菊
Saussurea runcinata DC.

菊科 Asteraceae （Compositae）>>
风毛菊属 *Saussurea* DC.

别名： 碱地风毛菊。

形态特征： 多年生草本。茎单生或簇生，具棱，稍粗糙，上部有分枝。基生叶莲座状，基生叶及下部茎生叶椭圆形、倒披针形、线状倒披针形或披针形，羽状或大头羽状深裂或全裂，顶裂片较大，侧裂片不整齐。多数头状花序组成复伞房状或伞房圆锥状；总苞钟状；花冠浅紫色。瘦果圆柱状，黑褐色。花果期8～10月。

用途： 低等牧草。

分布地及生境： 见于清泉镇，生于河滩盐碱地、盐渍低地、沟边石缝中。

407 | 鸦葱

Scorzonera austriaca Willd.

菊科 Asteraceae （Compositae）>>
鸦葱属 *Scorzonera* L.

形态特征： 多年生草本。基生叶丛生，披针形或线状披针形，全缘，平展或微波状，背面被微毛，具3～5条平行脉，叶柄基部稍扩大成鞘；茎生叶鳞片状，基部心形，半抱茎。头状花序单生茎端；总苞圆柱状，总苞片约5层，背面无毛；舌状小花黄色。瘦果圆柱状。冠毛羽毛状，淡黄色。花果期5～7月。

用途： 药用，可清热解毒、活血消肿。

分布地及生境： 见于古塔镇，生于山坡、草地、河滩地。

408 | 拐轴鸦葱

Scorzonera divaricata Turcz.

菊科 Asteraceae (Compositae) >>
鸦葱属 *Scorzonera* L.

别名： 分枝鸦葱、拴马桩。

形态特征： 多年生草本，高5～40厘米，全体有白色乳汁。茎成叉状分枝。叶线形，光滑，灰黄色或灰白色，被白粉，基部扩大成鞘，中脉明显。头状花序单生枝顶；总苞片数层，圆筒形，有毛；舌状花4～5朵，鲜黄色。瘦果略弯曲，长圆柱形，冠毛白色羽状。花期5～6月，果期6～7月。

用途： 药用，可消肿散结，主治瘰子。

分布地及生境： 见于古塔镇、红石桥乡，生于沙丘、干燥山坡、河边等处。

409 | 额河千里光
Senecio argunensis Turcz.

菊科 Asteraceae（Compositae）>>
千里光属 *Senecio* L.

别名： 羽叶千里光、大蓬蒿、光明草。

形态特征： 多年生草本。根状茎横走或斜生；茎直立，被蛛丝状柔毛，茎上部多分枝。下部叶花期枯萎；中部叶卵状长圆形或长圆形，表面浓绿色，无毛，背面疏生蛛丝状柔毛，羽状深裂或全裂，裂片约6对，具齿，无柄。头状花序有舌状花，排成复伞房花序；总苞近钟状；舌状花10～13，舌片黄色，长圆状线形；管状花多数，花冠黄色。瘦果圆柱形；冠毛淡白色。花期8～10月。

用途： 全草入药，治虫蛇咬伤、湿疹、皮炎、咽喉炎。

分布地及生境： 见于红石桥乡、马合镇，生于草坡、沟谷、山地草甸。

410 | 欧洲千里光
Senecio vulgaris L.

菊科 Asteraceae (Compositae) >>
千里光属 *Senecio* L.

形态特征： 一年生草本。茎单生，直立，由基部分枝。基生叶倒卵状匙形，有浅齿，茎生叶矩圆形，不整齐羽状分裂，裂片边缘有浅齿；头状花序无舌状花，少数至多数，排列成顶生密集伞房花序；总苞钟状，具广披针形小苞片；总苞片18～22，线形，草质，边缘狭膜质，背面无毛；舌状花缺如，管状花多数；花冠黄色。瘦果圆柱形。冠毛白色。花期4～10月。

分布地及生境： 见于河滨公园，生于草地、路旁。

411 | 苣荬菜
Sonchus brachyotus DC.

菊科 Asteraceae (Compositae) >>
苦苣菜属 *Sonchus* L.

别名： 长裂苦苣菜、黄花苦菜。

形态特征： 多年生草本。具乳汁。具长匍匐茎，横走。茎高20～50厘米，无毛，下部常带紫红色，不分枝。基生叶广披针形或长圆披针形，灰绿色，边缘具牙齿；茎生叶无柄，基部叶耳状抱茎。头状花序，舌状花80多朵，黄色。瘦果，稍压扁，长圆形。冠毛白色，长1.5厘米，柔软。花期5～8月，果期8～10月。

用途： 根、叶都能食用；全草入药称为败酱草，能清热解毒、消肿排脓、祛瘀止痛。

分布地及生境： 见于红石桥乡、金鸡滩镇，生于山谷林缘、林下、近水潮湿处。

412 | 苦苣菜
Sonchus oleraceus L.

菊科 Asteraceae (Compositae) >>
苦苣菜属 *Sonchus* L.

别名：滇苦荬菜、苦马菜。

形态特征：一年生或二年生草本。具乳汁。根纺锤状。茎高40～80厘米。不分枝或上部分枝，无毛或上部有腺毛。叶柔软，无毛，长椭圆状广披针形，长15～25厘米，宽3～6厘米，羽状深裂，边缘有不规则的刺状尖齿，基部耳状抱茎。头状花序排成伞房或总状花序或单生茎顶；总苞宽钟状，长1.5厘米，径1厘米，总苞片3～4层，先端长尖，背面无毛，外层长披针形或长三角形，长3～7毫米，中内层长披针形至线状披针形，长0.8～1.1厘米；舌状小花黄色。瘦果，褐色。冠毛白色。花期5～9月，果期9～10月。

用途：全草入药，有祛湿、清热解毒功效。

分布地及生境：见于河滨公园，生于山坡草地、潮湿地。

413 | 短星菊

Symphyotrichum ciliatum (Ledeb.) G. L. Nesom

菊科 Asteraceae（Compositae）>>
联毛紫菀属 *Symphyotrichum* Nees

形态特征： 一年生盐碱湿地草本，株高20～60厘米。茎直立，紫色，具纵长棱，疏被弯曲柔毛。叶互生，线状披针形或线形，稍肉质，先端锐尖，基部无柄，半抱茎，全缘，具缘毛，两面无毛。总状花序，总苞片3层，线状倒披针形，外面苞片稍短，先端锐尖，背面无毛；舌状花长约4.5毫米，黄色，管状花长4毫米。瘦果，长圆形，有2～4纵细脉，密被长硬毛，红褐色。冠毛白色2层，外层刚毛状，极短，内层糙毛状，长6～7毫米。花果期8～10月。

分布地及生境： 见于李家梁水库，生于河滩盐碱湿地。

414 | 蒲公英
Taraxacum mongolicum Hand.-Mazz.

菊科 Asteraceae (Compositae) >>
蒲公英属 *Taraxacum* F.H. Wigg

别名： 黄花地丁、婆婆丁。

形态特征： 多年生草本。具乳汁。叶倒卵状披针形、倒披针形或长圆状披针形；叶柄及主脉常带红紫色，疏被蛛丝状白色柔毛或几无毛。花葶1至数个，高10～25厘米，上部紫红色，总苞钟状，淡绿色，总苞片2～3层，外层卵状披针形或披针形，边缘膜质，被白色柔毛，基部淡绿色，上部紫红色，先端背面增厚或具角状突起；舌状花，黄色。瘦果，倒卵状披针形，暗褐色，喙长6～8毫米。冠毛白色，长约6毫米。花期4～9月，果期5～10月。

用途： 全草供药用，有清热解毒、消肿散结的功效。

分布地及生境： 全区可见，生于山坡草地、路边、田野、河滩。

415 | 深裂蒲公英
Taraxacum scariosum (Tausch) Kirschner & Štepanek

菊科 Asteraceae (Compositae) >>
蒲公英属 *Taraxacum* F.H. Wigg

别名：亚洲蒲公英。

形态特征：多年生草本。叶线形或狭披针形，具波状齿，羽状浅裂至羽状深裂。花葶数个，顶端光滑或被蛛丝状柔毛；头状花序，直径30～35毫米；总苞长10～12毫米，基部卵形；外层总苞片宽卵形、卵形或卵状披针形，有明显的宽膜质边缘，先端有紫红色突起或较短的小角；内层总苞片线形或披针形，先端有紫色略钝突起或不明显的小角；舌状花黄色，稀白色，边缘花舌片背面有暗紫色条纹。瘦果，倒卵状披针形。冠毛白色，长5～7毫米。花果期4～9月。

用途：全草供药用，有清热解毒、消肿散结的功效。

分布地及生境：见于河口水库，生于草甸、河滩、林地边缘。

416 | 华蒲公英
Taraxacum sinicum Kitag.

菊科 Asteraceae (Compositae) >>
蒲公英属 *Taraxacum* F.H. Wigg

别名：碱地蒲公英。

形态特征：多年生草本。叶边缘羽状浅裂或全缘，两面无毛，叶柄和背面叶脉常紫色。花葶1至数个；头状花序，淡绿色，直径约20～25毫米；总苞小，长8～12毫米；总苞片3层，先端淡紫色，无角状突起；外层总苞片卵状披针形，有窄或宽的白色膜质边缘；内层总苞片披针形，长于外层总苞片的2倍；舌状花黄色，稀白色，边缘花舌片背面有紫色条纹。瘦果倒卵状披针形，淡褐色。冠毛白色，长5～6毫米。花果期6～8月。

用途：全草供药用，有清热解毒、消肿散结的功效。

分布地及生境：见于牛家梁镇，生于田边空地、路旁、稍潮湿的盐碱地。

417 | 黄花婆罗门参
Tragopogon orientalis L.

菊科 Asteraceae (Compositae) >>
婆罗门参属 *Tragopogon* L.

形态特征：二年生草本。茎直立。基生叶及下部茎叶线形或线状披针形；中部及上部茎叶披针形或线形。头状花序，单生茎顶或植株含少数头状花序，生枝端；总苞圆柱状，长2～3厘米。总苞片8～10枚，披针形或线状披针形，先端渐尖，边缘狭膜质，基部棕褐色；舌状小花黄色。瘦果，长纺锤形，褐色，稍弯曲，长1.5～2厘米，有纵肋，沿肋有疣状突起，上部渐狭成细喙，喙长6～8毫米，顶端稍增粗，与冠毛连接处有蛛丝状毛环。冠毛淡黄色，长1～1.5厘米。花果期5～9月。

分布地及生境：见于古塔镇、青云镇，生于山地林缘及草地。

418 | 款冬
Tussilago farfara L.

菊科 Asteraceae (Compositae) >>
款冬属 *Tussilago* L.

别名： 款冬花、冬花。

形态特征： 多年生湿地草本，株高5～10厘米。根状茎褐色，横生地下。早春先抽出花葶数条，生有白色绵毛，具有10多片鳞片状小叶，淡紫褐色；头状花序，顶生，径2.5～3厘米，初直立，花后下垂；总苞钟状，总苞片1～2层，披针形或线形，常带紫色，被白色柔毛，后脱落，有时具黑色腺毛；花序托平，无毛；小花异形；边缘有多层雌花，花冠舌状，黄色，柱头2裂。瘦果圆柱形。冠毛白色，糙毛状，长1～1.5厘米。花期3～4月，果期5月。

用途： 花蕾入药，称冬花，能润肺下气、化痰止咳。

分布地及生境： 见于红石桥乡，生于山谷湿地或林下。

419 | 苍耳
Xanthium strumarium L.

菊科 Asteraceae （Compositae） >>
苍耳属 *Xanthium* L.

别名：粘头婆、虱马头、苍耳子。

形态特征：一年生草本，株高40～100厘米。多分枝。叶三角状卵形或心形，近全缘，或有3～5片不明显浅裂，顶端尖或钝，基部稍心形或截形；雄性的头状花序球形，密生柔毛；总苞片长圆状披针形，花托柱状，托片倒披针形，顶端尖，有微毛，有多数的雄花，花冠钟形，管部上端有5宽裂片；雌性的头状花序椭圆形，外层总苞片小，披针形，被短柔毛，内层总苞片结合成囊状，宽卵形或椭圆形，成熟时总苞变坚硬，绿色或淡黄色，外面疏生具钩的总苞刺。瘦果2，倒卵形。花期7～8月，果期8～9月。

用途：茎皮制成的纤维可作麻袋、麻绳；种子可以榨油；带刺的苍耳果入药，能散风祛湿、通鼻窍、止痛、止痒。

分布地及生境：全区可见，生于空旷干旱山坡、旱田边盐碱地、干涸河床和路旁。

420 | 醉马草
Achnatherum inebrians (Hance) Keng

禾本科 Poaceae (Gramineae) >>
芨芨草属 *Achnatherum* P. Beauv.

形态特征：多年生草本，丛生。株高0.6～1.2米，秆3～4节。基部叶直立，向内卷折，叶舌质膜，顶端截平或有裂齿。圆锥花序穗状；分枝每节6～7，被细刺毛；小穗成熟呈褐铜色或带紫色，长5～6毫米，2颖等长，具3脉；外稃长3.5～4毫米，顶端具2微齿，背部密被柔毛，3脉，芒长1～1.3厘米，下部稍扭转，内稃具2脉。

用途：有毒，牲畜误食时，轻则致疾、重则死亡；根和全草入药，可消肿解毒。

分布地及生境：见于风沙草滩地区，生于山坡草地、田边、路旁、河滩。

421 | 芨芨草
Achnatherum splendens (Trin.) Nevski

禾本科 Poaceae (Gramineae) >>
芨芨草属 *Achnatherum* P. Beauv.

别名： 席箕草。

形态特征： 多年生草本，丛生。高0.5～2.5米。秆坚硬，光滑。叶片纵卷，坚韧，长30～60厘米。圆锥花序铺散开展，长30～60厘米；小穗灰绿色；颖披针形，2颖不等长；芒直立或微弯，不扭转，粗糙，易落。花期7～8月，果期9～10月。

用途： 为牲畜良好的饲料；其秆叶坚韧，供造纸及人造丝，又可编织筐、草帘、扫帚；叶可做草绳。

分布地及生境： 见于马合镇，生于微碱性的草滩及沙土山坡上。

422 | 沙芦草

Agropyron mongolicum Keng

禾本科 Poaceae (Gramineae) >>
冰草属 *Agropyron* Gaertn.

形态特征： 多年生草本。秆疏丛生，高20～60厘米。叶片内卷成针状，脉密被细刚毛；叶舌截平，具小纤毛；叶鞘短于节间，紧裹茎。穗状花序长3～9厘米，宽4～6毫米；小穗疏散排列，向上斜升，长0.5～1.4厘米，具3～8小花；颖和外稃边缘膜质，外稃顶端具极短的小尖头。颖果椭圆形。花果期6～9月。

用途： 为良好的牧草。

分布地及生境： 见于大河塔镇、鱼河镇、上盐湾镇，生于干燥草原、沙地。

423 | 华北剪股颖
Agrostis clavata Trin.

禾本科 Poaceae (Gramineae) >>
剪股颖属 *Agrostis* L.

形态特征： 多年生草本，丛生。株高30～90厘米，秆3～4节。叶线形，微粗糙；叶舌顶端常撕裂；叶鞘多短于节间。圆锥花序疏松开展，每节具2个以上分枝，上端疏生小穗；小穗长2～2.2毫米，无芒；花外稃长1.8～2.2毫米，先端钝；内稃微小，长0.2～0.5毫米，先端平截，具齿。颖果纺锤形，长约1.2毫米。花果期7～9月。

用途： 良等牧草。

分布地及生境： 见于小纪汗乡、马合镇，生于河沟、路旁潮湿地方。

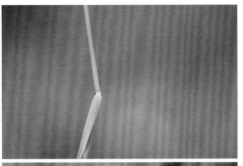

424 | 茅香
Anthoxanthum nitens (Weber) Y. Schouten & Veldkamp

禾本科 Poaceae (Gramineae) >>
茅香属 *Anthoxanthum* R. Br.

形态特征： 多年生草本。根茎细长。秆高50～60厘米，具3～4节。叶片披针形，质较厚，上面被微毛，长约10厘米，宽约7毫米。圆锥花序长约10厘米，分枝细长，下部裸露；小穗淡黄褐色，含花3朵，其中有1朵顶生两性小花和2朵侧生雄性小花，两侧压扁；颖膜质，具1～3脉。花果期5～7月。

用途： 良等牧草；秆供编织；根状茎药用，可清热止血利尿。

分布地及生境： 见于牛家梁镇，生于路边潮湿处、河漫滩或湿润草地。

425 | 荩草
Arthraxon hispidus (Trin.) Makino

禾本科 Poaceae (Gramineae) >>
荩草属 *Arthraxon* P. Beauv.

别名：绿竹、马耳草。

形态特征：一年生草本。秆细弱，高30～60厘米，基部倾斜或平卧成匍匐状。叶片卵状披针形，基部心形，抱茎，下部边缘具纤毛。总状花序细弱，2～10枚呈指状排列或簇生；小穗成对生于各节；有柄小穗退化仅剩短柄；无柄小穗长4～4.5毫米；第一颖边缘不内折或一侧内折成脊，脉上粗糙；芒长6～9毫米，下几部扭转；雄蕊2。颖果椭圆形。花果期7～9月。

用途：良等牧草；汁液可做黄色染料；全草药用。

分布地及生境：全区可见，生于水边阴湿处。

426 | 菵草
Beckmannia syzigachne (Steud.) Fern.

禾本科 Poaceae (Gramineae) >>
菵草属 *Beckmannia* Host.

别名： 水稗子、罔草。

形态特征： 一年生草本。秆直立，高 15～90 厘米，具 2～4 节。叶鞘无毛，多长于节间；叶舌透明膜质，长 3～8 毫米；叶片扁平，长 5～20 厘米，宽 3～10 毫米。圆锥花序长 10～30 厘米，分枝稀疏，直立或斜升；小穗压扁，圆形，灰绿色，常含 1 小花，长约 3 毫米；颖草质；边缘质薄，白色，具淡绿色的横纹；外稃披针形，具 5 脉，常具伸出颖外之短尖头。颖果黄褐色，椭圆形。花果期 4～10 月。

用途： 优良饲草。

分布地及生境： 见于刀兔海则、中营水库，生于湿地、水沟边。

427 | 白羊草
Bothriochloa ischaemum (L.) Keng

禾本科 Poaceae (Gramineae) >>
孔颖草属 *Bothriochloa* Kuntze

别名： 白草。

形态特征： 多年生草本。常具短根状茎。秆丛生，直立或基部膝曲，高25～70厘米。叶片线形，先端渐尖，基部圆形，两面疏生疣基柔毛或下面无毛；叶舌膜质，具纤毛；叶鞘常短于节间。总状花序4至多数着生于秆顶呈指状；灰绿色或带紫色；小穗成对着生穗轴；有柄小穗雄性，无芒；无柄小穗两性具芒，膝曲，长1～1.5厘米。花果期5～9月。

用途： 优质牧草；根可制各种刷子。

分布地及生境： 见于马合镇，生于山坡草地和荒地。

428 | 无芒雀麦
Bromus inermis Leyss.

禾本科 Poaceae (Gramineae) >>
雀麦属 *Bromus* L.

别名： 普康雀麦。

形态特征： 多年生草本，高50～120厘米。有根状茎。叶鞘闭合，通常无毛；叶片扁平，先端渐尖，两面与边缘粗糙。圆锥花序长10～20厘米，着生2～6枚小穗，3～5枚轮生于主轴各节；颖披针，具膜质边缘，第一颖具1脉，第二颖具3脉；外稃长圆状披针形，具5～7脉，无毛，基部微粗糙，顶端微缺，具短尖头或有1～2毫米的短芒；子房上端有毛，花柱生于其前下方。颖果椭圆形，褐色。花果期7～9月。

用途： 优良牧草。

分布地及生境： 见于河滨公园，生于林下草地、河边路旁。

429 | 拂子茅
Calamagrostis epigeios (L.) Roth

禾本科 Poaceae (Gramineae) >>
拂子茅属 *Calamagrostis* Adans.

别名： 马蹄草。

形态特征： 多年生草本，高45～100厘米。具根状茎。秆平滑。叶片扁平或边缘内卷，上面及边缘粗糙，下面较平滑；叶舌长圆形，膜质，先端易撕裂；基部叶鞘长于节间，其余短于节间。圆锥花序紧密，圆筒形，常有间断，分枝直立；小穗长5～7毫米；芒自稃体背中部附近伸出，长2～3毫米；雄蕊3。花果期6～9月。

用途： 牲畜喜食的牧草。

分布地及生境： 见于麻黄梁镇，生于潮湿地及河岸沟渠旁。

430 | 假苇拂子茅

Calamagrostis pseudophragmites (Hall. F.) Koel.

禾本科 Poaceae (Gramineae) >>
拂子茅属 *Calamagrostis* Adans.

别名：假苇子。

形态特征：多年生草本，高0.4~1.2米。叶片扁平或内卷；叶舌膜质，顶端钝，易破碎。圆锥花序开展，长圆状披针形，分枝簇生；小穗草黄或紫色，长5~7毫米；第二颖较第一颖短1/4~1/3，外稃长3~4毫米，3脉；芒自顶端或稍下伸出，长1~3毫米，基盘两侧柔毛等长于或稍短于小穗；雄蕊3。花果期6~9月。

用途：优等牧草；水保草种。

分布地及生境：见于小纪汗乡、马合镇、大河塔镇，生于山坡草地、河岸阴湿地。

431 | 虎尾草
Chloris virgata Sw.

禾本科 Poaceae (Gramineae) >>
虎尾草属 *Chloris* Swartz

别名： 棒锤草、猫尾巴草。

形态特征： 一年生草本，高20～60厘米。叶线形，两面无毛或边缘及上面粗糙；叶舌具微纤毛；叶鞘光滑，背具脊，顶端叶鞘包藏花序。穗状花序4～15穗簇生茎顶；小穗排列于穗轴一侧，成熟后紫色；颖膜质，1脉；每小穗含花2多，第一小花两性，沿脉及边缘疏生柔毛或无毛，芒自顶端稍下方伸出；第二小花不孕。颖果淡黄色。花果期6～10月。

用途： 各种牲畜食用的牧草。

分布地及生境： 全区可见，生于路旁荒野、河岸沙地。

432 | 小尖隐子草

Cleistogenes mucronata Keng ex P. C. Keng & L. Liu

禾本科 Poaceae (Gramineae) >>
隐子草属 *Cleistogenes* Keng

别名： 细弱隐子草。

形态特征： 多年生草本，高15～45厘米。具短根头。秆丛生。叶鞘长于节间，鞘口具长柔毛；叶舌具纤毛；叶片线形，内卷，无毛。圆锥花序开展，长3～11厘米，分枝单生，粗糙，自基部着生小穗；小穗含4～6朵小花；颖披针形，顶端尖，第一颖长约3毫米，1脉，第二颖长约4毫米，3脉；外稃披针形，5脉，第一外稃长3～4.5毫米；内稃等长或稍短于外稃；花药黄色。花果期7～9月。

分布地及生境： 见于五十里沙，生于山坡碎石、沙质地。

433 | 多叶隐子草
Cleistogenes polyphylla Keng ex P. C. Keng & L. Liu

禾本科 Poaceae (Gramineae) >>
隐子草属 *Cleistogenes* Keng

形态特征： 多年生草本，高15～40厘米。秆直立。叶鞘多少具疣毛，层层包裹直达花序基部；叶舌截平，具短纤毛；叶片披针形至线状披针形。花序狭窄，基部常为叶鞘所包；小穗含3～7小花；颖披针形或长圆形，第一颖长1.5～4毫米，第二颖长3～5毫米；外稃披针形，第一外稃长4～5毫米；内稃与外稃近等长；花药长约2毫米。花果期7～10月。

用途： 良好的山地牧草。

分布地及生境： 见于黑龙潭，生于干燥山坡、石缝。

434 | 糙隐子草
Cleistogenes squarrosa (Trin.) Keng

禾本科 Poaceae (Gramineae) >>
隐子草属 *Cleistogenes* Keng

别名： 兔子毛。

形态特征： 多年生草本，高10～30厘米。叶鞘多长于节间，无毛，层层包裹直达花序基部，内隐藏花序；叶舌具短纤毛；叶片长3～6厘米，基宽1～2毫米，扁平或内卷。圆锥花序狭窄，长4～7厘米；分枝单生，每枝具小穗2～5朵；小穗长5～7毫米，含2～3小花，绿色或带紫色；外稃披针形，顶端常具较稃体短或近等长的芒。花果期8～9月。

用途： 优良牧草。

分布地及生境： 全区可见，生于干旱草原、丘陵坡地、沙地以及固定或半固定沙丘、山坡等处。

435 | 隐花草
Crypsis aculeata (L.) Ait.

禾本科 Poaceae (Gramineae) >>
隐花草属 *Crypsis* Ait.

别名：扎屁股草。

形态特征：一年生草本，高5～40厘米。叶片线状披针形，长2～8厘米，宽1.5～3毫米，边缘内卷，顶端呈针刺状；叶鞘短于节间，松弛或膨大。圆锥花序短缩成头状或卵圆形，长约16毫米，宽5～13毫米，下面紧托两枚膨大的苞片状叶鞘，小穗长约4毫米，淡黄白色；颖膜质，具1脉；外稃披针形，顶端无芒。颖果囊果状，长圆形或楔形。花果期7～9月。

用途：为盐碱土指示植物；牲畜可食。

分布地及生境：见于马合镇、古塔镇、岔河则乡，生于河岸、沟旁及盐碱地。

436 | **蔺状隐花草**
Crypsis schoenoides (L.) Lam.

禾本科 Poaceae (Gramineae) >>
隐花草属 *Crypsis* Ait.

形态特征：一年生草本，丛生。叶鞘常短于节间，松胀；叶舌短小，成为一圈纤毛状；叶片上面被微毛或柔毛，下面无毛或有稀疏的柔毛，先端常内卷如针刺状。圆锥花序紧缩成穗状、圆柱状或长圆形，长1~3厘米，宽5~8毫米，其下托以一膨大的苞片状叶鞘；小穗长约3毫米；颖膜质，具1脉成脊；外稃长约3毫米；雄蕊3，花药黄色。颖果囊果状，小，椭圆形。花果期6~9月。

分布地及生境：见于李家梁水库，生于沙质土、河漫滩。

437 | 止血马唐
Digitaria ischaemum (Schreber) Muhl.

禾本科 Poaceae (Gramineae) >>
马唐属 *Digitaria* Heist.

形态特征： 一年生草本，高30～40厘米。叶鞘具脊；叶片扁平，两面疏生柔毛或背面无毛。总状花序2～4个，具白色中肋，呈手指簇生枝顶；小穗长1.8～2.3毫米，宽约1毫米，2～3枚着生于各节；成熟谷粒黑褐色。花果期6～11月。

用途： 药用，有凉血止血作用；优质牧草。

分布地及生境： 见于河滨公园、沙地森林公园，生于田野、河边润湿地。

438 | 长芒稗

Echinochloa caudata Roshev.

禾本科 Poaceae （Gramineae）>>
稗属 *Echinochloa* P. Beauv.

形态特征： 一年生草本，高1～2米。叶舌缺；叶片线形，两面无毛。圆锥花序稍下垂，长10～25厘米；分枝密集，常再分小枝；小穗卵状椭圆形，长3～4毫米，常带紫色；第一颖三角形，长为小穗的1/3～2/5；第二颖与小穗等长；第一外稃草质，顶端具1.5～5厘米的芒，5脉，脉上疏生刺毛，内稃膜质，先端具细毛，边缘具细睫毛；第二外稃革质，光亮，边缘包着同质的内稃；雄蕊3。花果期夏秋季。

分布地及生境： 见于红石桥乡，生于路旁、河边湿润处。

439 | 稗

Echinochloa crusgalli (L.) Beauv.

禾本科 Poaceae (Gramineae) >>
稗属 *Echinochloa* P. Beauv.

别名：稗子。

形态特征：一年生草本，高50～120厘米。秆直立或基部膝曲。叶片线形，边缘粗糙；叶鞘松弛，无毛；无叶舌。圆锥花序松散，紫色；小穗密集于穗轴的一侧，每穗含花1～2朵；第一外稃草质，先端延伸成1粗壮芒，芒长5～10毫米。颖果椭圆形，坚硬。花果期5～7月。

用途：种子可食用或作饲料；根及幼苗可药用；茎叶纤维可作造纸原料。

分布地及生境：全区可见，生于湿地或水中。

440 | 无芒稗

Echinochloa crus-galli var. *mitis* (Pursh) Petermann

禾本科 Poaceae (Gramineae) >>
稗属 *Echinochloa* P. Beauv.

形态特征： 一年生草本，高50～120厘米。秆直立，粗壮。叶片长20～30厘米，宽6～12毫米。圆锥花序直立，长10～20厘米，分枝斜上举而开展，常再分枝；小穗卵状椭圆形，长约3毫米，无芒或具极短芒，芒长常不超过0.5毫米，脉上被疣基硬毛。花果期夏秋季。

分布地及生境： 见于孟家湾乡，生于水边、路边草地。

441 | 牛筋草

Eleusine indica (L.) Gaertn.

禾本科 Poaceae (Gramineae) >>
穇属 *Eleusine* Gaertn.

别名： 蟋蟀草。

形态特征： 一年生草本，高15～90厘米。秆丛生。叶线形，长10～15厘米，宽3～5毫米；叶舌长约1毫米；叶鞘压扁，具脊，鞘口有柔毛。穗状花序2～10穗，成手指状着生枝顶；小穗长4～7毫米，具3～6小花，外颖无芒。种子黑褐色，卵形，表面有明显的波状皱纹。花果期6～9月。

用途： 全株可作饲料；又为优良保土植物；全草煎水服，可防治乙型脑炎。

分布地及生境： 见于河滨公园，生于河边荒地、道旁。

442 | 披碱草

Elymus dahuricus Turcz. ex Griseb.

禾本科 Poaceae （Gramineae） >>
披碱草属 *Elymus* L.

别名： 碱草、野麦草。

形态特征： 多年生草本，高70～140厘米。秆丛生，直立。叶鞘光滑无毛；叶片线形扁平，长15～25厘米，宽5～9毫米，上面粗糙，下面光滑；叶舌长1毫米左右，截平。穗状花序长14～20厘米，直径5～10毫米；穗轴边缘具小纤毛；小穗绿后草黄色，含3～5小花；外稃披针形，两面密被短小糙毛，顶端具芒，长1～2厘米，粗糙外展；内稃与外稃近等长。花果期5～9月。

用途： 优良牧草。

分布地及生境： 全区可见。生于山坡草地、田边、路边。

443 | 毛秆披碱草

Elymus pendulinus subsp. *pubicaulis* (Keng) S. L. Chen

禾本科 Poaceae (Gramineae) >>
披碱草属 *Elymus* L.

别名： 毛秆鹅观草、毛节缘毛草。

形态特征： 多年生草本，高60～90厘米。秆的露出部分，节上以及叶鞘下部均密生倒毛，上部叶鞘的毛较稀少。叶片扁平，两面粗糙。穗状花序细弱，先端垂头，长12～15厘米；小穗绿色而基部稍带紫色，含4～5小花；颖长圆状披针形，顶端锐尖或具1小尖头，具5～7明显而粗糙的脉；外稃披针形，背部粗糙，上部边缘具纤毛，第一外稃长9毫米，顶端芒细弱；内稃与外稃等长。花果期8月。

分布地及生境： 见于清泉镇，生于山坡、沟谷、路旁。

444 | 九顶草
Enneapogon desvauxii P. Beauvois

禾本科 Poaceae (Gramineae) >>
九顶草属 *Enneapogon* Desv. ex P. Beauv.

别名： 冠芒草。

形态特征： 多年生草本，高70～140厘米。叶狭，密生短柔毛。圆锥花序短穗状；小穗绿后草黄色，长1～1.5厘米，具3～5小花，顶端小花明显退化；颖披针形，3～5脉，脉粗糙，顶端芒长达5毫米；第一外稃被短小柔毛，芒略不等长，内稃与外稃近等长，脊具纤毛。花果期8～11月。

用途： 优质高产的牧草。

分布地及生境： 见于五十里沙，生于沙质丘陵。

445 | 小画眉草
Eragrostis minor Host

禾本科 Poaceae （Gramineae） >>
画眉草属 *Eragrostis* Wolf

别名： 星星草。

形态特征： 一年生草本。植株较小，高在40厘米以下。茎秆纤细，丛生。叶鞘短于节间，脉有腺点，鞘口有长毛，叶舌呈一圈长柔毛；叶狭线形，长3～15厘米，主脉及边缘有腺点。圆锥花序开展疏松，腋间无毛；花序轴、小枝及小穗柄均具腺点；小穗有4～16小花，颖卵状长圆形，先端尖，1脉，脉有腺点。颖果红褐色。花期5～7月。

用途： 优良牧草，马、牛、羊均喜食。

分布地及生境： 见于卧云山，生于荒地、田野、草地和路旁。

446 | 画眉草
Eragrostis pilosa (L.) Beauv.

禾本科 Poaceae (Gramineae) >>
画眉草属 *Eragrostis* Wolf

别名: 星星草、牛眉儿草。

形态特征: 一年生草本,高20～60厘米。叶狭线形,长10～20厘米,宽2～3毫米;叶鞘疏松抱茎,鞘口有长柔毛,叶舌呈一圈纤毛。圆锥花序较开展,枝腋有长柔毛;小穗有3～14小花,成熟后暗绿色或带紫色;颖和外稃极小;花药暗紫色。颖果长圆形。花果期5～7月。

用途: 优良牧草;药用治跌打损伤。

分布地及生境: 全区可见,生于田野、草地、山坡、丘陵。

447 | 苇状羊茅
Festuca arundinacea Schreb.

禾本科 Poaceae (Gramineae) >>
羊茅属 *Festuca* L.

形态特征：多年生草本，高80～100厘米。秆直立。叶鞘通常平滑无毛；叶舌平截，纸质；叶片扁平，边缘内卷，上表面粗糙，背面平滑，基部具叶耳，叶横切面具维管束11～21，厚壁组织成束，与维管束相对立。圆锥花序疏松开展，分枝粗糙，中、上部着生多数小穗；小穗含4～5小花；颖片披针形，子房顶端无毛；内稃稍短于外稃，两脊具纤毛。颖果。花期7～9月。

分布地及生境：见于河滨公园，栽培，生于灌丛、林下等潮湿处。

448 | 白茅
Imperata cylindrica (L.) Beauv.

禾本科 Poaceae (Gramineae) >>
白茅属 *Imperata* Cyrillo

别名： 毛启莲。

形态特征： 多年生草本，高30～80厘米。根状茎长而发达，密被鳞片状叶。叶片长5～5.5厘米，宽2～8毫米，主脉明显而坚硬，向背面突出。叶鞘聚集于秆基，质地较厚；叶舌膜质，钝尖。圆锥花序圆柱状，分枝短缩密集；小穗长3～4毫米，含花2朵，其中仅第二朵发育结实，基盘具长10～15毫米的丝状柔毛；雄蕊2枚。颖果椭圆形。花果期5～7月。

用途： 药用，可凉血止血、清热利尿；优良牧草；造纸原料。

分布地及生境： 全区可见，生于河岸草地、沙质草甸、水边湿地。

449 | 羊草
Leymus chinensis (Trin.) Tzvel.

禾本科 Poaceae（Gramineae）>>
赖草属 *Leymus* Hochst.

形态特征： 多年生草本，高40～90厘米。根状茎发达。茎秆疏丛生或单生，无毛，具2～3节。叶片长7～18厘米，宽3～6毫米，叶扁平或内卷，质地较厚硬，上表面粗糙或被柔毛，背面光滑；叶舌截平，顶具裂齿，纸质，长0.5～1毫米；叶鞘短于节间，光滑，具叶耳，在基部常成纤维状。穗状花序长12～18厘米，宽6～10毫米；小穗粉绿色，熟后黄色，2枚生于穗轴每节，具5～10小花；内稃与外稃近等长，顶端渐尖，形成1芒状小尖头。花果期6～8月。

用途： 优良牧草，也可割制干草。

分布地及生境： 见于卧云山，生于田边、道旁。

450 | 赖草
Leymus secalinus (Georgi) Tzvel.

禾本科 Poaceae (Gramineae) >>
赖草属 *Leymus* Hochst.

形态特征： 多年生草本。秆单生或疏丛生，高50～100厘米，具3～5节，光滑无毛或在花序下密被柔毛。叶鞘光滑，或幼时上部边缘有纤毛；叶舌膜质，截平，长1～1.5毫米；叶片扁平，长10～40厘米，宽3～10毫米。穗状花序灰绿色，直立；小穗通常2～3或4枚生于每节，长10～20毫米，含4～7个小花；穗轴、小穗轴、外稃及基盘均具毛，第一外稃长8～12毫米。花果期6～8月。

用途： 根茎入药，可清热、止血、利尿；牧草。

分布地及生境： 全区可见，生于沙地、山坡、山地草原带。

451 | 细叶臭草

Melica radula Franch.

禾本科 Poaceae (Gramineae) >>
臭草属 *Melica* L.

形态特征：多年生草本，高30～40厘米。叶鞘闭合；叶舌短，膜质；叶片常纵卷成线形。圆锥花序极狭窄，长6～15厘米；小穗柄短，被微毛；小穗含可育花2枚，顶生不育外稃聚集成棒状或小球形；外稃草质，内稃短于外稃。花果期5～8月。

分布地及生境：见于黑龙潭，生于沙质沟谷、山坡或田野、路旁。

452 | 臭草
Melica scabrosa Trin.

禾本科 Poaceae (Gramineae) >>
臭草属 *Melica* L.

别名： 肥马草、枪草。

形态特征： 多年生草本，高30～70厘米。叶鞘闭合，上部短于节间，下部长于节间；叶舌膜质，长1～3毫米；叶片较薄，两面粗糙，长6～15厘米，宽2～7毫米。圆锥花序长8～15厘米，分枝紧贴主轴；小穗长5～7毫米，含可育花2～4朵，顶端由数个不育外稃集成小球形；小穗柄细弱，弯曲易折；颖果褐色，纺锤形。花果期5～8月。

用途： 全草药用，可利水、通淋、清热；优良牧草。

分布地及生境： 见于元大滩村，生于林下阴湿草地、田野、渠边路旁。

453 | 稷
Panicum miliaceum L.

禾本科 Poaceae (Gramineae) >>
黍属 *Panicum* L.

别名： 糜、黍。

形态特征： 一年生栽培草本，高60～120厘米。秆单生或分蘖，节密生髭毛，节下生有疣毛；叶鞘稍松，具疣毛；叶舌膜质，顶端具长纤毛；叶片线形或线状披针形。圆锥花序成熟时下垂，长10～30厘米。颖果黄色、乳白色或黑色。花果期7～9月。

用途： 稷为人类最早的栽培谷物之一，谷粒富含淀粉，谷粒供食用或酿酒；秆叶可为牲畜饲料。由于长期栽培选育，品种繁多，榆林全市已收集品种600余份，大体分为黏或不黏两类，本草纲目称黏者为黍，不黏者为稷；民间又将黏的称黍，不黏的称糜。脱粒稷穗可做笤帚，榆林的"双背笤帚"有一定名气。

分布地及生境： 见于麻黄梁镇，栽培。

454 | 白草
Pennisetum flaccidum Grisebach

禾本科 Poaceae (Gramineae) >>
狼尾草属 *Pennisetum* Rich.

别名： 倒生草。

形态特征： 多年生草本，高20～100厘米。秆单生或丛生，直立。叶长10～30厘米，宽3～15毫米；叶鞘无毛或鞘口和边缘具纤毛；叶舌短具纤毛。穗状圆锥花序圆柱形，长5～20厘米；花序分枝中部具关节，每分枝具1小穗，小枝刚毛白色或褐紫色；小穗上有1～2朵花，单生或2～3枚簇生在总苞内。花果期6～10月。

用途： 药用，可清热解毒、利湿消肿、抗癌。

分布地及生境： 见于黑龙潭，生于山坡、路旁较干燥处。

455 | 芦苇
Phragmites australis (Cav.) Trin. ex Steud.

禾本科 Poaceae (Gramineae) >>
芦苇属 *Phragmites* Adans.

形态特征： 多年生草本，高1～3米。有发达的匍匐根状茎，茎秆直立，节下常生白粉。叶鞘圆筒形；叶舌有毛；叶片长10～50厘米，宽1～4厘米。圆锥花序扫帚状，分枝稠密；小穗含花4～6朵；外稃顶端延生成芒；基盘上密生长丝状柔毛。花期7～11月，9月果熟。

用途： 秆供编织；幼嫩茎、叶可作饲料；根状茎入药，可清热利尿、生津解渴。

分布地及生境： 全区可见，生于河流、池塘沟渠沿岸和低湿地。

456 | 早熟禾
Poa annua L.

禾本科 Poaceae (Gramineae) >>
早熟禾属 *Poa* L.

形态特征： 一年生或越年生草本。叶鞘中部以下闭合；膜质叶舌长1~2毫米，圆头；叶柔软，顶端船形。圆锥花序开展，长2~7厘米，每节有分枝1~3个；小穗含3~5小花；颖质薄，有宽膜质边；内、外稃脊上有长柔毛，外稃顶端与边缘宽膜质，间脉近基部有柔毛，基盘无绵毛。花期4~5月，果期5~6月。

用途： 优质牧草；药用可降血糖。

分布地及生境： 见于河滨公园，生于路旁草地、田野水沟、阴湿地。

457 | 硬质早熟禾
Poa sphondylodes Trin.

禾本科 Poaceae (Gramineae) >>
早熟禾属 *Poa* L.

别名：铁丝草。

形态特征：多年生草本，高30～60厘米。秆丛生，有3～4节。叶鞘无毛；叶舌顶端渐尖；叶片长3～7厘米，宽约1毫米，顶端船形。圆锥花序紧密，长3～10厘米，分枝基部即着生小穗；小穗含4～6朵小花；颖具3脉；外稃坚纸质，基盘有绵毛；内稃等长于外稃。花果期6～7月。

用途：药用，可清热解毒、利尿通淋。

分布地及生境：全区可见，生于山坡草原干燥地。

458 | 长芒棒头草
Polypogon monspeliensis (L.) Desf.

禾本科 Poaceae (Gramineae) >>
棒头草属 *Polypogon* Desf.

形态特征： 一年生草本，高8～60厘米。秆直立或基部膝曲。叶鞘松弛抱茎；叶舌膜质，长2～8毫米，2深裂或呈不规则地撕裂状；叶片长2～13厘米，宽2～9毫米。圆锥花序穗状；小穗长2～2.5毫米；颖片倒卵状长圆形，先端2浅裂，芒自裂口处伸出；外稃顶端具微齿，中脉延伸成约与稃体等长而易脱落的细芒；雄蕊3。颖果倒卵状长圆形。花果期5～10月。

分布地及生境： 见于小纪汗乡，生于潮湿地、浅水中。

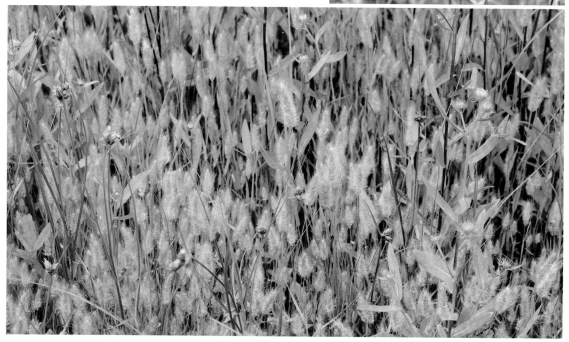

459 | 沙鞭
Psammochloa villosa (Trin.) Bor

禾本科 Poaceae (Gramineae) >>
沙竹属 *Psammochloa* Hitchc.

别名：沙竹。

形态特征：多年生草本，高1～2米。秆基部各节短缩。叶鞘包裹基部各节，膜质叶舌长5～8毫米；叶片坚硬，长达50厘米，平滑。圆锥花序长30～50厘米；小穗淡黄白色，含花1朵；颖被微毛；外稃背密生长柔毛，芒长7～10毫米，易落；内稃被柔毛。颖果棕黑色。花果期5～8月。

用途：具发达的根茎，为良好的固沙植物；可作牛饲草；叶坚韧，可作绳索、造纸原料等。

分布地及生境：见于风沙草滩地区，生于沙丘上。

460 | 粱
Setaria italica (L.) Beauv.

禾本科 Poaceae (Gramineae) >>
狗尾草属 *Setaria* P. Beauv.

别名：粟、谷子、小米。

形态特征：一年生草本，高1米以上。叶鞘无毛；叶舌具纤毛；叶顶端渐尖，基部钝圆。圆锥花序呈圆柱形，下垂，分枝密集，小穗含单花；颖果球形，谷粒成熟后自第一外稃基部和颖分离脱落。花果期7～9月。

用途：籽作粮食，可酿酒。脱皮后称为"小米"。小米是我国北方人民的主要粮食之一，它含丰富的蛋白质、脂肪及维生素，如维生素B1、B2分别高于大米1～1.5倍，这是其他谷类作物所不及的。入药有清热、清渴、滋阴、补脾肾和肠胃、利小便、治水泻等功效。茎叶是牲畜的优等饲料。现榆林全市有小米品种700余个。

分布地及生境：见于麻黄梁镇，栽培。

461 | 金色狗尾草
Setaria pumila (Poiret) Roemer & Schultes

禾本科 Poaceae (Gramineae) >>
狗尾草属 *Setaria* P. Beauv.

形态特征：一年生草本，高20～90厘米。叶鞘光滑无毛；叶舌具纤毛；叶上表面粗糙，背面光滑，顶端渐尖，基部钝圆。圆锥花序紧密呈圆柱状，长3～8厘米，直径4～8毫米；主轴每节只有1个发育小穗；每小穗下部有8～10条刚毛，金黄色，粗糙。谷粒黄色或灰色，成熟时具明显的横皱纹。连同第二颖及外稃一起脱落。花果期6～9月。

用途：优良牧草；全草药用，可清热、明目、止泻。

分布地及生境：见于卧云山，生于林边、山坡、路边。

462 | 狗尾草

Setaria viridis (L.) Beauv.

别名：谷莠子。

形态特征：一年生草本，高10～100厘米。叶鞘松弛；叶舌纤毛状，长1～2毫米；叶片扁平，狭披针形或线状披针形。圆锥花序穗状，直立或弯曲；主轴每节有3个以上小穗；第一颖卵形；第二颖与谷粒等长；谷粒成熟时具细点状皱纹，连同第二颖与外稃一起脱落。颖果灰白色。花果期6～9月。

用途：秆、叶作饲料；入药，可消积除胀、解热明目。

分布地及生境：全区可见，生于林边、荒野、田地、道旁。

463 | 巨大狗尾草

Setaria viridis subsp. *pycnocoma* (Steud.) Tzvel.

禾本科 Poaceae (Gramineae) >>
狗尾草属 *Setaria* P. Beauv.

形态特征： 一年生草本。植株粗壮高大，高60～90厘米。基部数节具不定根，基部茎约7毫米。叶鞘较松无毛，边缘具密生细长纤毛；叶舌具长纤毛；叶片线形，长16～32厘米，宽1～1.7厘米，两面无毛。圆锥花序长7～24厘米，宽1.5～2.5厘米，刚毛长7～12毫米，浅紫色、浅褐色、绿色。花序大，小穗密集。花果期5～10月。

用途： 秆、叶可作饲料；也可入药，治痈瘀、面癣。

分布地及生境： 见于三岔湾村，生于沟渠旁、路边、灌木林。

464 | 高粱
Sorghum bicolor (L.) Moench

禾本科 Poaceae (Gramineae) >>
高粱属 *Sorghum* Moench.

别名： 蜀黍。

形态特征： 一年生草本，高可达3米。基部节上具支撑根。叶鞘常有白粉；叶舌硬膜质，边缘有纤毛；叶长50~60厘米，宽3~6厘米。圆锥花序疏松，主轴裸露，长15~45厘米，宽4~10厘米，总梗直立或微弯曲。主轴分枝3~7枚，轮生，基部较密；每一总状花序具3~6节，节间粗糙或稍扁；无柄小穗倒卵形或倒卵状椭圆形，长4.5~6毫米，宽3.5~4.5毫米。颖果两面平凸；种子白色、黄色或褐色。花期7~8月，果期8~9月。

用途： 籽粒供食用，亦可制淀粉、制糖、酿酒和制酒精等，为酿酒之佳品；秆供作造纸、编席、提糖浆原料；穗可作扫帚。高粱品种在榆林市已收集到100余份。

分布地及生境： 见于麻黄梁镇，栽培。

465 | 短花针茅
Stipa breviflora Griseb.

禾本科 Poaceae (Gramineae) >>
针茅属 *Stipa* L.

形态特征：多年生草本，高20～60厘米。叶鞘短于节间；叶卷成针状。圆锥花序狭窄，长10～20厘米；小穗具短柄；芒二回膝曲，扭转，全芒着生短于1毫米柔毛，第一芒柱长1～1.6厘米，第二芒柱长0.7～1厘米；内稃与外稃近等长。花果期5～7月。

用途：返青早，幼嫩时羊喜采食，可作牧草。

分布地及生境：见于镇川镇、小壕兔乡，生于石质山坡、干山坡。

466 | 长芒草
Stipa bungeana Trin.

禾本科 Poaceae (Gramineae) >>
针茅属 *Stipa* L.

别名： 长针茅、本氏针茅。

形态特征： 多年生草本，高20~60厘米。秆丛生，具2~5节。叶鞘光滑或边缘具纤毛；叶舌膜质，两侧下延与叶鞘边缘结合；叶卷成针状，长3~17厘米。圆锥花序常为叶鞘所包，成熟后稍伸出鞘外，分枝细弱；小穗灰绿或紫色；颖具细芒，芒二回膝曲、扭转，微粗糙，第一芒柱长1~1.5厘米，第二芒柱长0.5~1厘米，芒针长3~5厘米；内稃与外稃等长。颖果卵圆形。花果期6~8月。

用途： 牧草。

分布地及生境： 全区可见，生于石质山坡、黄土丘陵、路旁。

467 | 沙生针茅

Stipa caucasica subsp. *glareosa* (P. A. Smirnov) Tzvelev

禾本科 Poaceae (Gramineae) >>
针茅属 *Stipa* L.

别名：小针茅。

形态特征：多年生草本，高 10～30 厘米。秆细弱，丛生。叶卷成针状。圆锥花序基部包藏在顶生叶鞘内，长约 10 厘米，分枝短，仅具 1 小穗；小穗含 1 朵小花；芒一回膝曲扭转，白色羽状柔毛，芒柱长 1.5 厘米；内稃与外稃近等长。花果期 5～7 月。

用途：营养价值高，是一种优良牧草。

分布地及生境：见于麻黄梁镇，生于石质山坡、戈壁沙滩及河滩砾石地上。

468 | 大针茅
Stipa grandis P. Smirn.

禾本科 Poaceae (Gramineae) >>
针茅属 *Stipa* L.

形态特征：多年生草本，高50～100厘米。秆具3～4节。叶片卷成细线状，上表面具微毛，下表面光滑，基生叶长达50厘米。圆锥花序基部常为叶鞘所包藏；小穗淡绿色，成熟时变紫色；颖顶端丝状；芒二回膝曲，扭转，光滑或微粗糙，第一芒柱长6～10厘米，第二芒柱长2～2.5厘米，丝状卷曲，无白色柔毛；内稃与外稃等长。花果期5～7月。

用途：牧草。

分布地及生境：见于清泉镇，生于砾质山坡、干旱草原上。

469 | **锋芒草**
Tragus mongolorum Ohwi

禾本科 Poaceae (Gramineae) >>
锋芒草属 *Tragus* Haller

别名：大虱子草。

形态特征：一年生草本，高15～25厘米。秆斜生或平卧地面。叶鞘短于节间，无毛；叶舌纤毛状；叶片边缘有小刺毛。花序紧密呈穗状；第一颖退化，薄膜质，第二颖革质，背部有5，顶端具明显伸出刺外的小头；外稃膜质，具3条不太明显的脉；内稃较外稃稍短而质薄。花果期6～8月。

用途：作牧草，植株矮小，宜牧羊。

分布地及生境：见于金鸡滩镇，生于荒野、路旁、山坡草地。

470 | 玉蜀黍
Zea mays L.

禾本科 Poaceae (Gramineae) >>
玉米属 *Zea* L.

别名： 玉米、包谷。

形态特征： 一年生草本，高1～4米。基部节有气生根。叶舌膜质；叶片宽大，呈线状披针形，有强壮的中脉。花顶生雄性圆锥花序，主轴与总状花序轴及其腋间均有细柔毛；两颖近等长，有纤毛；外稃及内稃透明膜质；雌小穗孪生，成16～30纵行排列于粗壮之序轴上。颖果球形或扁球形，成熟后露出颖片和稃片之外。花果期秋季。

用途： 粮食作物；玉米营养丰富，单产高，作精料，被誉为"饲料之王"，也可制作淀粉、糊精、麦芽糖、酒精、玉米油等；茎叶可作饲料、造纸原料等；玉米须入药，有消肿利尿、平肝利胆之效。

分布地及生境： 全区可见，栽培。

471 | 菰

Zizania latifolia (Griseb.) Turcz. ex Stapf

禾本科 Poaceae (Gramineae) >>
菰属 *Zizania* L.

别名： 高笋、茭白。

形态特征： 多年生草本，高1～2米，具匍匐根状茎。秆高大直立，基部节上生不定根。叶鞘长于节间，肥厚，有小横脉；叶舌膜质，长约1.5厘米，顶端尖；叶片扁平宽大，长50～90厘米，宽1.5～3厘米。圆锥花序长30～50厘米，分枝多数簇生，果期开展；雄小穗两侧压扁，带紫色，外稃具5脉，顶端渐尖具小尖头，内稃具3脉，中脉成脊，具毛，雄蕊6枚；雌小穗圆筒形，着生于花序上部和分枝下方与主轴贴生处，外稃之5脉粗糙，芒长20～30毫米，内稃具3脉。颖果圆柱形。

用途： 秆基嫩茎被真菌寄生后，粗大肥嫩，是美味的蔬菜，可食用；颖果称菰米，作饭食用，有营养保健价值；全草为优良的饲料。

分布地及生境： 见于刀兔海则，生于水边湿地、沼泽。

472 | 菖蒲
Acorus calamus L.

菖蒲科 Acoraceae>>
菖蒲属 *Acorus* L.

别名：臭草、白菖蒲。

形态特征：多年生草本。根状茎粗壮。叶基生，剑形，中脉明显突出。花序柄三棱形，叶状佛焰苞剑状线形；肉穗花序斜向上或近直立，狭锥状圆柱形。花黄绿色；子房长圆柱形。浆果长圆形，红色。花期6～9月。

用途：提取芳香油。

分布地及生境：见于红石桥乡，生于水边、沼泽湿地。

473 | 浮萍
Lemna minor L.

浮萍科 Lemnaceae>>
浮萍属 *Lemna* L.

别名： 青萍。

形态特征： 漂浮小草本。具根1个，白色，长3～4厘米。叶状体对称，近圆形，两面平滑，绿色。叶状体背面一侧具囊，新叶状体于囊内形成浮出，后脱离母体成新植株。佛焰苞二唇形，雌雄同株，雄蕊2枚，胚珠1枚。果实陀螺状。花期7月，在陕西榆林市花而不实。

用途： 为良好的猪饲料、鸭饲料；可入药，利尿消肿。

分布地及生境： 全区可见，生于水田、池沼。

474 | 泽泻
Alisma plantagoaquatica L.

泽泻科 Alismataceae>>
泽泻属 *Alisma* L.

别名： 水白菜、车古菜。

形态特征： 多年生沼生草本，高30～80厘米。叶基生，椭圆形、长圆形或广卵形，顶端短尖，基部圆形或心形，全缘，叶脉通常5条。花两性集成顶生圆锥花序，花白色，雄蕊6枚，心皮多数，离生。瘦果多数，扁平。种子紫褐色，具凸起。花期6～7月，果期7～9月。

用途： 用于花卉观赏；可入药，消肿利尿、清热渗湿。

分布地及生境： 见于中营盘水库、刀兔海则，生于水边浅水处、沼泽、低洼湿地。

477 | 野慈姑
Sagittaria trifolia L.

泽泻科 Alismataceae>>
慈姑属 *Sagittaria* L.

别名： 燕尾草、箭头草。

形态特征： 多年生水生草本。地下匍匐茎纤细，顶端膨大成球形。叶基生，叶片箭形；叶柄基部鞘状。总状花序顶生，花多数，轮生，每轮具花3～5朵；花单性，雌雄同株；雌花位于下部，白色，基部常有深紫色斑点，具短梗；雄花在上，花梗细长，苞片披针形。聚合瘦果两侧扁，倒卵圆形，两面有翅。花期6～8月，果期9～10月。

用途： 优质猪饲料；全草入药，可清热解毒、止血散瘀。

分布地及生境： 见于红石桥乡、小纪汗乡，生于湖泊、池塘、沼泽、沟渠、水田。

476 | 花蔺
Butomus umbellatus L.

花蔺科 Butomaceae>>
花蔺属 *Butomus* L.

形态特征： 多年生水生草本。根状茎粗壮横生。叶基生，上部伸出水面，三棱状线形，基部鞘状抱茎。花葶圆柱形；伞形花序顶生，具多花；花两性；花被片6，宿存，外轮花被淡紫色，内轮花瓣粉红色；雄蕊9枚，心皮6片。蓇葖果沿腹缝开裂。种子多数。花期5~7月，果期6~8月。

用途： 花蔺的花、叶美观，可供观赏；根茎可提取淀粉。

分布地及生境： 见于三岔湾村、中营盘水库，生于湖泊、水塘、沟渠处浅水、沼泽。

477 | 水麦冬
Triglochin palustris L.

水麦冬科 Juncaginaceae>>
水麦冬属 *Triglochin*

形态特征： 多年生湿生草本。叶基生，半圆柱状线形。花葶细长，直立，总状花序顶生；花小，稀疏，具短梗，绿紫色，花被片6枚，心皮3片。蒴果近棒形或狭倒披针形，革质，3瓣裂。花期6～7月，果期7～8月。

用途： 果实药用，有消炎、止泻之效。

分布地及生境： 见于小纪汗乡、清泉镇，生于水边潮湿地、沼泽地、盐碱湿草地。

478 | 菹草
Potamogeton crispus L.

别名： 札草、虾藻。

形态特征： 多年生沉水草本。茎稍扁，多分枝，近基部常匍匐地面，于节处生出疏或稍密的须根。叶条形，无柄，长3～8厘米，宽3～10毫米，先端钝圆，基部约1毫米与托叶合生，但不形成叶鞘，叶缘多少呈浅波状，具疏或稍密的细锯齿；叶脉3～5条，平行；托叶薄膜质；休眠芽腋生。穗状花序顶生；花序梗棒状，较茎细；花小，被片4，淡绿色，雌蕊4枚。果实卵形。花果期4～7月。

用途： 为草食性鱼类的良好天然饵料。

分布地及生境： 见于清泉镇，生于池塘、水沟。

479 | 眼子菜
Potamogeton distinctus A. Benn.

眼子菜科 Potamogetonaceae>>
眼子菜属 *Potamogeton* L.

别名：鸭子草。

形态特征：多年生水生草本。根状茎细长；茎沉于水中。浮水叶互生，花序下的叶对生，披针形、宽披针形或卵状披针形，长5～10厘米，宽2～4厘米；沉水叶披针形或窄披针形，长约10厘米，具短柄；托叶膜质，早落。穗状花序顶生，花多轮；花序梗比茎粗，密生黄绿色小花。小坚果宽倒卵圆形。花期6～7月，果期7～8月。

用途：可作饲料；全草入药，有清热解毒、利尿镇痛之效。

分布地及生境：见于河滨公园、马合镇、小纪汗乡，生于池塘、水田和水沟等静水。

480 | 光叶眼子菜
Potamogeton lucens L.

眼子菜科 Potamogetonaceae>>
眼子菜属 *Potamogeton* L.

形态特征： 多年生沉水草本。根茎粗壮，茎圆柱形，有分枝。叶长椭圆形、卵状椭圆形或披针状椭圆形，长2～15厘米，宽1.5～2.5厘米，顶端具芒状尖头，边缘略成波状，基部渐狭成短柄，脉7条。穗状花序顶生，花密集；花序梗棒状，比茎粗；花小，花被片4，绿色。小坚果卵圆形，背部3脊。花期6～8月，果期8～9月。

用途： 可作猪、禽饲料。

分布地及生境： 见于色草湾水库，生于湖泊、沟塘。

481 | 穿叶眼子菜
Potamogeton perfoliatus L.

眼子菜科 Potamogetonaceae>>
眼子菜属 *Potamogeton* L.

别名：抱茎眼子菜。

形态特征：多年生沉水草本。根茎白色，节生须根。叶质较薄，宽卵形、卵状披针形或近圆形，长2～5厘米，宽1～2.5厘米，顶端钝圆，基部心形，抱茎，边缘波状。穗状花序顶生，小花多数密生，花梗长2～5厘米；花小，花被片4，淡绿或绿色；小坚果倒卵圆形，有短尖。花期5～6月，果期8～9月。

用途：可作饲料。

分布地及生境：见于色草湾水库，生于湖泊、池塘、灌渠、河流等水体，水体多为微酸至中性。

482 | 小眼子菜
Potamogeton pusillus L.

眼子菜科 Potamogetonaceae>>
眼子菜属 *Potamogeton* L.

别名： 丝藻、线叶眼子菜。

形态特征： 多年生沉水草本。茎纤细。叶全部沉水，线形，长2～5厘米，宽约1.5毫米，全缘，脉3条；无柄；托叶膜质，与叶离生，早落。穗状花序顶生，长约5毫米；花少数；总梗纤细。小坚果斜宽倒卵形。花果期5～8月。

分布地及生境： 见于沙地植物园，生于池沼、沟渠。

483 | 篦齿眼子菜

Stuckenia pectinata (Linnaeus) Borner

眼子菜科 Potamogetonaceae>>
篦齿眼子属 *Stuckenia* Borner

别名： 龙须眼子菜。

形态特征： 多年生沉水草本。茎细弱，线状。叶全部沉水，线形或丝状，长3~10厘米，宽0.5~1毫米；托叶膜质鞘状。穗状花序叶生枝顶，长1~4厘米，花少且间断，花序梗细弱。小坚果椭圆形或宽卵形，长约3~4毫米，具短尖。花期5~6月，果期8~9月。

用途： 全草入药，可清热解毒。

分布地及生境： 全区可见，生于池塘、沼泽或沟渠中。

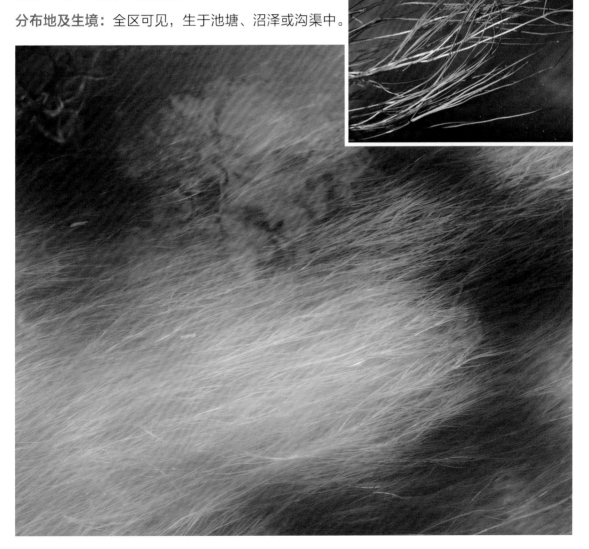

484 | 黑三棱

Sparganium stoloniferum (Buch.-Ham. ex Graebn.) Buch.Ham.-ex Juz.

香蒲科 Typhaceae>>
黑三棱属 *Sparganium* L.

形态特征： 多年生沼生草本，高60～110厘米。根状茎细长横走，下生粗短块茎。茎直立，挺水。叶线形，下部叶长70～90厘米，宽1.5～2.5厘米，中脉明显，基部鞘状。雄头状花序呈球形，数个生于枝顶或分枝上部；雌花序球形，生于较上的分枝下部。聚花果球形。果实倒圆锥形，成熟时褐色。花期6～7月，果期7～8月。

用途： 块茎可药用，消积止痛；用于花卉观赏。

分布地及生境： 见于红石桥乡，生于湖泊、溪流浅水处。

485 | 水烛
Typha angustifolia L.

香蒲科 Typhaceae>>
香蒲属 *Typha* L.

别名：狭叶香蒲、蒲草、蜡烛草。

形态特征：多年生沼生草本，株高1.5～3米。根茎粗壮。叶线形，叶片长54～120厘米，宽0.4～0.9厘米，上部扁平，中部以下腹面微凹，背面向下逐渐隆起呈凸形，下部横切面呈半圆形，细胞间隙大，呈海绵状；基部呈鞘状抱茎。肉穗花序，雌雄花序相距2.5～7厘米；雄花序位于上部，长20～30厘米，雌花位于下部，长15～30厘米。小坚果无沟。花果期6～9月。

用途：茎叶可作编织和造纸原料；花药药用称"蒲黄"，有行瘀、止痛、利尿等功效。

分布地及生境：全区可见，生于湖泊、河流、池塘浅水处。

486 | **蒙古香蒲**
Typha davidiana (Kronf.) Hand.-Mazz.

香蒲科 Typhaceae>>
香蒲属 *Typha* L.

别名：达香蒲。

形态特征：多年生水生或沼生草本，高约1～1.5米。根状茎粗壮。叶狭线形，长60～70厘米，宽约3～5毫米，基部鞘状抱茎，边缘膜质。雌雄花序相距2～4厘米；雄花序在上，长8～10厘米；雌花序在下，长圆形或椭圆形，长2～5厘米，直径5～8毫米。果实长1.3～1.5毫米，披针形，具棕褐色条纹，果柄不等长。花期6～7月，果期7～8月。

用途：茎叶可作编织和造纸原料。

分布地及生境：见于古塔镇、上盐湾镇、小壕兔乡，生于湖泊、河流近岸边、水沟及沟边湿地。

487 | 小香蒲
Typha minima Funk

香蒲科 Typhaceae>>
香蒲属 *Typha* L.

形态特征： 多年生沼生或水生草本，高30～60厘米。根茎细长。叶通常基生，鞘状，无叶片，如叶片存在，长15～40厘米，宽约1～2毫米，短于花葶，叶鞘边缘膜质，叶耳向上伸展，长0.5～1厘米。肉穗花序，雌雄花序相距5～10毫米；雄花序在上，长5～10厘米；雌花序在下，长2～4厘米，粗而短，具小苞片长。花期6～7月，果期7～8月。

用途： 茎叶可作编织和造纸原料。

分布地及生境： 见于麻黄梁镇、古塔镇、青云镇，生于池塘、河流浅水处、低洼湿地。

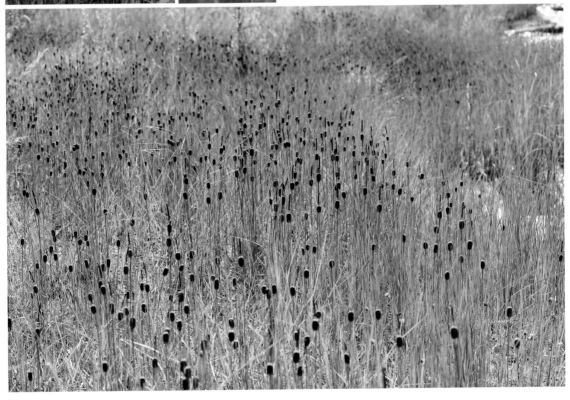

488 | 华扁穗草
Blysmus sinocompressus Tang & F. T. Wang

莎草科 Cyperaceae>>
扁穗草属 *Blysmus* Panz. ex Schult.

形态特征： 多年生草本，高5～26厘米。秆扁三棱形，具槽。叶秆生，线形，边缘具细齿，叶多着生下部，基部有叶鞘；花苞片叶状。穗状花序1，顶生，长圆形或窄长圆形，具小穗3～10个。鳞片膜质，下位刚毛3～6条，卷曲。小坚果宽倒卵形，深褐色。花果期6～9月。

用途： 优质牧草。

分布地及生境： 见于上盐湾镇，生于溪边、河床、沼泽、潮湿草地。

489 | 扁杆藨草

Bolboschoenus planiculmis (F. Schmidt) T. V. Egorova

莎草科 Cyperaceae>>
荆三棱属 *Bolboschoenus* (Asch.) Palla

别名：扁杆荆三棱、荆三棱。

形态特征：多年生草本，高25～80厘米。具匍匐根状茎和块茎。秆较细，三棱形。叶状苞片1～3枚，比花序长；长侧枝聚伞花序短缩成头状，通常具1～6个小穗；小穗卵形，锈褐色；鳞片膜质，具1条中肋，顶端具芒；雄蕊3，花药线形。花柱丝状，柱头2。小坚果倒卵形或广倒卵形。花果期6～9月。

用途：茎叶可造纸、编织用；块茎及根状茎含淀粉可造酒；块茎供药用。

分布地及生境：见于小纪汗乡、红石桥乡、马合镇、上盐湾镇，生于河岸、沼泽、水边湿地。

490 | **灰脉薹草**
Carex appendiculata (Trautv.) Kukenth.

莎草科 Cyperaceae>>
薹草属 *Carex* L.

形态特征： 多年生草本，高20～90厘米。秆密丛生，较粗糙。叶基生，与秆近等长，宽2～4毫米。苞片禾叶状，比花序长，无鞘。枝先出叶发育，鞘状。小穗3～7个，上部1～3个为雄性，窄圆柱形，单性；花密生。柱头2。果囊椭圆形，淡绿色，具脉；小坚果宽倒卵形或倒卵形，平凸状或不等的双凸面。花果期6～7月。

用途： 牧草。

分布地及生境： 见于三岔湾村，生于湿地、沼泽。

491 | 弓喙薹草
Carex capricornis Meinsh. ex Maxim.

莎草科 Cyperaceae>>
薹草属 *Carex* L.

别名：弓嘴薹草。

形态特征：多年生草本。秆丛生，高30～70厘米，粗壮，三棱形。叶长于秆或稍短于秆，上面具两条明显的侧脉，并有短的横隔节，具鞘。苞片叶状，长于小穗。小穗3～5个，密集于秆的上端，顶生小穗为雄小穗；侧生小穗为雌小穗，密生多数花。雄花鳞片披针形，顶端渐尖成较短的芒，厚膜质，具3条脉。花柱细长，柱头3个。果囊淡黄绿色，顶端渐狭成长喙，喙具两长齿；小坚果疏松地包于果囊内，椭圆形。花果期5～8月。

分布地及生境：见于刀兔海则，生于水边潮湿地、沼泽地。

492 | 小粒薹草
Carex karoi Freyn

莎草科 Cyperaceae>>
薹草属 *Carex* L.

别名：多花薹草。

形态特征：多年生草本。秆密丛生，高10～40厘米，纤细。叶短于秆，基部常折合，边缘具骨质小齿，叶质较硬；基部叶鞘黑褐色。苞片叶状，花序下部苞片具鞘。小穗3～6个，单性；顶生为雄性，倒卵形；其余为雌小穗，长圆形或短圆柱形，密生多花。小坚果三棱形。花果期6～8月。

用途：牧草。

分布地及生境：见于小纪汗乡，生于灌木丛中潮湿处、河边、溪旁、沼泽地。

493 | 卵囊薹草

Carex lithophila Turcz.

莎草科 Cyperaceae>>
薹草属 *Carex* L.

别名： 二柱薹草。

形态特征： 多年生草本，高15～50厘米。根状茎平卧，长而粗，木质化。叶短于秆，扁平或稍反卷，宽1～2.5毫米，背隆起。苞片鳞片状；枝先出叶不发育；穗状花序上狭下宽；小穗10～15个，卵形，杂性，上、下部小穗为雌性，中部为雌性。果囊膜质，边缘有灰绿色的狭翅。小坚果疏松包于果囊中，椭圆状倒卵形。花果期6～7月。

用途： 牧草。

分布地及生境： 见于上盐湾镇，生于溪边或湿地。

494 | 走茎薹草
Carex reptabunda (Trautv.) V. Krecz.

莎草科 Cyperaceae>>
薹草属 *Carex* L.

形态特征: 多年生草本,高10~60厘米。根茎匍匐,粗长。秆疏丛生或单生,纤细。叶短于秆,内卷成针状。苞片鳞片状;枝先出叶不发育;花序卵形或长圆卵形,具小穗2~5个,两性,卵形,按雄雌顺序疏散排列在穗轴。果囊卵形,膜质;小坚果疏松包藏于果囊中,卵形,双凸状,长1.5~2毫米。花果期6~7月。

用途: 作牧草。

分布地及生境: 见于牛家梁镇、三岔湾村,生于水边沼泽化草甸及盐化草甸。

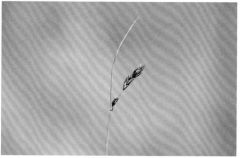

495 | 异型莎草
Cyperus difformis L.

莎草科 Cyperaceae>>
莎草属 *Cyperus* L.

别名： 球穗扁莎。

形态特征： 一年生草本。高2～65厘米。秆丛生，扁三棱形。叶短于秆，宽2～6毫米。苞片2枚，稀3枚，叶状，长于花序；长侧枝聚伞花序简单，少数为复出，具3～9个辐射枝；小穗40～60个于枝顶集成球形紧密头状花序；小穗披针形或线形，具8～28朵花；小穗轴无翅；鳞片膜质，淡红棕色；雄蕊1～2枚；花柱极短，柱头3枚。小坚果倒卵状椭圆形，淡黄绿色。花果期7～10月。

用途： 作饲草。

分布地及生境： 见于岔河则乡，生于水边潮湿处。

496 | **褐穗莎草**
Cyperus fuscus L.

莎草科 Cyperaceae>>
莎草属 *Cyperus* L.

别名： 密穗莎草。

形态特征： 一年生草本，高6～30厘米。秆丛生，细弱。叶短于或与秆近等长，宽2～4毫米，扁平。苞片叶状，2～3枚，长于花序；长侧枝聚散花序简单或复出，具不整齐辐射枝1～6条；小穗5～18个，线形，具花8～24朵，密集枝顶成球形疏松的头状花序；鳞片膜质，紫红色；雄蕊2；花柱短，柱头3。小坚果椭圆形，三棱状，淡黄色。花果期7～9月。

用途： 作饲草。

分布地及生境： 见于古塔镇、小纪汗乡、孟家湾乡，生于沟边、水旁。

497 | 头状穗莎草
Cyperus glomeratus L.

莎草科 Cyperaceae>>
莎草属 *Cyperus* L.

别名： 喂香壶、状元花、三轮草。

形态特征： 一年生草本，高50～95厘米。叶短于秆；叶鞘长，红棕色。苞片叶状，3～4枚，长于花序；长侧枝聚伞花序复出，有3～8个长短不等的辐射枝；穗状花序无总花梗，小穗极多数，条形，稍扁平，具8～16朵花；小穗轴具翅；鳞片排列疏松，膜质，棕红色，背面无龙骨突，脉不显著，边缘内卷；雄蕊3；花柱长，柱头3，较短。花果期6～10月。

分布地及生境： 见于小壕兔乡，生于水边、路旁阴湿的草丛。

498 | 花穗水莎草
Cyperus pannonicus Jacquem.

莎草科 Cyperaceae>>
莎草属 *Cyperus* L.

形态特征： 草本，高2～18厘米。根状茎短，具许多须根。叶片很短，刚毛状；叶鞘较长。苞片叶状，3枚，两枚比花序长，一枚比花序短；简单长侧枝聚伞花序头状，具1～8个小穗；小穗无柄，具10～32朵花；鳞片紧密地覆瓦状排列；雄蕊3，花药线形，药隔延伸出花药的顶端；花柱长，柱头2。小坚果近于圆形、椭圆形，平凸状。花果期8～9月。

分布地及生境： 见于古塔镇、岔河则乡，生于河旁、沟边、沼泽地、盐渍化草地。

499 | 水莎草
Cyperus serotinus Rottb.

莎草科 Cyperaceae>>
莎草属 *Cyperus* L.

形态特征： 多年生草本，高35～100厘米。秆散生，粗壮，扁三棱形。叶线形，扁平，中脉粗糙。苞片叶状，常3枚，稀4枚，长于花序；长侧枝聚伞花序复出，具4～7个不整齐辐射枝；每一辐射枝上具1～3个穗状花序，每一穗状花序具5～17个小穗；小穗具10～34朵花；鳞片纸质，宽卵形，丹红褐色；雄蕊3；短柱头2，具暗红色斑纹。小坚果椭圆形或倒卵形。花果期7～10月。

用途： 作牧草。

分布地及生境： 见于麻黄梁镇、孟家湾乡，生于浅水处。

500 | 沼泽荸荠
Eleocharis palustris (L.) Roem. & Schult.

莎草科 Cyperaceae>>
荸荠属 *Eleocharis* R. Br.

别名： 中间型荸荠。

形态特征： 多年生草本，高15～60厘米。具长的匍匐根状茎。秆丛生，圆柱形，干后略扁，直径1.5～3毫米，一般细弱，有钝肋条和纵槽。叶退化；叶鞘基部红色，鞘口截形。小穗卵形或长圆状卵形，长7～15毫米，直径3～5毫米，有多数密生的两性花；鳞片暗褐色，具白色膜质边；下位刚毛4个，比小坚果稍长。小坚果倒卵形或宽倒卵形，双凸面。花果期6～9月。

用途： 作牧草。

分布地及生境： 见于李家梁水库、红石峡，生于水边湿地。

501 | 具刚毛荸荠

Eleocharis valleculosa var. *setosa* Ohwi

莎草科 Cyperaceae>>
荸荠属 *Eleocharis* R. Br.

别名： 针蔺、槽秆荸荠。

形态特征： 多年生草本，高10～50厘米。根状茎匍匐。秆丛生或单生，圆柱状，干后略扁，直径1～3毫米，有少数锐肋条。无叶片；叶鞘膜质，下部紫色，上部绿色，长3～10厘米。小穗顶生，有多数密生的两性花；小穗基部的一片鳞片中空无花，其余鳞片全有花，鳞片长圆状卵形或卵形，膜质，具宽白色边。小坚果倒卵形或宽倒卵形。花果期6～8月。

用途： 作牧草；良好的固堤护坡草。

分布地及生境： 见于小壕兔乡、河口水库、李家梁水库，生于浅水处。

502 | **球穗扁莎**
Pycreus flavidus (Retzius) T. Koyama

莎草科 Cyperaceae>>
扁莎属 *Pycreus* P. Beauv.

形态特征： 一年生草本。根状茎短，具须根。秆丛生，高7～50厘米，细纯三棱状，一面具沟，平滑。叶少，短于秆；叶鞘长，下部红棕色。苞片2～4枚，细长，比花序长；长侧枝聚伞花序简单，具1～6个长短不等的辐射枝；每一辐射枝具2～20余个小穗；小穗密聚于辐射枝上端呈球形，辐射展开，具12～66朵花；小穗轴近四棱形，两侧有具横隔的槽；雄蕊2；柱头2，细长。小坚果倒卵形，双凸状，褐色或暗褐色，具白色透明有光泽的细胞层和微突起的细点。花果期6～11月。

分布地及生境： 见于上盐湾镇、小纪汗乡、红石桥乡，生于田边、沟旁溪旁潮湿处。

503 | 红鳞扁莎

Pycreus sanguinolentus (Vahl) Nees

莎草科 Cyperaceae>>
扁莎属 *Pycreus* P. Beauv.

形态特征：一年生草本。秆密丛生，高7～40厘米，扁三棱形，平滑。叶常短于秆，边缘具白色透明的细刺。叶状苞片3～4枚，比花序长；长侧枝聚伞花序简单，具3～5个辐射枝；辐射枝有时极短，因而花序近似头状，由数个小穗密聚成短的穗状花序；小穗具6～24朵花；鳞片膜质，边缘红褐色。雄蕊3，稀2；柱头2，细长，伸出于鳞片之外。小坚果圆倒卵形或长圆状倒卵形，双凸状，成熟时黑色。花果期7～12月。

分布地及生境：见于中营盘水库，生于田边、河旁潮湿处。

504 | 水葱

Schoenoplectus tabernaemontani (C. C. Gmelin) Palla

莎草科 Cyperaceae>>
水葱属 *Schoenoplectus* (Rchb.) Palla

形态特征：多年生草本，高1～2米。秆高大，圆柱状，平滑，基部具3～4个叶鞘，鞘长可达38厘米，管状，膜质，最上面一个叶鞘具叶片。叶片线形，长1.5～11厘米。苞片1，为秆的延长。花的长侧枝聚伞花序简单或复出，假侧生，辐射枝4～13或更多；小穗单生或2～3簇生辐射枝顶端，卵形，褐色，具花多数；下位刚毛6，有倒刺；雄蕊3，长于花柱。小坚果倒卵形或椭圆形。花果期6～9月。

用途：作牧草；栽培作观赏用。

分布地及生境：见于小壕兔乡，生于湖边、浅水塘、沼泽地或湿地草丛中。

505 | 藨草
Schoenoplectus triqueter (L.) Palla

莎草科 Cyperaceae>>
水葱属 *Schoenoplectus* (Rchb.) Palla

别名： 三棱水葱。

形态特征： 多年生草本。秆散生，粗壮，高20～90厘米，三棱形；叶鞘膜质，仅最上部鞘具叶片。叶片扁平，长1.5～5.5厘米。长侧枝聚伞花序简单，假侧生，具辐射枝1～8条，每辐射枝顶端簇生1～8个小穗；小穗卵形，密生多花，红褐色；鳞片长圆形，顶端微凹；下位刚毛3～5个，与小坚果等长或稍长，有倒刺。小坚果倒卵形，成熟时褐色。花果期6～9月。

用途： 作中等牧草；作草编、造纸原料。

分布地及生境： 全区可见，生于水沟、水塘、山溪边或沼泽地。

506 | 鸭跖草
Commelina communis L.

鸭跖草科 Commelinaceae>>
鸭跖草属 *Commelina* L.

形态特征：一年生草本。茎下部匍匐生根，长可达1米。叶披针形至卵状披针形，长3～9厘米，宽1.5～2厘米。花苞呈佛焰苞状，与叶对生，折叠状；聚伞花序，下面一枝仅有花1朵，不孕；上面一枝具花3～4朵；萼片膜质；雌雄同株，花瓣深蓝色，内面2片具爪。蒴果椭圆形，2室，有种子4颗。种子棕黄色，有不规则窝孔。花期7～9月。

用途：药用，具消肿利尿、清热解毒之效，此外对咽炎、扁桃腺炎、宫颈糜烂、腹蛇咬伤等亦有良好疗效。

分布地及生境：见于红石桥乡，生于水边湿地。

507 | 雨久花
Monochoria korsakowii Regel & Maack

雨久花科 Pontederiaceae>>
雨久花属 *Monochoria* C. Presl

形态特征： 多年生草本。全株无毛，高30～50厘米。根状茎粗壮，主茎短。基生叶宽卵状心形，长4～10厘米，宽3～8厘米，具弧状脉，下部膨大成鞘状，具紫斑；茎生叶叶柄渐短。总状花序顶生，有10余朵花，蓝紫色或稍带白色。蒴果长卵圆形，花被宿存。花期7～8月，果期8～9月。

用途： 花美丽，可供观赏；全草可作家畜、家禽饲料；药用可清热、解毒、定喘、消肿。

分布地及生境： 见于刀兔海则，生于岸边浅水处。

508 | 小花灯心草
Juncus articulatus L.

灯心草科 Juncaceae>>
灯心草属 *Juncus* L.

形态特征： 多年生草本，高20～60厘米。根状茎粗壮横走。茎丛生，具纵条纹。叶片扁平，具有明显的横隔，绿色；叶鞘疏松，边缘膜质；叶耳膜质，狭窄。花序由5～30个头状花序组成，排列成顶生复聚伞花序；头状花序半球形至近圆球形，有5～15朵花；叶状总苞片1枚；花被片披针形，等长；雄蕊6枚；花柱极短，圆柱形；柱头3分叉。蒴果三棱状长卵形，超出花被片，顶端具极端尖头，成熟深褐色。种子卵圆形，表面具纵条纹及细横纹。花果期6～9月。

用途： 作牧草。

分布地及生境： 见于鱼河镇、青云镇、麻黄梁镇、小壕兔乡、红石桥乡，生于草甸、沙滩、河边、沟边湿地。

509 | 小灯心草
Juncus bufonius L.

灯心草科 Juncaceae>>
灯心草属 *Juncus* L.

别名： 小灯芯草。

形态特征： 一年生草本，高5～20厘米。茎多数丛生，直立或斜升，基部红褐色。叶纤细如毛发，基生或茎生，具沟，无横隔；叶鞘膜质。二歧伞散花序顶生；花单生，花下具卵形膜质苞片3对，花被膜质；外轮花被片比内轮花被片长。蒴果三棱状椭圆形，黄褐色。种子椭圆形，两端细尖，黄褐色，有纵纹。花果期6～9月。

用途： 全草入药，可清热通淋、利尿止血；作牧草。

分布地及生境： 见于上盐湾镇、马合镇，生于湿草地、湖岸、河边、沼泽地。

510 | 扁茎灯心草
Juncus compressus Jacq.

别名：细灯芯草。

形态特征：多年生草本，高15~70厘米。茎丛生，具细纵纹。叶基生和茎生，叶线形，扁平，边缘稍向内卷；叶鞘疏松抱茎，边缘膜质；叶耳狭窄，膜质。复聚伞花序组成圆锥花序；苞片叶状花单生；内轮外花被片近等长，顶端钝。蒴果卵球形，褐色，光亮。种子斜卵形，表面具纵纹。花期5~7月，果期6~8月。

用途：作牧草。

分布地及生境：见于三岔湾村，生于河岸、塘边、田埂上、沼泽及草原湿地。

511 | 薤白
Allium macrostemon Bunge

百合科 Liliaceae>>
葱属 *Allium* L.

别名： 小根蒜、野蒜。

形态特征： 多年生草本。鳞茎肥大，单生，近球状，白色，直径可达2厘米。叶半圆柱形，中空，上具沟槽；叶鞘5～20厘米。花葶长于叶；伞形花序半球形至球形；珠芽暗紫色，具小苞片；花多而密，淡紫或淡红色。蒴果近球形。花果期5～7月。

用途： 鳞茎药用，可通阳、散结、行气；也可食用。

分布地及生境： 见于红石桥乡，生于路边荒地。

512 | 蒙古韭
Allium mongolicum Regel

百合科 Liliaceae>>
葱属 *Allium* L.

别名： 沙葱、蒙古沙葱。

形态特征： 多年生草本。鳞茎圆柱形，鳞茎外皮褐黄色，纤维状。叶基生，半圆柱状或圆柱状，宽1～2毫米。花葶圆柱状，高10～30厘米，长于叶；伞形花序半球形至球形；花梗长短不一；花多而密，淡红、淡紫或紫红色；花被片长于雄蕊，花被片具深紫色脉1条；子房倒卵圆形，基部无凹陷蜜穴，花柱伸出花被。蒴果近球形。花果期6～9月。

用途： 作调味品或蔬菜；全草入药，有发汗、散寒之效。

分布地及生境： 见于风沙草滩地区。生于荒漠、沙地或干旱山坡。

513 | 野韭
Allium ramosum L.

百合科 Liliaceae>>
葱属 *Allium* L.

形态特征： 多年生草本。根状茎粗壮，横生。鳞茎近圆柱状；鳞茎外皮暗黄色至黄褐色，破裂成纤维状，网状或近网状。叶三棱状条形，背面具呈龙骨状隆起的纵棱。花葶圆柱状，高25～60厘米，下部被叶鞘；总苞单侧开裂至2裂，宿存；伞形花序半球状或近球状，多花；小花梗近等长；花白色，稀淡红色；花被片具红色中脉；花丝等长，基部合生并与花被片贴生，分离部分狭三角形；子房倒圆锥状球形，具3圆棱，外壁具细的疣状突起。花果期6～9月。

用途： 叶可食用。

分布地及生境： 见于卧云山，生于向阳山坡、草坡或草地上。

514 | 山韭
Allium senescens L.

百合科 Liliaceae>>
葱属 *Allium* L.

别名： 岩葱。

形态特征： 多年生草本。具粗壮的横生根状茎。鳞茎外皮灰黑色至黑色。叶狭条形至宽条形。花葶圆柱状，常具2纵棱，下部被叶鞘；总苞2裂，宿存；伞形花序半球状至近球状，有花多数；小花梗近等长；花紫红色至淡紫色；花被片内轮的矩圆状卵形至卵形，顶端钝圆，有不规则的小齿，外轮的卵形，舟状；花丝等长，仅基部合生并与花被片贴生，内轮的扩大成披针状狭三角形，外轮的锥形；子房倒如状球形至近球状；花柱伸出花被外。花果期7～9月。

用途： 作药用，可健脾开胃、散瘀止痛。

分布地及生境： 见于红石桥乡，生于草原、草甸阴湿处。

515 | 细叶韭
Allium tenuissimum L.

百合科 Liliaceae>>
葱属 *Allium* L.

别名：细丝韭、丝葱、蔗莓儿。

形态特征：多年生草本。鳞茎数枚聚生，近圆柱状；鳞茎外皮紫褐色、黑褐色至灰黑色，内皮带紫红色。花葶圆柱状，高 10～35 厘米，具细纵棱，光滑，下部被叶鞘；总苞单侧开裂，宿存；伞形花序半球状或近扫帚状，松散；小花梗近等长；花白色或淡红色，稀为紫红色；外轮花被片卵状矩圆形至阔卵状矩圆形，内轮的倒卵状矩圆形；花丝为花被片长度的 2/3，基部合生并与花被片贴生，内轮下部扩大成卵圆形；子房卵球状。花果期 7～9 月。

用途：花序可食用。

分布地及生境：见于东南部山区，生于山坡、草地或沙丘上。

516 | 知母
Anemarrhena asphodeloides Bunge

百合科 Liliaceae>>
知母属 *Anemarrhena* Bunge

别名： 穿地龙。

形态特征： 多年生草本。根茎粗壮，被褐色纤维。叶基生，线形，长15～60厘米，宽3～6毫米，顶端渐尖，基部渐宽成鞘状，主脉明显。花葶高30～60厘米，总状花序为花葶的一半；花2～6朵簇生，粉红色、淡紫色或白色。蒴果狭椭圆形，具纵棱6条，顶端具短喙。种子黑色，具3～4窄翅。花期6～7月，果期7～9月。

用途： 干燥根状茎为著名中药，具有滋阴降火、润燥滑肠、利大小便之效。

分布地及生境： 见于镇川镇，生于山坡、草地、路旁。

517 | 兴安天门冬
Asparagus dauricus Link

百合科 Liliaceae>>
天门冬属 *Asparagus* L.

形态特征： 多年生草本，高30～70厘米。根细长。茎平滑直立，分枝与茎成锐角。叶状枝1～6条簇生，长1～5厘米，径约0.6毫米。雌性同株，花2朵腋生于茎枝中上部，黄绿色。浆果红色，球形，含种子2～6枚。花期5～6月，果期7～9月。

用途： 作牧草；药用，可抗菌消炎、润肠通便。

分布地及生境： 见于卧云山、黑龙潭，生于沙丘或干燥山坡上。

518 | 戈壁天门冬
Asparagus gobicus Ivan. ex Grubov

百合科 Liliaceae>>
天门冬属 *Asparagus* L.

形态特征： 半灌木状草本，高15～45厘米。茎上部常回折状，中部具纵裂白色薄膜，疏生软骨质齿。叶状枝3～8成簇，常下倾或平展，与分枝成钝角，近圆柱形，微有几条不明显钝棱，长0.5～2.5厘米，粗0.8～1毫米，较刚硬；鳞叶基部具短距，无硬刺。花每1～2朵腋生；花梗长2～4毫米，关节生于近中部或上部。浆果成熟时红色，具3～5种子。花期5～6月，果期6～8月。

用途： 根药用，有祛风、杀虫、止痒之效。

分布地及生境： 见于五十里沙、班禅寺，生于沙地或多沙荒原上。

519 | 石刁柏
Asparagus officinalis L.

百合科 Liliaceae>>
天门冬属 *Asparagus* L.

别名： 芦笋。

形态特征： 多年生草本，高1米左右。茎直立平滑，分枝较柔弱。叶状枝3~6条族生，长5~30毫米，粗0.3~0.5毫米。叶退化为膜质鳞片状，包于叶状枝基部，具刺状短距或近无距。花小型，1~4朵腋生，绿黄色。浆果球形，成熟时红色，含2~3枚种子。花期6~8月，果期8~9月。

用途： 嫩苗可供蔬食，根药用称"小百部"，有润肺、镇咳、祛痰、杀虫之效。

分布地及生境： 见于黑龙潭，生于向阳山坡、路旁。

520 | 萱草
Hemerocallis fulva (L.) L.

百合科 Liliaceae>>
萱草属 *Hemerocallis* L.

形态特征： 多年生草本。块根纺锤状，肉质肥大。叶基生，线形，排成2列，长40～80厘米，宽1.3～3.5厘米。花葶粗壮，高60～100厘米；圆锥花序具花10余朵，呈螺旋状排列；花冠漏斗形，直径9～12厘米；花被管长2～4厘米，橘黄色至橘红色，花瓣中部有"V"字形褐红色色斑。蒴果长圆形。花果期5～8月。

用途： 供观赏。

分布地及生境： 全区可见，栽培。

521 | 金娃娃萱草
Hemerocallis fulva 'Golden Doll'

百合科 Liliaceae>>
萱草属 *Hemerocallis* L.

形态特征： 多年生草本，株高30厘米。全株光滑无毛，地下具根状茎和肉质肥大的纺锤状块。叶基生，线形，排成两列，长约25厘米，宽1厘米。花葶由叶丛抽出，花葶粗壮，高约35厘米。螺旋状聚伞花序，花7～10朵。花冠漏斗形，花径约7～8厘米，金黄色。花期6～7月。

用途： 庭院栽培供观赏。

分布地及生境： 见于卧云山，栽培。

522 | 紫萼
Hosta ventricosa (Salisb.) Stearn

百合科 Liliaceae>>
玉簪属 *Hosta* Tratt.

别名：紫萼玉簪。

形态特征：多年生草本。叶片卵状心形、卵形至卵圆形，顶端近短尾状或骤尖，基部心形或近截形，具7～11对侧脉。花葶高60～100厘米，具10～30朵花；苞片矩圆状披针形，长1～2厘米，白色，膜质；花单生，盛开时从花被管向上骤然作近漏斗状扩大，紫红色；雄蕊伸出花被之外，完全离生。蒴果圆柱状，有三棱。花期6～7月，果期7～9月。

用途：各地常见栽培，供观赏；药用，可散瘀、止痛、解毒。

分布地及生境：见于河滨公园，栽培。

523 | 山丹
Lilium pumilum Redouté

百合科 Liliaceae>>
百合属 *Lilium* L.

别名： 细叶百合。

形态特征： 多年生草本，高15～60厘米。鳞茎卵形或圆锥形，直径2～3毫米；鳞片矩圆形或长卵形。叶散生于茎中部，线形，长3～10厘米，宽1～3毫米。花单生或数朵排成总状花序，鲜红色，下垂；花被片反卷；花丝长1.2～2.5厘米，花药长椭圆形；花柱稍长于子房或长1倍多，柱头膨大，3裂。蒴果矩圆形，种子多数。花期6～8月，果期8～9月。

用途： 鳞茎供食用；亦可入药，可止咳祛痰、镇静安神；花可栽培供观赏，也可制香料。

分布地及生境： 见于卧云山，生于山坡草地。

524 | 射干
Belamcanda chinensis (L.) Redouté

鸢尾科 Iridaceae>>
射干属 *Belamcanda* Adans.

别名： 野萱花。

形态特征： 多年生草本。根状茎横走。叶扁平，剑形，嵌迭状2列，长20～40厘米，宽2～4厘米。伞房花序顶生；花橙红色，有紫褐色斑点，花被片6个；雄蕊3，着生于花被基部；花柱棒状，顶端3浅裂，被短柔毛。蒴果倒卵圆形，长2.5～3厘米，成熟时室背开裂果瓣外翻。种子球形，黑紫色，有光泽。花期7～8月，果期9～10月。

用途： 根状茎药用，能清热解毒、散结消炎、消肿止痛、止咳化痰，用于治疗扁桃腺炎及腰痛等症。

分布地及生境： 全区可见，栽培。

525 | 马蔺

Iris lactea Pall. var. *chinensis* (Fisch.) Koidz.

鸢尾科 Iridaceae>>
鸢尾属 *Iris* L.

别名： 马莲、兰花草、紫蓝草。

形态特征： 多年生草本。根状茎短而粗壮。叶基生，质坚韧，线形或狭剑形，长30～60厘米，宽4～6毫米，坚韧。花葶高5～30厘米，多数丛生。花蓝紫色，花被片6，外轮3片较大，匙形，向外弯曲；内轮3片花被片较小，披针形，直立；雄蕊3，贴于弯曲花柱的外侧；子房下位，狭长；花柱3，末端2裂，蓝色，花瓣状。蒴果，长椭圆状柱形，具3棱。种子多数，红褐色，近球形，有棱角。花期4～6月，果期5～7月。

用途： 为牲畜饲草；花、种子、根均可入药，能清热利湿，利尿通便；作编制工艺品的原料。

分布地及生境： 见于沙地森林公园、卧云山，栽培，生于荒地、路旁及山坡草丛中。

526 | 细叶马蔺
Iris tenuifolia Pall.

鸢尾科 Iridaceae>>
鸢尾属 *Iris* L.

别名：细叶马蔺、老牛拽。

形态特征：多年生草本。根状茎细而硬。叶质坚韧，线形，长10～60厘米，宽1～2毫米。花蓝紫色；花冠细长；花柱分枝3个，花瓣状。蒴果倒卵圆形，长3.2～4.5厘米，有短喙。种子深棕色，近圆形，两面压扁。花期4～5月，果期6月。

用途：药用，可安胎养血；叶可制绳索。

分布地及生境：见于麻黄梁镇，生于固定沙丘或沙质地上。

527 | 火烧兰
Epipactis helleborine (L.) Crantz.

兰科 Orchidaceae>>
火烧兰属 *Epipactis* Zinn

别名： 小花火烧兰。

形态特征： 地生草本，高20～70厘米。茎上部被短柔毛，下部无毛；叶互生，叶片卵圆形、卵形至椭圆状披针形，长3～13厘米，宽1～6厘米。总状花序通常具3～40朵花；花苞片叶状；花梗和子房具黄褐色绒毛；花绿色或淡紫色，下垂，较小；花瓣椭圆形；唇瓣长6～8毫米，中部明显缢缩；下唇兜状；上唇近三角形或近扁圆形。蒴果倒卵状椭圆状。花期7月，果期9月。

分布地及生境： 见于红石桥乡乐沙戏水，生于山坡林下、草丛或沟边。

528 | 绥草
Spiranthes sinensis (Pers.) Ames

兰科 Orchidaceae>>
绥草属 *Spiranthes* Rich.

别名： 盘龙参、麻绳花。

形态特征： 多年生草本，高10～40厘米。叶线状披针形或倒披针形，长4～8厘米，宽3～7毫米。花小，粉红色，排成螺旋状旋转的穗状花序；中萼片窄长圆形，舟状，侧萼片偏斜，披针形，花瓣斜菱状长圆形；唇瓣宽长圆形，凹入，前半部上面具长硬毛，顶端极钝，唇瓣基部凹陷呈浅囊状。蒴果，椭圆形。花期6～8月，果期7～9月。

用途： 全草和根药用，可补脾清肺、止血凉血。

分布地及生境： 见于红石桥乡乐沙戏水、清水河大峡谷、元大滩森林公园、孟家湾乡，生于山坡林下、灌丛下、草地。

主要参考文献

蔡靖，刘培亮，杜诚，等. 秦岭野生植物图鉴. 北京：科学出版社，2013.

陈彦生. 陕西维管植物名录. 北京：高等教育出版社，2016.

程积民，朱仁斌. 中国黄土高原常见植物图鉴. 北京：科学出版社，2012.

狄维忠，于兆英. 陕西省第一批国家珍稀濒危保护植物. 西安：西北大学出版社，1989.

傅坤俊. 黄土高原植物志（1）. 北京：科学出版社，2000.

郭晓思，徐养鹏，2013. 秦岭植物志（2）.2版. 北京：科学出版社.

贾厚礼，姜林. 榆林种子植物. 西安：陕西科技出版社，2012.

牛春山. 陕西树木志. 北京：中国林业出版社，1990.

中国科学院西北植物研究所. 黄土高原植物志（2）. 北京：科学技术文献出版社，1992.

中国科学院西北植物研究所. 黄土高原植物志（5）. 北京：中国林业出版社，1989.

中国科学院植物研究所. 中国高等植物图鉴（1~5）. 北京：科学出版社，1972–1976.

中国植物志编辑委员会. 中国植物志（1~80），北京：科学出版社，1959–2004.

WU Z Y，RAVEN P H. Flora of China, vols. 17, 16, 15, 18, 4, 24, 8. Beijing: Science Press; St. Louis: Missouri Botanical Garden Press ,1994–2001.

WU Z Y, RAVEN P H, HONG D Y. Flora of China, vols. 6, 9, 5, 14, 22, 13, 12, 11, 7, 25, 10, 23, 19, 20–21, 2–3, 1. Beijing: Science Press; St. Louis: Missouri Botanical Garden Press, 2001–2014.

中文名索引

拉丁名索引